江苏省省级精品在线开放课程配套教材
江苏省"十四五"职业教育规划教材
高等职业教育系列教材

MySQL 数据库应用与管理

第 3 版

主　编　鲁大林
副主编　刘　斌　赵香会
参　编　唐小燕　吴　斌　朱才金

机械工业出版社

本书以职业能力为目标，以项目设计为载体选取和组织教学内容。主要内容包括数据库系统概述、MySQL 的安装与配置、数据库的创建、数据表的创建、数据表的操作（插入、修改与删除数据）、数据查询、索引与完整性约束控制、视图、运算符与内部函数、存储过程与存储函数、触发器、用户管理和权限设置、数据库备份与还原、日志管理、MySQL 事务等。

本书是在《MySQL 数据库应用与管理 第 2 版》的基础上修订而成的。本书保持原书结构清晰、通俗易懂的特点，同时对各章节内容进行了更好的编排，使得条理性更强；补充了微课和操作演示视频，通过二维码技术就可实现知识点内容的随扫即看，更加方便学习。

本书体系完整、内容翔实、图文并茂、浅显易懂，既可以作为高等职业院校相关专业师生的教学用书，也可以作为 MySQL 数据库初学者的学习用书，还可以作为 MySQL 数据库开发人员的技术参考书。

本书配套资源丰富，除微课及操作演示视频外，还包括电子课件、示例项目源代码、同步实训项目源代码、习题答案、课堂练习及答案、教学大纲等。需要的教师可登录 www.cmpedu.com 免费注册，审核通过后下载，或联系编辑索取（微信：13261377872，电话：010-88379739）。

图书在版编目（CIP）数据

MySQL 数据库应用与管理 / 鲁大林主编. —3 版. —北京：机械工业出版社，2024.1（2025.8 重印）
高等职业教育系列教材
ISBN 978-7-111-75110-6

Ⅰ. ①M⋯ Ⅱ. ①鲁⋯ Ⅲ. ①SQL 语言－数据库管理系统－高等职业教育－教材 Ⅳ. ①TP311.132.3

中国国家版本馆 CIP 数据核字（2024）第 040943 号

机械工业出版社（北京市百万庄大街 22 号　邮政编码 100037）
策划编辑：李文轶　　责任编辑：李文轶
责任校对：张　薇　　责任印制：郜　敏
唐山三艺印务有限公司印刷
2025 年 8 月第 3 版·第 4 次印刷
184mm×260mm · 13.75 印张 · 354 千字
标准书号：ISBN 978-7-111-75110-6
定价：55.00 元

电话服务	网络服务
客服电话：010-88361066	机 工 官 网：www.cmpbook.com
010-88379833	机 工 官 博：weibo.com/cmp1952
010-68326294	金 书 网：www.golden-book.com
封底无防伪标均为盗版	机工教育服务网：www.cmpedu.com

Preface 前 言

党的二十大报告指出，"推动战略性新兴产业融合集群发展，构建新一代信息技术、人工智能、生物技术、新能源、新材料、高端装备、绿色环保等一批新的增长引擎。"随着信息技术的迅速发展和广泛应用，数据库作为后台支持系统已成为信息管理中不可缺少的重要组成部分。MySQL 作为目前流行的关系型数据库管理系统，是一个真正多用户、多线程的结构化查询语言（SQL）数据库服务器，所使用的 SQL 是访问数据库的最常用的标准化语言。MySQL 运行速度快、执行效率与稳定性高、操作简单、非常易于使用；同时，由于其体积小、速度快、跨平台、总体拥有成本低，尤其是开放源码这一特点，是中小型网站开发首选的数据库管理系统，也是目前各类院校的学生学习数据库技术的首选数据库产品。

本书在《MySQL 数据库应用与管理 第 2 版》的基础上修订而成，共 12 章：

第 1 章主要介绍数据库的基本概念，以及 MySQL 数据库软件的安装与配置等。

第 2 章主要介绍数据库的创建和管理等。

第 3 章主要介绍数据表的创建和管理，以及数据表的操作（插入、修改与删除数据）等。

第 4 章主要介绍索引的创建、删除以及约束管理等。

第 5 章主要介绍各种条件查询、多表连接查询、统计函数、分组汇总语句、嵌套查询，以及带子查询的数据更新等。

第 6 章主要介绍视图的创建和查看，以及通过视图操作数据表（插入、修改与删除数据）等。

第 7 章主要介绍 MySQL 的系统变量和用户变量、运算符和内部函数等。

第 8 章主要介绍 MySQL 的局部变量、存储过程的创建和调用、存储函数的创建和调用、流程控制语句的使用、游标的使用等。

第 9 章主要介绍触发器的创建和使用等。

第 10 章主要介绍数据库安全性的概念、用户管理和权限管理等。

第 11 章主要介绍数据库的备份和还原、MySQL 日志管理，以及使用日志文件还原数据库的方法等。

第 12 章主要介绍事务的概念和特性，以及 MySQL 事务的执行模式等。

本书以一个典型的数据库应用项目为基础，构建具有针对性和适用性的教学内容。按照工作任务的要求，提炼并分解出多个教学子项目，在项目实践中培养学生的实践能力、分析和解决问题的能力。同时，提供一个同步的完整项目，供学生在课后开展学习实践、拓展知识和能力。本书每章都附有习题，可以帮助读者巩固基础知识；另外配备了电子课件、示例项目源代码、同步实训项目源代码、习题答案、课堂练习及答案、教学大纲等丰富的教学资源。

  本书由常州信息职业技术学院鲁大林主编，刘斌、赵香会为副主编，参与编写的人员还有唐小燕、吴斌以及常州勇气软件有限公司朱才金，全书由鲁大林统稿。

  本书作为省级精品在线开放课程"数据库管理与应用"的配套教材，在编写过程中，得到了课程组成员的大力支持，在此深表感谢！

  由于编者水平有限，编写时间仓促，书中难免有错误与不足之处，恳请广大读者批评指正。

编 者

二维码索引

名称	二维码	页码	名称	二维码	页码
1.1.1 数据库基本概念		1	1.1.2 关系数据库介绍		2
1.1.3 关系数据库设计		4	1.2 MySQL 数据库软件安装		5
1.3.1 MySQL 服务器的启动与停止		11	1.3.2 MySQL 服务器的连接与关闭		12
2.1 数据库概述		18	2.2.1 使用 Navicat 对话方式创建数据库		19
2.2.2 使用 CREATE DATABASE 语句创建数据库		20	2.3.1 使用 Navicat 对话方式修改数据库		22
2.3.2 使用 ALTER DATABASE 语句修改数据库		23	2.4.1 使用 Navicat 对话方式删除数据库		23
2.4.2 使用 DROP DATABASE 语句删除数据库		24	3.2.1 数值类型		28
3.2.2 字符串类型		28	3.2.3 日期/时间类型		29
3.3.1 使用 Navicat 对话方式创建数据表		30	3.3.2 使用 CREATE TABLE 语句创建数据表		31

v

（续）

名称	二维码	页码	名称	二维码	页码
3.4　查看表结构		35	3.5.1　使用 Navicat 对话方式修改表结构		37
3.5.2　使用 ALTER TABLE 语句修改表结构		37	3.6.1　使用 Navicat 对话方式操作表中数据		39
3.6.2　使用 INSERT 语句向表中插入数据		40	3.6.3　使用 UPDATE 语句修改表中数据		41
3.6.4　使用 DELETE 语句删除表中数据		41	3.7.1　使用 Navicat 对话方式删除数据表		43
3.7.2　使用 DROP TABLE 语句删除数据表		43	4.1　索引概述		49
4.2.1　使用 Navicat 对话方式创建索引		50	4.2.2　在 CREATE TABLE 语句中创建索引		52
4.2.3　在 ALTER TABLE 语句中创建索引		53	4.2.4　使用 CREATE INDEX 语句创建索引		54
4.3　删除索引		55	4.4.1　主键约束（PRIMARY KEY）		57
4.4.2　唯一性约束（UNIQUE）		59	4.4.3　默认值约束（DEFAULT）		61
4.4.4　外键约束（FOREIGN KEY）		63	5.1　SELECT 语句		69

QR Code Index 二维码索引

（续）

名称	二维码	页码	名称	二维码	页码
5.2.1 选择字段进行查询		73	5.2.2 使用比较运算符进行查询		75
5.2.3 使用逻辑运算符进行查询		77	5.2.4 使用 LIKE 进行模糊查询		78
5.2.5 使用 BETWEEN…AND 进行范围比较查询		79	5.2.6 使用 IN 进行范围比对查询		80
5.2.7 通过判断空值（NULL）进行查询		81	5.2.8 使用 ORDER BY 子句对查询结果进行排序		81
5.2.9 使用 LIMIT 子句限制返回记录的行数		84	5.2.10 使用 DISTINCT 关键字过滤重复的记录		85
5.3.1 使用内连接（INNER JOIN）进行多表查询		86	5.3.2 使用外连接（OUTER JOIN）进行多表查询		89
5.3.3 使用统计函数对数据进行统计汇总		90	5.3.4 使用 GROUP BY 子句对数据进行分组汇总		92
5.3.5 使用 HAVING 子句对分组汇总结果进行筛选		93	5.3.6 子查询的返回值为单列单值的嵌套查询		94
5.3.7 子查询的返回值为单列多值的嵌套查询		96	5.3.8 使用 EXISTS 关键字创建子查询		97
5.4.2 向表中插入子查询结果集		99	5.4.3 带子查询的修改语句		99

（续）

名称	二维码	页码	名称	二维码	页码
5.4.4 带子查询的删除语句		100	6.1 视图概述		104
6.2.1 使用 Navicat 对话方式创建视图		105	6.2.2 使用 CREATE VIEW 语句创建视图		106
6.4.2 使用 CREATE OR REPLACE VIEW 语句修改视图		111	6.4.3 使用 ALTER VIEW 语句修改视图		112
6.5.1 通过视图向表中插入数据		113	6.5.2 通过视图修改表中数据		115
6.5.3 通过视图删除表中数据		116	6.6.2 使用 DROP VIEW 语句删除视图		116
7.1 SQL 概述		120	7.2 变量		121
7.4.1 数学函数		126	7.4.2 字符串函数		127
7.4.3 日期时间函数		129	8.1 存储过程和存储函数概述		137
8.2.1 局部变量		138	8.2.2 使用CREATE PROCEDURE 语句创建存储过程		138
8.2.3 创建带输入参数、输出参数的存储过程		140	8.2.4 调用执行存储过程		140

QR Code Index 二维码索引

（续）

名称	二维码	页码	名称	二维码	页码
8.2.5 使用 ALTER PROCEDURE 语句修改存储过程		141	8.2.6 使用 DROP PROCEDURE 语句删除存储过程		142
8.3.1 使用 CREATE FUNCTION 语句创建存储函数		143	8.3.2 调用执行存储函数		144
8.3.3 使用 ALTER FUNCTION 语句修改存储函数		145	8.3.4 使用 DROP FUNCTION 语句删除存储函数		146
8.4.1 IF 语句		147	8.4.2 CASE 语句		149
8.4.3 WHILE 语句		151	8.4.4 REPEAT 语句		152
8.4.5 LOOP 语句和 LEAVE 语句		153	8.4.6 ITERATE 语句		154
8.5.1 游标的操作		155	8.5.2 游标的使用		156
9.1 触发器概述		161	9.2 创建触发器		161
9.4 删除触发器		166	10.1 数据库安全性概述		169
10.2.1 使用 Navicat 对话方式创建用户		170	10.2.2 使用 CREATE USER 语句创建用户		172

IX

（续）

名称	二维码	页码	名称	二维码	页码
10.2.3 使用 ALTER USER 语句修改用户密码		172	10.3.2(1) 使用 Navicat 对话方式授予/撤销用户权限		175
10.3.2(2) 使用 Navicat 对话方式授予/撤销用户权限		175	10.3.3 使用 GRANT 语句授予用户权限		176
10.3.4 使用 REVOKE 语句撤销用户权限		178	11.1 备份/还原概述		181
11.2.1 使用 Navicat 对话方式备份数据库		182	11.2.2(1) 使用 mysqldump 命令备份数据库		183
11.2.2(2) 使用 mysqldump 命令备份数据库		183	11.3.2 使用 mysql 命令还原数据库		185
11.4 使用日志文件还原数据库		186			

目录 Contents

前言

二维码索引

第1章　MySQL 概述 ……………………………………………… 1

1.1　数据库基础 ……………………………………… 1
    1.1.1　数据库基本概念 …………………… 1
    1.1.2　关系数据库介绍 …………………… 2
    1.1.3　关系数据库设计 …………………… 4

1.2　MySQL 数据库软件安装 ………………… 5
    1.2.1　MySQL 简介 ……………………… 5
    1.2.2　获取 MySQL 数据库软件 ………… 5
    1.2.3　MySQL 安装与配置 ……………… 6

1.3　MySQL 常见操作 ………………………… 11
    1.3.1　MySQL 服务器的启动与停止 …… 11
    1.3.2　MySQL 服务器的连接与关闭 …… 12

1.4　同步实训：设计商品销售系统数据库 ……………………………………… 15

1.5　习题 ……………………………………… 16

第2章　数据库的创建和管理 ……………………………… 18

2.1　数据库概述 ……………………………… 18
    2.1.1　MySQL 数据库文件 ……………… 18
    2.1.2　MySQL 数据库分类 ……………… 18
    2.1.3　MySQL 的字符集和校对规则 …… 19

2.2　创建数据库 ……………………………… 19
    2.2.1　使用 Navicat 对话方式创建数据库 …… 19
    2.2.2　使用 CREATE DATABASE 语句创建数据库 …………………… 20

2.3　修改数据库 ……………………………… 22
    2.3.1　使用 Navicat 对话方式修改数据库 …… 22
    2.3.2　使用 ALTER DATABASE 语句修改数据库 …………………… 23

2.4　删除数据库 ……………………………… 23
    2.4.1　使用 Navicat 对话方式删除数据库 …… 23
    2.4.2　使用 DROP DATABASE 语句删除数据库 …… 24

2.5　同步实训：创建商品销售系统数据库 ……………………………………… 24

2.6　习题 ……………………………………… 25

XI

第 3 章 数据表的创建和管理 …… 27

3.1 数据表概述 …… 27

3.2 数据类型 …… 27
- 3.2.1 数值类型 …… 28
- 3.2.2 字符串类型 …… 28
- 3.2.3 日期/时间类型 …… 29

3.3 创建数据表 …… 30
- 3.3.1 使用 Navicat 对话方式创建数据表 …… 30
- 3.3.2 使用 CREATE TABLE 语句创建数据表 …… 31
- 3.3.3 使用 CREATE TABLE…LIKE 语句复制数据表 …… 34
- 3.3.4 使用 CREATE TEMPORARY TABLE 语句创建临时表 …… 34

3.4 查看表结构 …… 35
- 3.4.1 使用 DESCRIBE | DESC 命令查看表结构 …… 35
- 3.4.2 使用 SHOW CREATE TABLE 命令查看数据表的创建语句 …… 36

3.5 修改表结构 …… 36
- 3.5.1 使用 Navicat 对话方式修改表结构 …… 37
- 3.5.2 使用 ALTER TABLE 语句修改表结构 …… 37

3.6 操作表中数据 …… 39
- 3.6.1 使用 Navicat 对话方式操作表中数据 …… 39
- 3.6.2 使用 INSERT 语句向表中插入数据 …… 40
- 3.6.3 使用 UPDATE 语句修改表中数据 …… 41
- 3.6.4 使用 DELETE 语句删除表中数据 …… 41
- 3.6.5 使用 TRUNCATE 语句清空表中数据 …… 42

3.7 删除数据表 …… 43
- 3.7.1 使用 Navicat 对话方式删除数据表 …… 43
- 3.7.2 使用 DROP TABLE 语句删除数据表 …… 43

3.8 同步实训:在商品销售系统数据库中创建数据表 …… 44

3.9 习题 …… 46

第 4 章 索引的创建和使用 …… 49

4.1 索引概述 …… 49

4.2 创建索引 …… 50
- 4.2.1 使用 Navicat 对话方式创建索引 …… 50
- 4.2.2 在 CREATE TABLE 语句中创建索引 …… 52
- 4.2.3 在 ALTER TABLE 语句中创建索引 …… 53
- 4.2.4 使用 CREATE INDEX 语句创建索引 …… 54
- 4.2.5 使用 SHOW INDEX 语句查看索引 …… 55

4.3 删除索引 …… 55
- 4.3.1 使用 Navicat 对话方式删除索引 …… 55
- 4.3.2 使用 DROP INDEX 语句删除索引 …… 56

4.4 约束管理 …… 56
- 4.4.1 主键约束(PRIMARY KEY) …… 57
- 4.4.2 唯一性约束(UNIQUE) …… 59
- 4.4.3 默认值约束(DEFAULT) …… 61
- 4.4.4 外键约束(FOREIGN KEY) …… 63

4.5 同步实训:在商品销售系统数据库中创建索引和约束 …… 66

4.6 习题 …… 67

第 5 章 数据查询 ········· 69

5.1 SELECT 语句 ········· 69
- 5.1.1 SELECT 语句基本语法 ········· 69
- 5.1.2 查询示例数据库 ········· 70

5.2 简单查询 ········· 73
- 5.2.1 选择字段进行查询 ········· 73
- 5.2.2 使用比较运算符进行查询 ········· 75
- 5.2.3 使用逻辑运算符进行查询 ········· 77
- 5.2.4 使用 LIKE 进行模糊查询 ········· 78
- 5.2.5 使用 BETWEEN…AND 进行范围比较查询 ········· 79
- 5.2.6 使用 IN 进行范围比对查询 ········· 80
- 5.2.7 通过判断空值（NULL）进行查询 ········· 81
- 5.2.8 使用 ORDER BY 子句对查询结果进行排序 ········· 81
- 5.2.9 使用 LIMIT 子句限制返回记录的行数 ········· 84
- 5.2.10 使用 DISTINCT 关键字过滤重复的记录 ········· 85

5.3 高级查询 ········· 86
- 5.3.1 使用内连接（INNER JOIN）进行多表查询 ········· 86
- 5.3.2 使用外连接（OUTER JOIN）进行多表查询 ········· 89
- 5.3.3 使用统计函数对数据进行统计汇总 ········· 90
- 5.3.4 使用 GROUP BY 子句对数据进行分组汇总 ········· 92
- 5.3.5 使用 HAVING 子句对分组汇总结果进行筛选 ········· 93
- 5.3.6 子查询的返回值为单列单值的嵌套查询 ········· 94
- 5.3.7 子查询的返回值为单列多值的嵌套查询 ········· 96
- 5.3.8 使用 EXISTS 关键字创建子查询 ········· 97

5.4 带子查询的数据更新 ········· 98
- 5.4.1 复制表结构及数据到新表 ········· 98
- 5.4.2 向表中插入子查询结果集 ········· 99
- 5.4.3 带子查询的修改语句 ········· 99
- 5.4.4 带子查询的删除语句 ········· 100

5.5 同步实训：在商品销售系统数据库中查询数据 ········· 101

5.6 习题 ········· 102

第 6 章 视图的创建和使用 ········· 104

6.1 视图概述 ········· 104

6.2 创建视图 ········· 104
- 6.2.1 使用 Navicat 对话方式创建视图 ········· 105
- 6.2.2 使用 CREATE VIEW 语句创建视图 ········· 106

6.3 查看视图 ········· 108

6.4 修改视图 ········· 110
- 6.4.1 使用 Navicat 对话方式修改视图 ········· 110
- 6.4.2 使用 CREATE OR REPLACE VIEW 语句修改视图 ········· 111
- 6.4.3 使用 ALTER VIEW 语句修改视图 ········· 112

6.5 更新视图 ········· 113
- 6.5.1 通过视图向表中插入数据 ········· 113
- 6.5.2 通过视图修改表中数据 ········· 115
- 6.5.3 通过视图删除表中数据 ········· 116

6.6 删除视图 ································· 116
　6.6.1 使用 Navicat 对话方式删除视图 ········ 116
　6.6.2 使用 DROP VIEW 语句删除视图 ······· 117
6.7 同步实训：在商品销售系统
　　数据库中创建视图 ················ 117
6.8 习题 ···································· 118

第 7 章　MySQL 编程基础 ······················· 120

7.1 SQL 概述 ····························· 120
7.2 变量 ···································· 121
　7.2.1 系统变量 ······························ 121
　7.2.2 用户变量 ······························ 122
　7.2.3 局部变量 ······························ 123
7.3 运算符 ································· 123
　7.3.1 算术运算符 ··························· 123
　7.3.2 比较运算符 ··························· 124
　7.3.3 逻辑运算符 ··························· 124
　7.3.4 位运算符 ······························ 125
　7.3.5 运算符的优先级 ····················· 125
7.4 内部函数 ······························ 126
　7.4.1 数学函数 ······························ 126
　7.4.2 字符串函数 ··························· 127
　7.4.3 日期时间函数 ························ 129
　7.4.4 系统信息函数 ························ 133
　7.4.5 加密函数 ······························ 133
7.5 同步实训：在商品销售系统数据库
　　中使用运算符和内部函数 ········ 134
7.6 习题 ···································· 135

第 8 章　存储过程和存储函数 ······················· 137

8.1 存储过程和存储函数概述 ········ 137
8.2 存储过程 ······························ 138
　8.2.1 局部变量 ······························ 138
　8.2.2 使用 CREATE PROCEDURE
　　　　语句创建存储过程 ··············· 138
　8.2.3 创建带输入参数、输出参数的存储过程 ··· 140
　8.2.4 调用执行存储过程 ················· 140
　8.2.5 使用 ALTER PROCEDURE
　　　　语句修改存储过程 ··············· 141
　8.2.6 使用 DROP PROCEDURE 语句
　　　　删除存储过程 ····················· 142
8.3 存储函数 ······························ 143
　8.3.1 使用 CREATE FUNCTION 语句
　　　　创建存储函数 ····················· 143
　8.3.2 调用执行存储函数 ················· 144
　8.3.3 使用 ALTER FUNCTION 语句
　　　　修改存储函数 ····················· 145
　8.3.4 使用 DROP FUNCTION 语句
　　　　删除存储函数 ····················· 146
8.4 流程控制语句 ························ 147
　8.4.1 IF 语句 ································ 147
　8.4.2 CASE 语句 ··························· 149
　8.4.3 WHILE 语句 ························· 151
　8.4.4 REPEAT 语句 ······················· 152
　8.4.5 LOOP 语句和 LEAVE 语句 ······· 153

8.4.6　ITERATE 语句 154
8.5　游标 155
 8.5.1　游标的操作 155
 8.5.2　游标的使用 156
8.6　同步实训：在商品销售系统数据库中创建存储过程和存储函数 158
8.7　习题 158

第 9 章　触发器 161

9.1　触发器概述 161
9.2　创建触发器 161
 9.2.1　使用 CREATE TRIGGER 语句创建触发器 161
 9.2.2　触发器中的 NEW 和 OLD 关键字 162
 9.2.3　创建插入触发器 162
 9.2.4　创建更新触发器 163
 9.2.5　创建删除触发器 165
9.3　修改触发器 166
9.4　删除触发器 166
9.5　同步实训：在商品销售系统数据库中创建触发器 166
9.6　习题 167

第 10 章　MySQL 安全性管理 169

10.1　数据库安全性概述 169
10.2　用户管理 170
 10.2.1　使用 Navicat 对话方式创建用户 170
 10.2.2　使用 CREATE USER 语句创建用户 172
 10.2.3　使用 ALTER USER 语句修改用户密码 172
 10.2.4　使用 SET PASSWORD 语句修改用户密码 173
 10.2.5　使用 DROP USER 语句删除用户 173
10.3　权限管理 174
 10.3.1　权限类型 174
 10.3.2　使用 Navicat 对话方式授予/撤销用户权限 175
 10.3.3　使用 GRANT 语句授予用户权限 176
 10.3.4　使用 REVOKE 语句撤销用户权限 178
 10.3.5　使用 SHOW GRANTS 语句查看用户权限 178
10.4　同步实训：在商品销售系统数据库中创建用户并设置权限 178
10.5　习题 179

第11章 备份和还原 · 181

11.1 备份/还原概述 · 181

11.2 备份数据库 · 182
- 11.2.1 使用 Navicat 对话方式备份数据库 · 182
- 11.2.2 使用 mysqldump 命令备份数据库 · 183

11.3 还原数据库 · 184
- 11.3.1 使用 Navicat 对话方式还原数据库 · 184
- 11.3.2 使用 mysql 命令还原数据库 · 185
- 11.3.3 使用 source 语句还原数据库 · 186

11.4 使用日志文件还原数据库 · 186
- 11.4.1 日志简介 · 186
- 11.4.2 启动和设置二进制日志 · 187
- 11.4.3 查看或导出二进制日志中的内容 · 188
- 11.4.4 删除二进制日志 · 189
- 11.4.5 使用二进制日志还原数据库 · 190

11.5 导出/导入表中数据 · 192
- 11.5.1 使用 SELECT…INTO OUTFILE 语句导出文本文件 · 192
- 11.5.2 使用 LOAD DATA INFILE 语句导入文本文件 · 193

11.6 同步实训：备份与还原商品销售系统数据库 · 194

11.7 习题 · 195

第12章 MySQL 事务 · 197

12.1 事务的概念 · 197

12.2 事务的特性 · 197

12.3 事务的执行模式 · 198
- 12.3.1 隐式事务 · 198
- 12.3.2 显式事务 · 198

12.4 同步实训：在商品销售系统数据库中使用事务 · 200

12.5 习题 · 200

第 1 章　MySQL 概述

本章学习要点：
- 数据库基本概念
- 关系数据库设计
- MySQL 的安装与配置
- MySQL 运行环境配置
- 启动和停止 MySQL 数据库服务器
- 连接和关闭 MySQL 数据库服务器

MySQL 是一个关系型数据库管理系统，是一个真正多用户、多线程的结构化查询语言（SQL）数据库服务器。MySQL 运行速度快、执行效率与稳定性高、操作简单，是目前主流的数据库管理系统软件之一。本章主要讲述数据库基础，以及 MySQL 的简介、安装与配置、常见操作等。

1.1 数据库基础

如果需要快速、安全地处理大量数据，则必须使用数据库管理系统。任何基于数据库编程的程序，其业务逻辑实质上都是对数据的处理操作。数据库管理系统也是一种软件，主要负责存储和管理网站所需的内容数据，例如文字、图片等。

1.1.1 数据库基本概念

1. 数据库（DB）

数据库（DataBase，DB）是存放数据的仓库，按照数据结构来组织、存储和管理数据的仓库。

按照数据库类型划分，可以分为关系型数据库和非关系型数据库。

1.1.1

- 关系型数据库：以表的形式存储数据，表与表之间有很多复杂的关联关系。关系型数据库遵循结构化查询语言（Structured Query Language，SQL）标准和 ACID 原则。常见的关系型数据库有 MySQL、SQL Server、Oracle 等。
- 非关系型数据库（Not Only SQL，NoSQL）：是分布式、非关系型、不保证遵循 ACID 原则的数据存储系统。常见的非关系数据库有 Redis（键值对存储）、HBase（列存储）、MongoDB（文档型数据库）、InfoGrid（图数据库）。

2. 数据库管理系统（DBMS）

数据库管理系统（DataBase Management System，DBMS）是一种操纵和管理数据库的软件，用于建立、使用和维护数据库；能够提供数据录入、修改、查询操作；具有数据定义、数据操作、数据存储与管理、数据维护、通信等功能，且允许多用户使用。

常用的数据库管理系统如下。
- **Oracle**：甲骨文公司的产品，是目前较流行的关系型数据库管理系统之一，主要面向大型企业。
- **SQL Server**：微软公司的关系型数据库管理系统，为中小型企业和单位提供服务，界面友好，易学易用。
- **DB2**：IBM 公司开发的关系型数据库管理系统，也主要面向大中型企业。
- **MySQL**：由 Oracle 旗下的瑞典公司 MySQL AB 开发，是流行的关系型数据库管理系统。MySQL 具有体量小、速度快、总体拥有成本低、源码开放的特点，中小型网站的开发一般都选择 MySQL 作为网站数据库。
- **OceanBase**：阿里数据库，是蚂蚁集团完全自主研发的金融级分布式关系数据库。
- **PolarDB**：阿里云数据库，是阿里巴巴自主研发的下一代关系型分布式云数据库，兼容 MySQL、PostgreSQL、Oracle 语法，存储容量最高可达 100TB，单库可扩展至 16 个节点，适用于企业多样化的应用场景。

3. 数据库系统（DBS）

数据库系统（DataBase System，DBS）包括数据库管理系统、数据库、应用系统和用户（数据库管理员、应用程序员、终端用户）。数据库系统组成结构如图 1-1 所示。

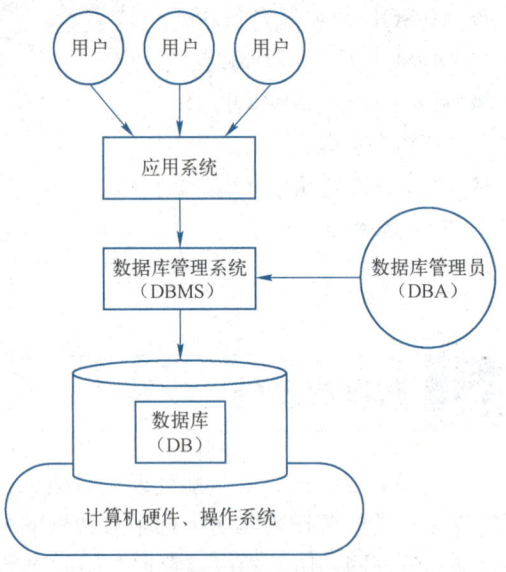

图 1-1　数据库系统组成结构

1.1.2　关系数据库介绍

关系数据库是一些相关的表和其他数据库对象的集合。

1.1.2

1. 关系表

在关系数据库中，数据保存在二维表格中，称为表（Table）。一个关系型数据库包含多个数据表，每个表又包含行（记录、元组）、列（字段、属性）。

例如：学生个人信息包括学号、姓名、性别、出生日期，可以用二维表格显示学生信息，如图 1-2 所示。

学号	姓名	性别	出生日期
1308013101	陈斌	男	1993-03-20
1308013102	张洁	女	1996-02-08
1308013103	郑先超	男	1994-04-25

图 1-2　关系表

2．表之间的关系

表与表通过公共字段（键）建立关联，"键"分为主键和外键。主键保证表中数据的唯一性；外键关联另一张表中的数据，保证数据的完整性。表与表之间有以下三种类型的关系：一对一关系（1:1）、一对多关系（1:n）、多对多关系（$m:n$）。

（1）一对一关系（1:1）

A 表中的一条记录在 B 表中仅有一条记录与之对应；反之，B 表中的一条记录在 A 表中也仅有一条记录与之对应，如图 1-3 所示。

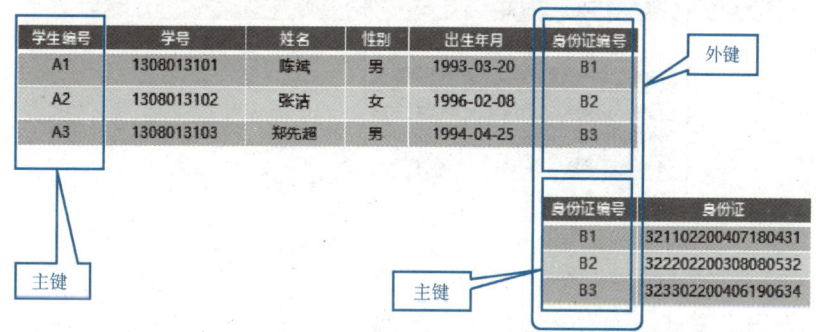

图 1-3　一对一关系（1:1）

（2）一对多关系（1:n）

A 表中的一条记录在 B 表中有多条记录与之对应；反之，B 表中的一条记录在 A 表中仅有一条记录与之对应，如图 1-4 所示。

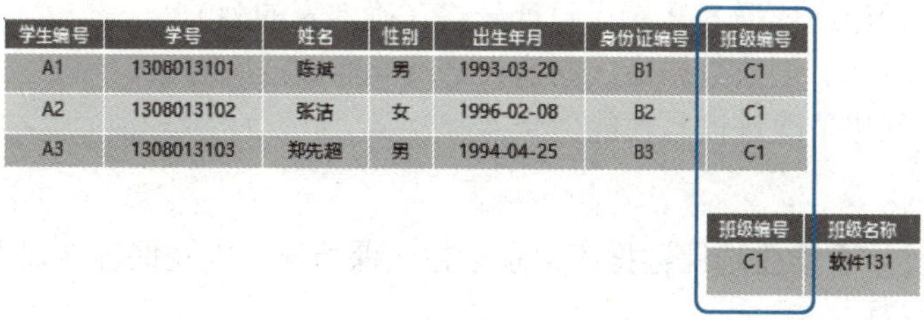

图 1-4　一对多关系（1:n）

（3）多对多关系（$m:n$）

A 表中的一条记录在 B 表中有多条记录与之对应；反之，B 表中的一条记录在 A 表中也有多条记录与之对应，如图 1-5 所示。

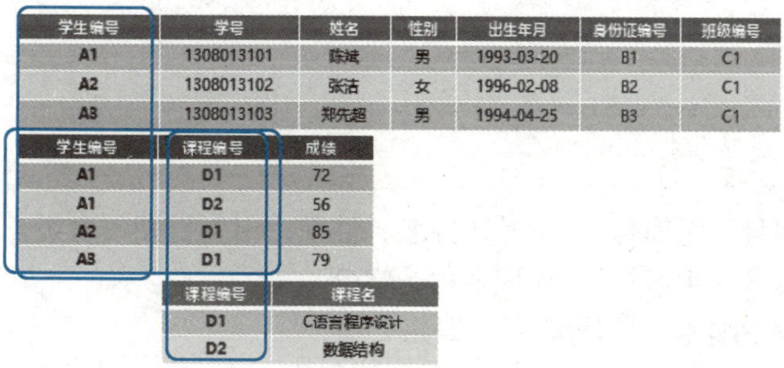

图 1-5　多对多关系（$m:n$）

如上,设计数据库时通过增加一张表将一个多对多的关系转化为两个一对多的关系。

3. 其他数据库对象

关系数据库除了包含表,还包含其他数据库对象(索引、视图、存储过程、触发器、用户等),如图1-6所示。

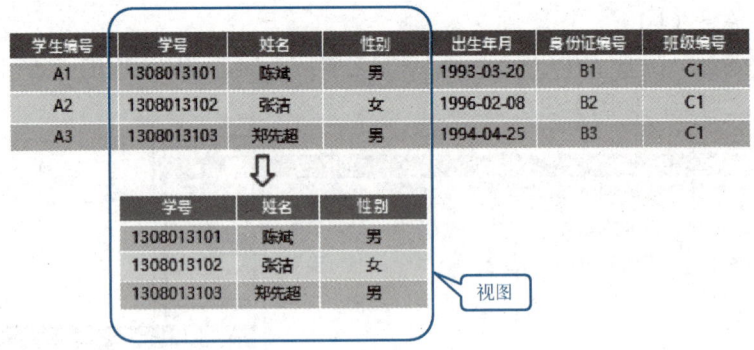

图1-6 其他数据库对象

1.1.3 关系数据库设计

1. 设计步骤

1)需求分析:根据需求制定任务目标,确定需要处理的数据对象及属性,确定对象关系。
2)概念结构设计:在需求分析基础上,获得实体关系模型,绘制E-R图。
3)数据库逻辑设计:依据E-R图,设计表格(确定表的列)。
4)数据库物理设计:创建数据库、创建表格及其他数据库对象。
5)数据库性能优化:改进读写性能。

1.1.3

2. 需求分析

需求描述:设计一个学生选课数据库记录学生选课情况,以及课程结课后的学生成绩。
(1)制定任务目标
- 需要维护学生信息。
- 需要维护课程信息。
- 需要记录选课信息。
- 需要记录成绩。

(2)确定需要处理的数据对象
- 学生。
- 课程。
- 选课信息。

(3)确定对象的属性
- 学生:学生编号(主属性)、学号、姓名、性别、出生日期、班级。
- 课程:课程编号(主属性)、课程名称、学分。
- 选课信息:学生编号、课程编号、成绩。

(4)确定对象之间的关系
一个学生选修多门课,一门课被多个学生选修,学生和课程之间存在多对多的关系。

3. 实体-关系模型（E-R 图）

实体-关系模型（E-R 图）是指从现实世界中抽象出实体类型和实体之间的联系，描述现实世界中实体对象之间的关系。

- 实体：是指要处理的数据对象，用矩形表示，矩形内部填写实体名（对象名称）。
- 属性：指对象的属性，用椭圆形表示，内部填写属性名，并用无向边与实体连接。
- 关系：指实体之间的关系，用菱形表示，内部填写关系名，并用无向边与实体连接，无向边上标注关系的类型（1:1、1:n、$m:n$）。

学生选课数据库 E-R 图如图 1-7 所示。

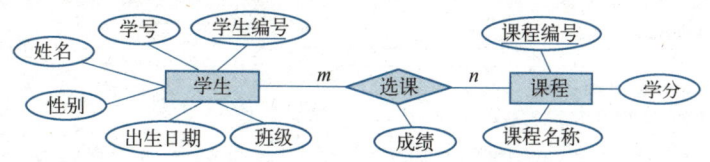

图 1-7　学生选课数据库 E-R 图

> 说明：实体具有属性，关系也可以具有属性；加横线的属性为主属性；为了简洁，可以省略部分属性的标注。

4. 表设计

表设计的原则如下。

- 一个表描述一种实体或者实体间的关系。
- 避免表之间出现重复字段。
- 字段应该是原始数据或者基本数据元素。
- 表中应该有主键来唯一标识表中的记录。
- 用外键保证表之间的关系。

学生选课数据库表设计如图 1-8 所示。

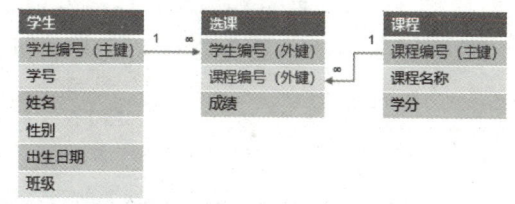

图 1-8　学生选课数据库表设计

1.2　MySQL 数据库软件安装

1.2.1　MySQL 简介

MySQL 是一个关系型数据库管理系统，是一个真正多用户、多线程的结构化查询语言（SQL）数据库服务器。其所使用的 SQL 语言是用于访问数据库的最常用标准化语言。MySQL 运行速度快、执行效率与稳定性高、操作简单、非常易于使用，是目前最流行的数据库管理系统软件之一。

1.2

MySQL 软件采用了双授权政策，它分为社区版和商业版。由于体量小、速度快、总体拥有成本低，尤其是开放源码这一特点，MySQL 成为中小型网站开发首选的数据库管理系统。MySQL 社区版性能卓越，搭配 PHP、Linux 和 Apache 可组成良好的 Web 开发环境。

1.2.2　获取 MySQL 数据库软件

MySQL 的官方网站首页网址是 https://www.mysql.com/，在该网站上可以免费下载其最新版本和各种技术资料。至本书截稿，发布的 MySQL 最新版本是 8.0.35。

在 MySQL 官网的社区版下载页面（https://dev.mysql.com/downloads/）中，选择 MySQL Installer for Windows，进入 MySQL 数据库软件下载页面，如图 1-9 所示。

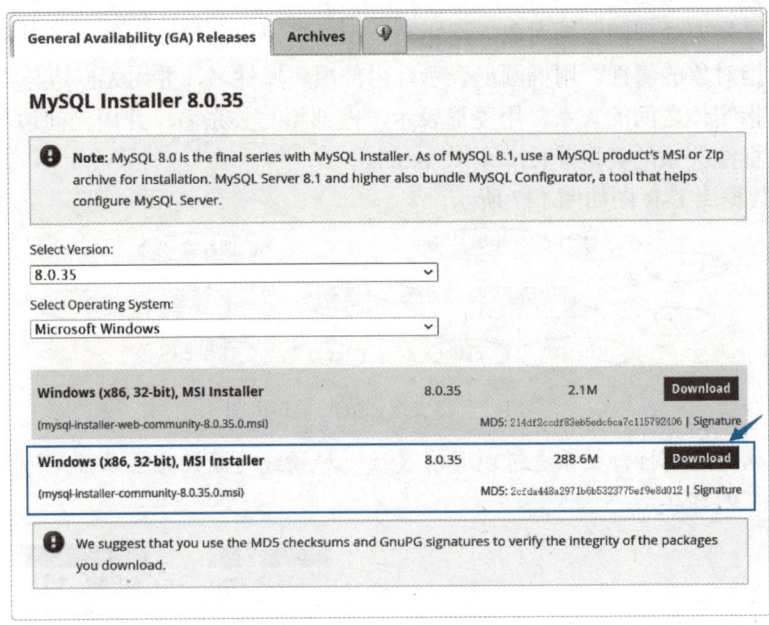

图 1-9　下载 MySQL 数据库软件

1.2.3　MySQL 安装与配置

下面以在 Windows 10 操作系统中安装 MySQL 8.0.35 为例，介绍安装的全过程。

1）双击通过 MySQL 官网下载的 mysql-installer-community-8.0.35.0.msi 安装包，运行后显示终端用户许可证协议界面，如图 1-10 所示。

2）勾选界面下方的复选框接受许可证协议，单击 Next 按钮，显示选择安装类型（默认安装、仅安装服务器、仅安装客户端、完全安装、自定义安装）界面，如图 1-11 所示。

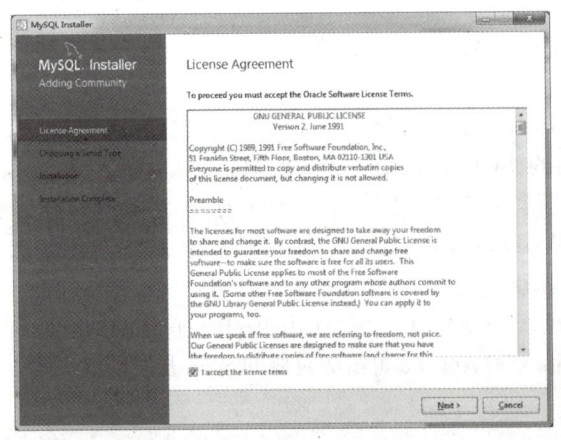
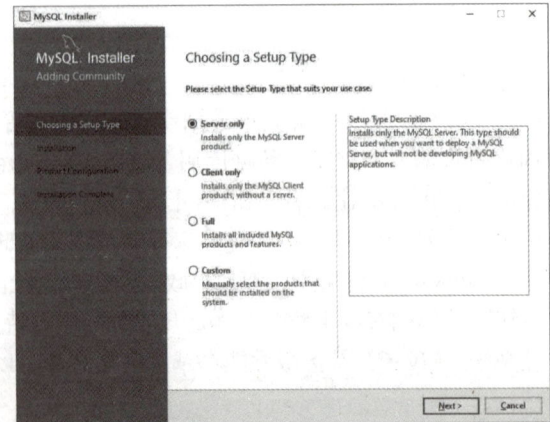

图 1-10　终端用户许可证协议界面　　　　　图 1-11　选择安装类型界面

3）选择 Server Only 单选按钮，单击 Next 按钮，进入安装要求检测界面，如图 1-12 所示。

4）单击 Execute 按钮，安装 Microsoft Visual C++ 2019 组件包，安装完成后，状态为 INSTL DONE，如图 1-13 所示。

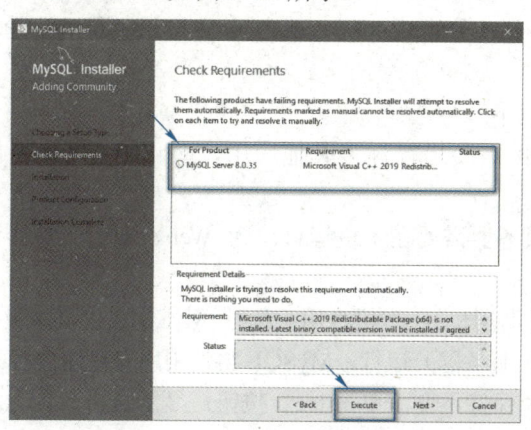

图 1-12　安装要求检测界面

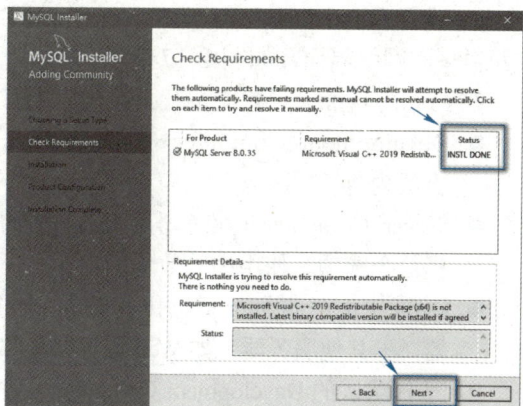

图 1-13　安装要求完成界面

5）单击 Next 按钮，进入确认安装界面，如图 1-14 所示。

6）单击 Execute 按钮开始安装，安装完成后，状态会显示为 Complete，如图 1-15 所示。

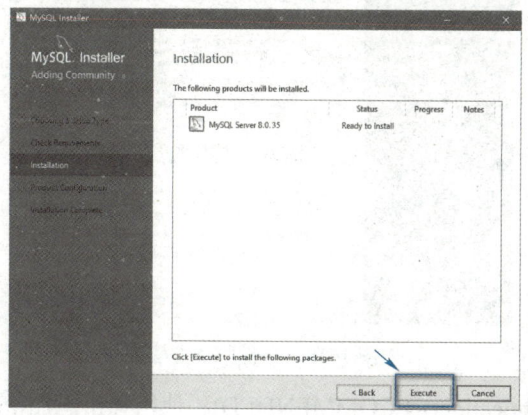

图 1-14　确认安装界面

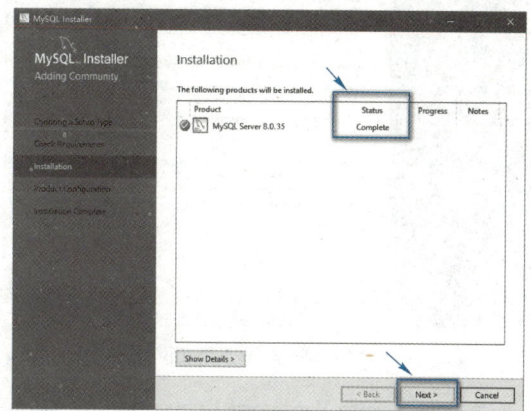

图 1-15　安装完成界面

7）单击 Next 按钮，将进入产品配置界面，如图 1-16 所示。

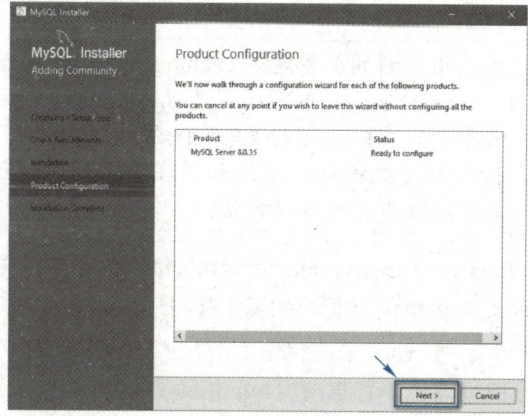

图 1-16　产品配置界面

- Standalone MySQL Server/Classic MySQL Replication：独立 MySQL 服务器/经典 MySQL 复制。
- InnoDB Cluster：InnoDB 集群搭建。

8）选择 Standalone MySQL Server/Classic MySQL Replication，单击 Next 按钮，显示配置服务器类型和网络界面，如图 1-17 所示。

在 Config Type（配置类型）下拉列表中有以下三种选择。
- Development Computer（开发者用机）：需要运行许多其他应用，MySQL 仅使用最少的内存。
- Server Computer（服务器用机）：多个服务器需要在本机运行。为 Web、应用服务器选择这个选项，使用中等数量的内存。
- Dedicated Computer（专用 MySQL 服务器用机）：本机专用于运行 MySQL 数据库服务器，无其他服务器（如 Web 服务器、邮件服务器）运行，MySQL 将使用所有可用内存。

9）选择默认的 Development Computer，其他保持不变，单击 Next 按钮，显示身份验证方法界面，如图 1-18 所示。

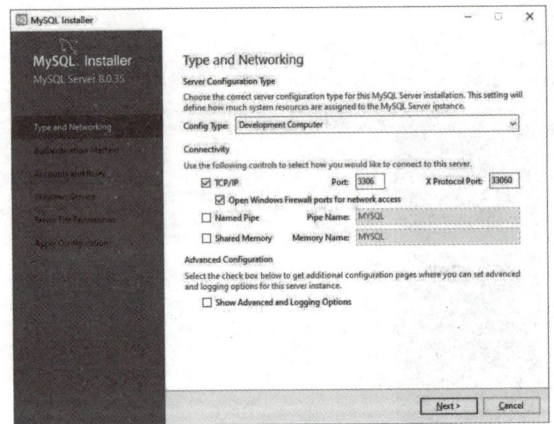

图 1-17　配置服务器类型和网络界面

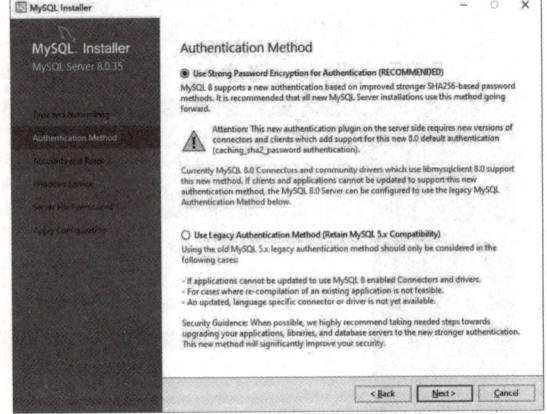

图 1-18　身份验证方法界面

- Use Strong Password Encryption for Authentication(RECOMMENDED)：使用强密码加密授权（推荐）。
- Use Legacy Authentication Method(Retain MySQL 5.x Compatibility)：使用传统授权方法（保留 5.x 版本兼容性）。

说明：MySQL 8.0 版本采用了新的加密规则 caching_sha2_password，即推荐使用的强密码加密授权，而 MySQL 5.x 版本采用的加密规则是 mysql_native_password，新的加密规则可以显著提高安全性；但是，如果目前应用程序还无法升级来使用 MySQL 8.0 的连接器和驱动的话，则只能选择使用传统授权方法。如果在安装的时候选择了推荐的身份验证方法，后续也可以根据需要更改为传统授权方法。

10）选择 Use Strong Password Encryption for Authentication (RECOMMENDED)单选按钮，单击 Next 按钮，显示设置账户和角色界面，如图 1-19 所示。

11）设置系统管理员账号 root 的密码（密码长度至少 4 位，在此设置其密码为"Mysql135!"，后续也可以根据需要进行更改），单击 Next 按钮，显示设置 Windows 服务界面，如图 1-20 所示。

12）保持默认值，单击"Next"按钮，显示设置服务器文件权限界面，如图 1-21 所示。

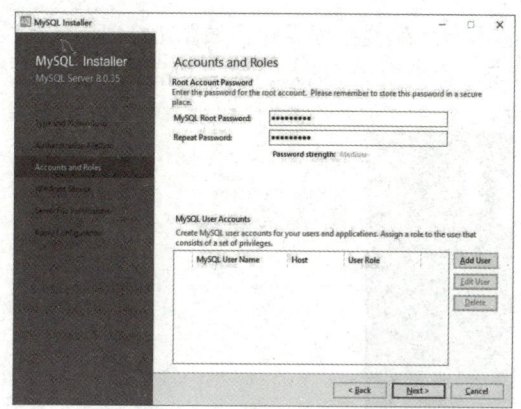
图 1-19 设置账户和角色界面

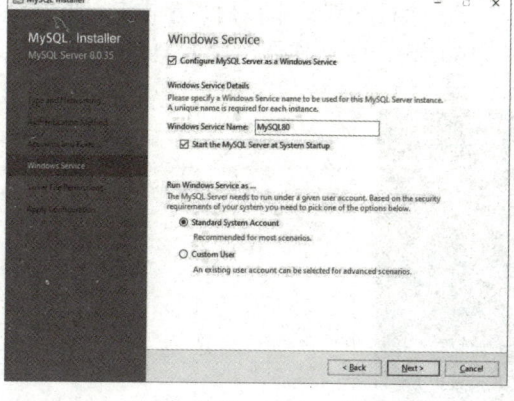
图 1-20 设置 Windows 服务界面

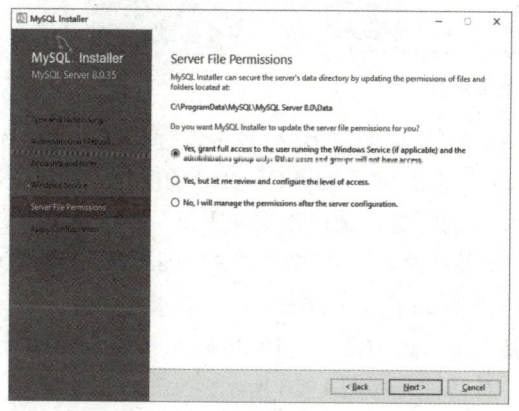
图 1-21 设置服务器文件权限界面

是否希望 MySQL 安装程序为您更新服务器文件权限:
- 是,仅向运行 Windows 服务的用户和管理员组授予完全访问权限,其他用户和组将无权访问。此为系统默认选项。
- 是,但需要我检查并配置访问级别。
- 否,在服务器配置后我将管理权限。

13) 保持默认值,单击 Next 按钮,显示准备配置界面,如图 1-22 所示。

14) 单击 Execute 按钮,开始执行配置,如图 1-23 所示。

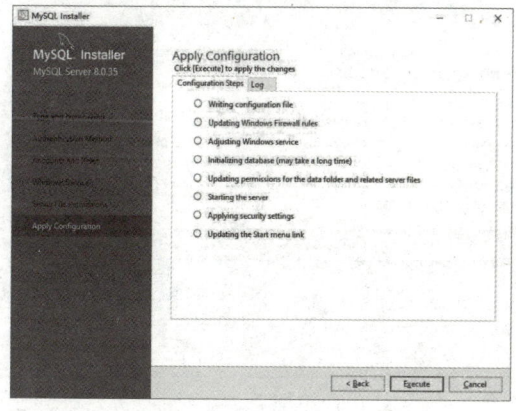
图 1-22 准备配置界面

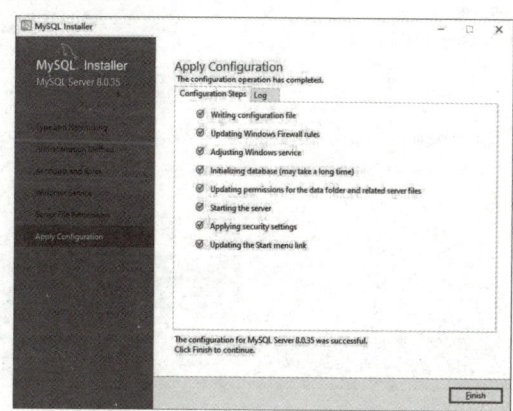
图 1-23 执行配置界面

15）执行配置结束以后，单击 Finish 按钮，显示产品配置完成界面，如图 1-24 所示。

16）单击 Next 按钮，显示 MySQL 安装成功界面，如图 1-25 所示。单击 Finish 按钮即可。

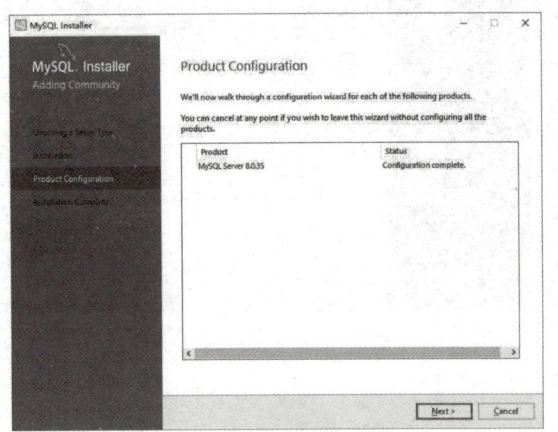

图 1-24 产品配置完成界面

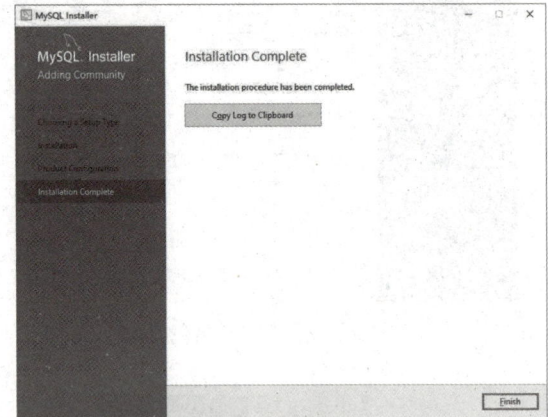

图 1-25 MySQL 安装成功界面

MySQL 安装成功以后，紧接着对它的运行环境进行配置。运行环境配置好以后，可以通过命令行窗口程序（cmd.exe）方便地进行 MySQL 命令的操作。通常采用在 Windows 系统的环境变量中进行 MySQL 运行环境的配置，操作步骤如下。

1）找到 MySQL 执行文件的路径，本书为 C:\Program Files\MySQL\MySQL Server 8.0\bin，可以先进入该路径，然后复制地址栏中的路径。

2）在桌面的"此电脑"上单击右键，选择"属性"命令，在弹出的窗口中单击"高级系统设置"，显示"系统属性"对话框，如图 1-26 所示。

3）切换到"高级"选项卡，单击"环境变量"按钮，显示"环境变量"对话框，如图 1-27 所示。

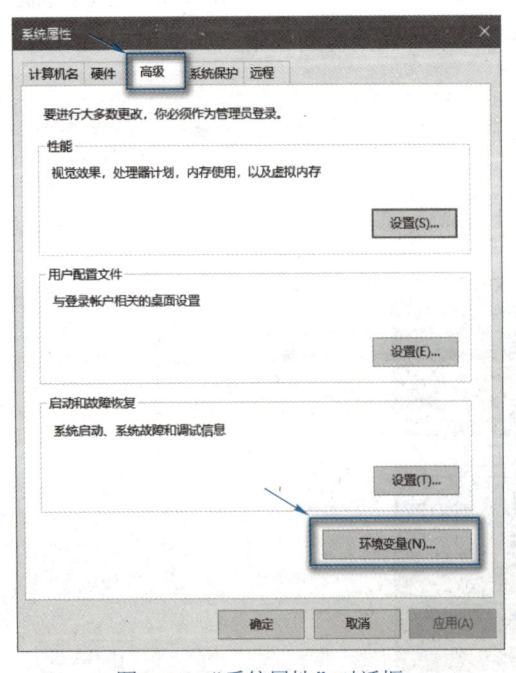

图 1-26 "系统属性"对话框

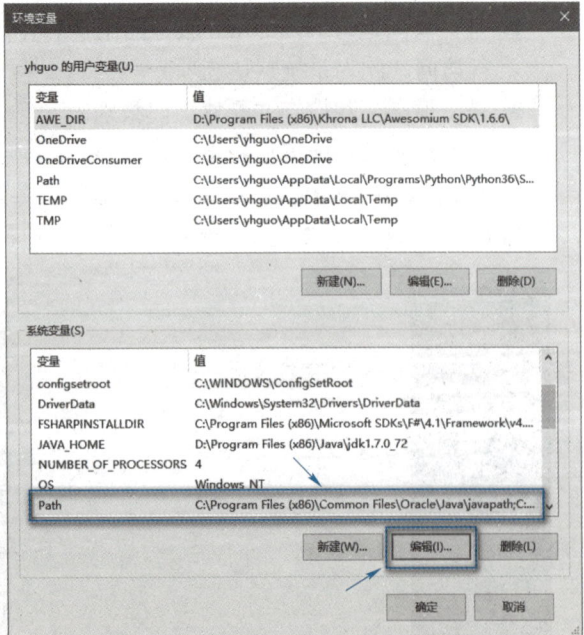

图 1-27 "环境变量"对话框

4）选择"系统变量"列表框中的 Path 变量，单击"编辑"按钮，显示"编辑环境变量"对话框，如图 1-28 所示。

5）单击"新建"按钮，在列表中的最下方将会出现一个空白行，将之前复制的 MySQL 执行文件的路径粘贴到该空白行中即可，单击"确定"按钮，结束 MySQL 运行环境配置过程。

6）测试运行环境配置效果。打开 Windows 中的命令行窗口程序（cmd.exe），输入如下命令。

```
mysql -u root -p
```

然后按〈Enter〉键，如果提示输入密码，如图 1-29 所示，则运行环境配置成功。

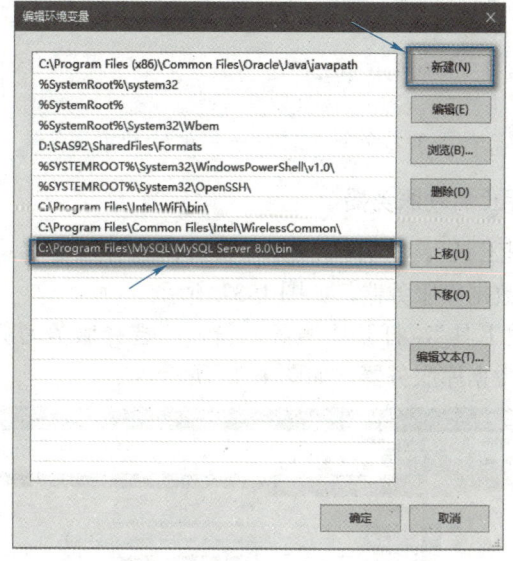

图 1-28 "编辑环境变量"对话框

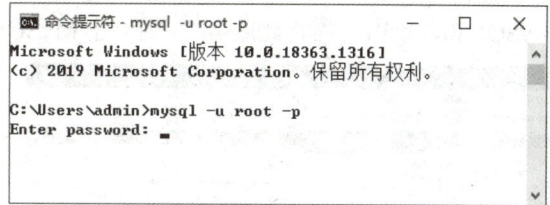

图 1-29 测试运行环境配置效果

1.3 MySQL 常见操作

1.3.1 MySQL 服务器的启动与停止

可以通过命令行窗口程序和 Windows 中的"服务"窗口这两种方法实现服务器的启动与停止。

1. 使用命令行窗口程序启动和停止服务器

使用命令行窗口程序启动 MySQL 数据库服务器的语法格式如下。

```
net start 服务名称
```

1.3.1

在"开始"菜单中找到"命令提示符"命令，在其上单击右键，选择"以管理员身份运行"命令，则显示一个命令行窗口，在该窗口中输入"net start mysql80"后按〈Enter〉键，启动 MySQL 服务器，如图 1-30 所示。

使用命令行窗口程序停止 MySQL 数据库服务器的语法格式如下。

　　net stop 服务名称

在命令行窗口中输入 net stop mysql80 后按〈Enter〉键，停止 MySQL 服务器，如图 1-31 所示。

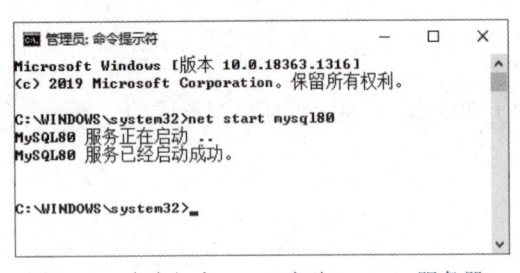

图 1-30　命令行窗口——启动 MySQL 服务器

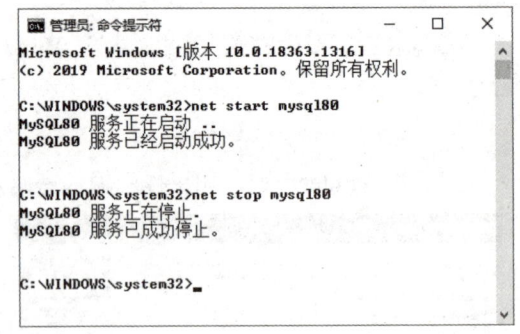

图 1-31　命令行窗口——停止 MySQL 服务器

2. 使用 Windows 中的"服务"窗口启动和停止启动服务器

打开 Windows 的"控制面板"，选择"管理工具"，打开"服务"窗口；选择服务名称 MySQL80，单击"启动此服务"，则启动 MySQL 数据库服务器，如图 1-32 所示。

打开 Windows 的"控制面板"，选择"管理工具"，打开"服务"窗口；选择服务名称 MySQL80，单击"停止此服务"，则停止 MySQL 数据库服务器，如图 1-33 所示。

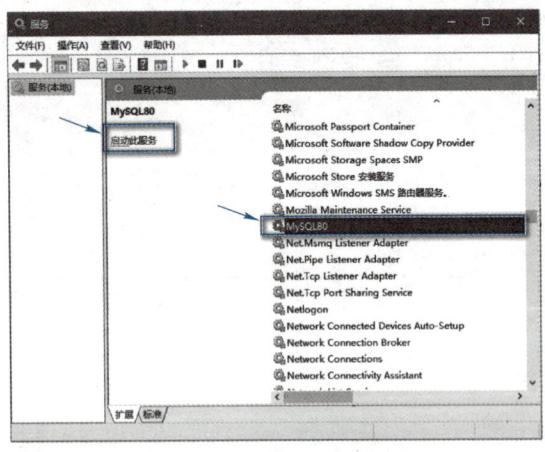

图 1-32　Windows 中的"服务"窗口——
启动 MySQL 服务器

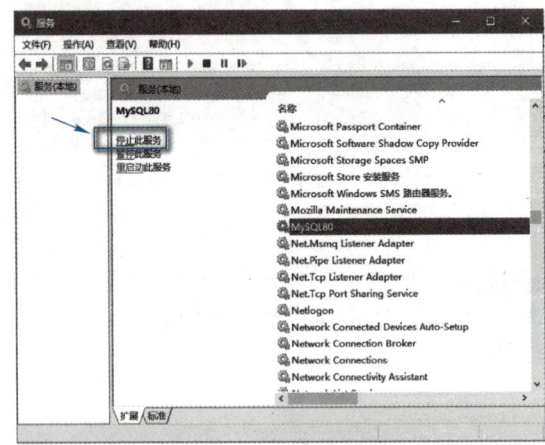

图 1-33　Windows 的"服务"窗口——停止
MySQL 服务器

1.3.2　MySQL 服务器的连接与关闭

可以通过命令行窗口程序和图形化管理工具这两种方法实现服务器的连接与关闭。

1. 使用命令行窗口程序连接和关闭服务器

当用户连接一个 MySQL 数据库服务器时，用户的身份是由连接服务器

1.3.2

的主机和用户指定的用户名来决定的，所以 MySQL 在认定身份时会考虑用户的主机名和登录的用户名，只有客户机所在的主机被授予权限才能去连接 MySQL 服务器。连接 MySQL 服务器使用 mysql 命令，其语法格式如下。

```
mysql -h 服务器主机地址 -u 用户名 -p用户密码
```

 说明：
- -h 参数指定所连接的数据库服务器地址，可以是 IP 地址，也可以是服务器名称。如果是连接本机，则该参数可以省略。
- -u 参数指定连接数据库服务器使用的用户名，例如，root 表示是管理员身份，具有所有权限。
- -p 参数指定连接数据库服务器使用的密码，注意-p 和其后的参数值之间不要有空格。也可以省略-p 后面的参数值，直接按〈Enter〉键后以密文的形式输入密码。

【示例 1-1】 使用管理员账号 root、密码"Mysql135!"连接本机的 MySQL 数据库服务器。

```
mysql -u root -p
```

打开一个命令行窗口，在该窗口中输入以上语句，按〈Enter〉键后输入密码"Mysql135!"，连接成功以后就会显示 MySQL 客户机的标准界面，即 MySQL 控制台，出现提示符号"mysql>"，表示正等待用户输入 SQL 命令，如图 1-34 所示。

 说明：
- 在该 MySQL 控制台中输入 SQL 命令并发送，就可以对 MySQL 数据库服务器进行管理。例如，可以实现创建数据库、创建数据表、增/删/改表数据、查询数据等操作。
  - 如果在执行表数据的添加或修改操作时，发现保存至数据表中的中文显示为乱码，则先执行如下语句，再重新执行添加或修改操作。
    ```
    set character_set_client='gbk';
    set character_set_connection='gbk';
    ```
  - 如果在执行数据查询的操作时，发现输出的中文显示为乱码，则先执行如下语句，再重新执行查询操作。
    ```
    set character_set_results='gbk';
    ```
- 每条 SQL 命令都要以分号（;）结束，然后按〈Enter〉键进行发送。
- 可以将一条 SQL 命令拆成多行，最后使用一个分号结束即可。
- 可以通过\c 来取消当前行的输入。
- 以下两条命令也可实现连接 MySQL 数据库服务器的功能。
  ```
  mysql -u root -pMysql135!
  mysql -h localhost -u root -p Mysql135!
  ```

在 MySQL 控制台中输入 exit 或者 quit 命令，可以关闭 MySQL 数据库服务器。当出现 Bye 提示语时，表示已正确关闭数据库连接，如图 1-35 所示。

2．使用图形化管理工具连接和关闭服务器

MySQL 图形化管理工具有很多，例如 Navicat、MySQL Workbench、SQLyog、phpMyAdmin 等。本书选用的是 Navicat。

Navicat 是一套专为 MySQL 设计的强大的数据库管理及开发工具。这个功能齐备的前端软件为数据库管理、开发和维护提供了直观的图形界面，给 MySQL 新手以及专业人士提供了一组全面的工具。

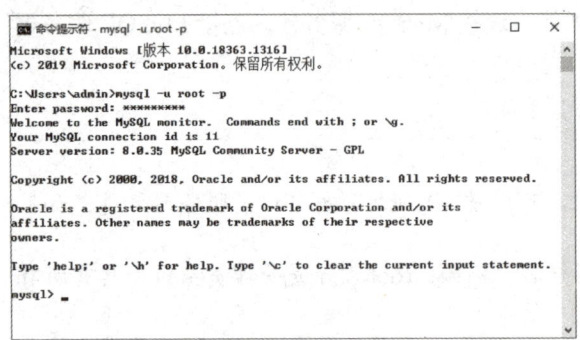

图 1-34　命令行窗口——连接 MySQL 服务器

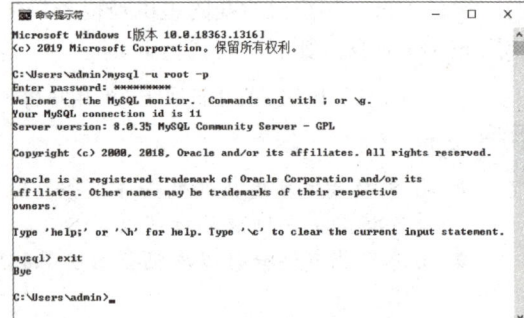

图 1-35　命令行窗口——关闭 MySQL 服务器

使用 Navicat 连接 MySQL 服务器的操作步骤如下。

1）在如图 1-36 所示的 Navicat 控制台中，在菜单栏中选择"文件"→"新建连接"→MySQL 命令。

2）显示"MySQL-新建连接"对话框，如图 1-37 所示。

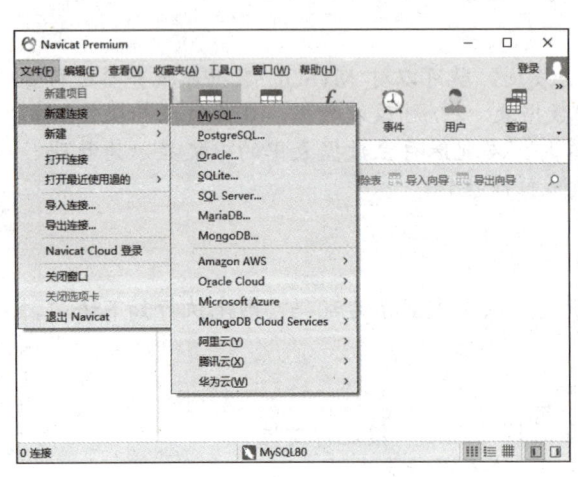

图 1-36　Navicat 控制台

图 1-37　"MySQL-新建连接"对话框

- 连接名：与 MySQL 服务器连接所使用的名称，名称可以任意选取。在此输入 LDL。
- 主机：MySQL 服务器的名称，可以用 localhost 代表本机；远程主机可以使用主机名或者 IP 地址。在此使用默认值 localhost。
- 端口：MySQL 的服务端口，默认端口为 3306。在此使用默认值 3306。
- 用户名：登录 MySQL 服务器的用户账号，root 是管理员账号。在此使用默认值 root。
- 密码：登录 MySQL 服务器的用户账号的密码。在此输入安装配置时所设置的 root 账号密码"Mysql135!"。

3）完成输入以后，单击"测试连接"按钮，如果连接成功，则单击"MySQL-新建连接"对话框中的"确定"按钮，创建连接对象，该连接对象会自动显示在 Navicat 控制台中，如图 1-38 所示。

4）双击 LDL 服务器连接对象，连接 MySQL 数据库服务器，连接成功则显示服务器上部署的所有数据库，如图 1-39 所示。

图 1-38　Navicat 控制台中的连接对象

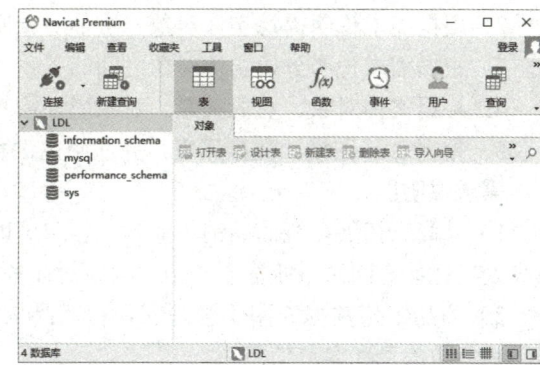

图 1-39　通过 Navicat 成功连接 MySQL 服务器

使用 Navicat 关闭 MySQL 服务器的操作步骤如下。

1）在 Navicat 控制台中的 LDL 连接对象上单击右键，选择"关闭连接"命令，关闭服务器连接，如图 1-40 所示。

2）关闭成功则不再显示服务器上部署的数据库，如图 1-41 所示。

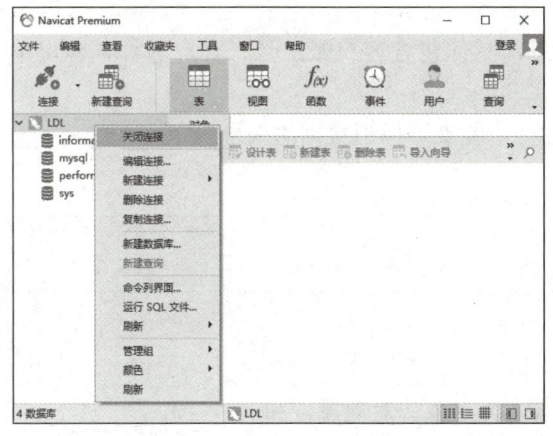

图 1-40　通过 Navicat 关闭 MySQL 服务器

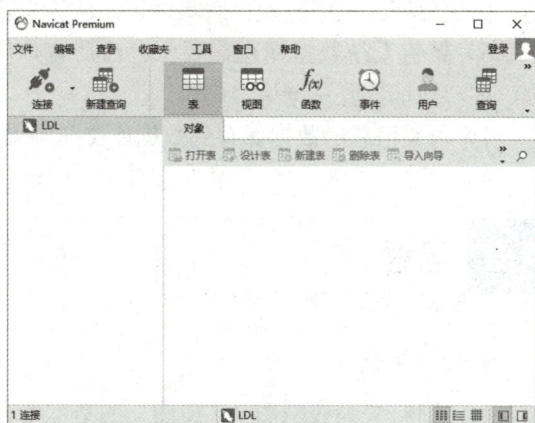

图 1-41　通过 Navicat 成功关闭 MySQL 服务器

1.4　同步实训：设计商品销售系统数据库

一、实训目的

1. 掌握编写任务目标的方法。
2. 掌握分析实体对象及其属性的方法。
3. 掌握分析实体对象之间关系的方法。
4. 掌握 E-R 图的绘制方法。
5. 掌握数据表的推导方法。

二、实训内容

1. 根据需求说明编写任务目标。
2. 根据需求说明提炼实体对象、实体对象属性,并确定主属性。
3. 根据需求说明分析实体对象之间的关系。
4. 根据实体对象、对象关系、对象属性绘制 E-R 图。
5. 根据 E-R 图设计数据库表,并注明主键和外键。

需求说明:

1)某商家拓展在线商品销售业务,客户可以通过在线网站选购商品、下订单,销售员可以在线处理订单。网站系统需要一个数据库对业务数据进行管理。

2)商品销售数据库用于管理和保存商品信息、商品类别信息、订单信息、用户的购买信息、销售员信息和客户信息。

3)商品信息包含商品代码、商品名称、价格、库存量。商品类别信息包含类别名称和类别说明。

4)订单信息包含订单日期和订单说明。系统在接受用户的订单时记录用户的购买信息,包含每项已购商品的数量及金额。

5)销售系统数据库用于管理和保存销售员信息,具体包含销售员账户号、销售员名称、性别、出生日期、入职日期、联系地址、联系电话。

6)销售系统数据库也需要保存注册客户信息,具体包含客户账户号、客户名称、客户单位、客户地址、联系电话、邮编。

7)每类信息的数据保存到数据库中时须增加一个能唯一标识数据的编号。

1.5 习题

一、选择题

1. 实体-关系模型图(E-R 图)的基本要素有实体对象、对象属性和( )。
   A. 属性之间关系   B. 对象之间关系
   C. 多对多的关系   D. 主键关系
2. 在关系数据库中,表的列又称为( )。
   A. 记录   B. 元组   C. 属性   D. 关系
3. 在关系数据库中,表的行又称为( )。
   A. 记录、元组   B. 记录、属性
   C. 字段、属性   D. 字段、元组
4. 下列关于关系数据库设计中概念结构设计阶段的任务描述正确的是( )。
   A. 制定任务目标
   B. 确定实体数据对象及其属性
   C. 确定实体对象之间的关系
   D. 绘制 E-R 图

5. 一个学生有多个电话号码，每个电话号码仅属于某个特定的学生，则学生和电话号码之间存在什么关系？（　　）

　　A．一对一的关系　　　　　　　　B．一对多的关系
　　C．多对多的关系　　　　　　　　D．以上都正确

6. 下列有关关系数据库设计的描述不正确的是（　　）。

　　A．根据需求制定任务目标，确定需要处理的数据对象及其属性
　　B．在需求分析基础上，获得实体-关系模型，绘制 E-R 图
　　C．依据 E-R 图设计表格，确定表的列
　　D．关系数据库设计不需要考虑优化读写性能

7. 关系数据库中，保证表之间的关系用（　　）。

　　A．主键　　　　B．外键　　　　C．快捷键　　　　D．唯一键

8. 关系数据库中，表中的主键的作用是（　　）。

　　A．唯一标识表中的记录
　　B．保证表之间的关系
　　C．避免表之间出现重复字段
　　D．以上都不正确

9. MySQL 服务名称为 MySQL80，停止 MySQL80 服务的指令是（　　）。

　　A．mysql stop mysql80　　　　　B．stop mysql80
　　C．quit mysql80　　　　　　　　D．net stop mysql80

10. 以命令行窗口程序连接 MySQL 数据库服务器时的命令格式为（　　）。

　　A．net -h 服务器地址 -u 用户名 -p 用户密码
　　B．connect -h 服务器地址 -u 用户名 -p 用户密码
　　C．mysql -h 服务器地址 -u 用户名 -p 用户密码
　　D．start -h 服务器地址 -u 用户名 -p 用户密码

二、判断题

1. 选课系统中，一个学生可以选修多门课，一门课可以被多个学生选修，则学生和课程之间的关系类型为一对多。　　　　　　　　　　　　　　　　　　　　　　　　　（　　）

2. 关系数据库中的数据是以二维表的形式存储的。　　　　　　　　　　　　（　　）

3. 若 MySQL 服务名称为 MySQL80，启动 MySQL 数据库服务器的指令为 net start mysql80。　　　　　　　　　　　　　　　　　　　　　　　　　　　　　　　（　　）

4. 关系数据库中，一张表仅能描述一种实体，不能描述实体之间的关系。　（　　）

5. 以命令行窗口程序关闭 MySQL 服务器连接的命令可以用 exit，也可以用 quit。（　　）

第 2 章　数据库的创建和管理

本章学习要点：
- MySQL 数据库文件
- MySQL 数据库分类
- MySQL 的字符集和校对规则
- 创建数据库
- 修改数据库
- 删除数据库

　　数据库是 MySQL 最基本的操作对象之一，可以将数据库看成一个存储数据对象的容器。本章主要讲述学生管理数据库的创建、配置与管理。

2.1　数据库概述

2.1.1　MySQL 数据库文件

　　在数据库服务器中可以存储多个数据库文件，所以建立数据库时要设置数据库的文件名，每个数据库都有唯一的数据库文件名作为与其他数据库区别的标识。

　　可以将数据库看成一个存储数据对象的容器，这些数据对象包括表、视图、触发器、存储过程等，其中，表是最基本的数据对象，用以存放数据库的数据，一个数据库包含多个数据表。

2.1

　　MySQL 数据库的各种数据以文件的形式保存在系统中；每个数据库的文件保存在以数据库名命名的文件夹中。

　　MySQL 配置文件（my.ini）中的 datadir 参数指定了数据库文件的存储位置。可以在配置文件中更改数据库文件的存储位置，但是需要把原存储位置上的系统数据库移动到新的存储位置，然后重启 MySQL 数据库服务器即可。

2.1.2　MySQL 数据库分类

　　MySQL 数据库分系统数据库和用户数据库两类。

　　安装 MySQL 后，系统自动创建的数据库称为系统数据库，见表 2-1。

表 2-1　系统数据库

序号	系统数据库名称	说明
1	mysql	这是 MySQL 数据库服务器的核心数据库，类似于 SQL Server 中的 master 数据库，主要负责存储数据库的用户、权限设置、关键字等 MySQL 自己需要使用的控制和管理信息。不可以删除该系统数据库，如果对 MySQL 不是很了解，也不要轻易修改这个数据库里面的表信息
2	information_schema	这是一个信息数据库，主要保存关于 MySQL 数据库服务器所维护的其他所有数据库的信息，如数据库名、数据库的表、表字段的数据类型与访问权限等
3	performance_schema	这个数据库主要用于收集数据库服务器性能参数，其存储引擎会监视 MySQL 服务的事件
4	sys	通过这个数据库可以快速地了解系统的元数据信息，可以方便 DBA 发现数据库的很多信息，解决性能瓶颈

MySQL 数据库服务器把有关数据库的信息存储在 mysql 和 information_schema 这两个数据库中，如果删除了这两个数据库，MySQL 数据库服务器就不能正常工作了。

用户数据库是用户根据实际应用需求创建的数据库，例如学生管理数据库、商品销售数据库、财务管理数据库等。MySQL 可以包含一个或多个用户数据库。

2.1.3　MySQL 的字符集和校对规则

字符集（Character Set），即字符以及字符的编码；校对规则（Collation），即比较字符的规则。可以使用多种字符集存储字符串，也允许使用多种校对规则来比较字符串。系统可用的字符集和默认校对规则可以使用 SHOW CHARACTER SET、SHOW COLLATION 命令查看，如图 2-1 所示。

常见的字符集有：utf8mb4（默认字符集）、utf8、gbk、gb2312、big5。其中 utf8mb4 支持最长 4 字节的 UTF-8 字符，utf8 支持最长 3 字节的 UTF-8 字符，utf8mb4 兼容 utf8，且比 utf8 能表示更多的字符。

图 2-1　查看字符集

2.2　创建数据库

连接到 MySQL 服务器以后，就可以创建数据表并对数据表内容进行操作和管理了。但在创建数据表之前，首先需要创建一个数据库。
- 使用 Navicat 对话方式创建数据库：其优点是简单直观。
- 使用 CREATE DATABASE 语句创建数据库：其优点是可以将创建数据库的脚本保存下来，以便在其他计算机上运行以创建相同的数据库；另外，便于更好地熟悉数据库的操作命令。执行 CREATE DATABASE 命令创建数据库，既可以使用 Navicat 控制台来执行，也可以使用命令行窗口程序来执行。

2.2.1　使用 Navicat 对话方式创建数据库

以创建学生管理数据库（stuInfo）为例，使用 Navicat 对话方式创建用户数据库的步骤如下。

1）打开 Navicat 控制台，双击在第 1 章中所创建的连接对象 LDL，或者在 LDL 上单击鼠标右键，选择"打开连接"命令，可展开查看 MySQL 数据库服务器中的数据库列表，如图 2-2 所示。

2）在 LDL 上单击鼠标右键，选择"新建数据库"命令，显示"新建数据库"对话框，如图 2-3 所示。

2.2.1

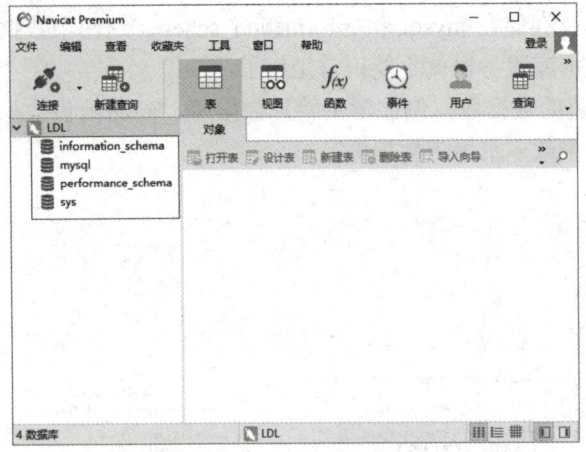

图 2-2 查看数据库列表

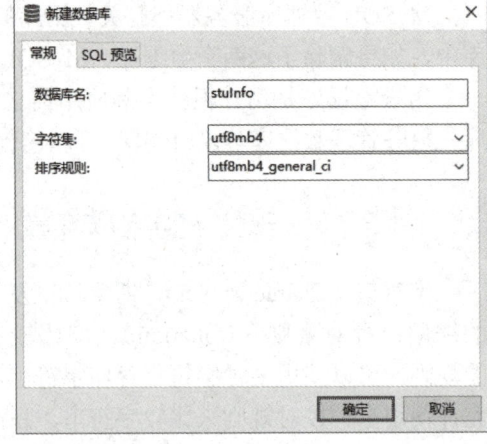

图 2-3 "新建数据库"对话框

3）在以上对话框中，可指定"数据库名""字符集"和"排序规则"。按照图 2-3 所示输入和选择后单击"确定"按钮，即完成数据库的创建，如图 2-4 所示。

4）若需要把 stuInfo 数据库指定为当前默认的数据库，则双击 stuinfo，或者在 stuinfo 上单击鼠标右键，选择"打开数据库"命令，即可打开数据库，如图 2-5 所示。

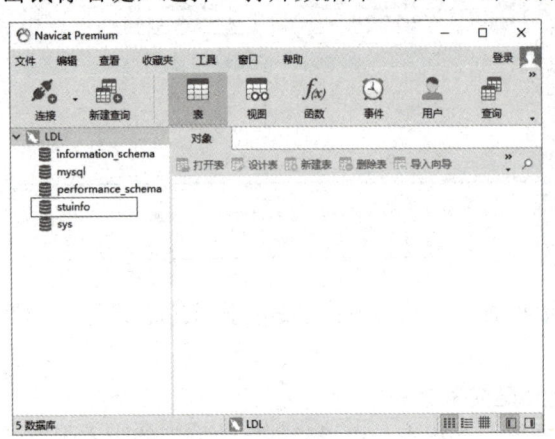

图 2-4 完成创建数据库　　　　　　　　　图 2-5 打开数据库

2.2.2 使用 CREATE DATABASE 语句创建数据库

创建数据库使用 CREATE DATABASE 语句，其语法格式如下。

```
CREATE DATABASE [IF NOT EXISTS] <数据库名>
    [DEFAULT CHARACTER SET <字符集名>]
    [DEFAULT COLLATE <排序规则名>];
```

2.2.2

说明：创建数据库需要具有数据库 CREATE 的权限。如果所创建的数据库已存在且没有指定 IF NOT EXISTS，则会出现错误。

【示例 2-1】 使用 CREATE DATABASE 语句创建 webInfo 数据库，默认字符集为 utf8mb4，排序规则为 utf8mb4_general_ci。

```
CREATE DATABASE webInfo
```

```
DEFAULT CHARACTER SET utf8mb4
DEFAULT COLLATE utf8mb4_general_ci;
```

1. 在 Navicat 控制台中使用 CREATE DATABASE 语句创建数据库

以创建 webInfo 数据库为例，在 Navicat 控制台中使用 CREATE DATABASE 语句创建数据库的步骤如下。

1）双击 Navicat 控制台中的连接对象 LDL，连接 MySQL 数据库服务器。然后单击工具栏上的"查询"按钮，如图 2-6 所示。

2）单击"新建查询"按钮，生成一个"无标题-查询"选项卡（或者直接单击工具栏上的"新建查询"按钮），如图 2-7 所示。

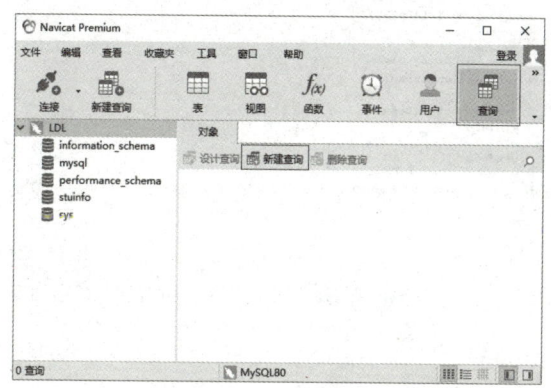
图 2-6　单击"查询"按钮

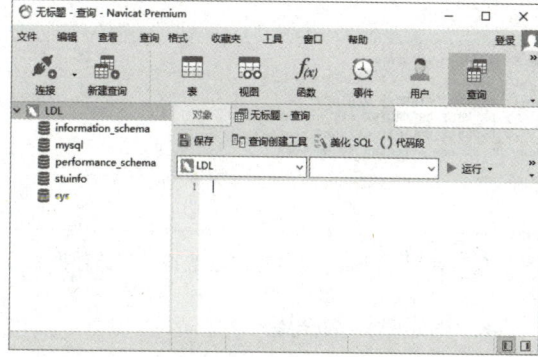
图 2-7　"无标题-查询"选项卡

3）在"无标题-查询"选项卡中输入创建数据库的 SQL 语句代码，单击"运行"按钮执行该 SQL 语句代码，执行成功后，则会在"信息"栏中显示 OK 标记，如图 2-8 所示。

4）在连接对象 LDL 上单击鼠标右键，选择"刷新"命令，即可在数据库列表中查看到所创建的数据库，如图 2-9 所示。

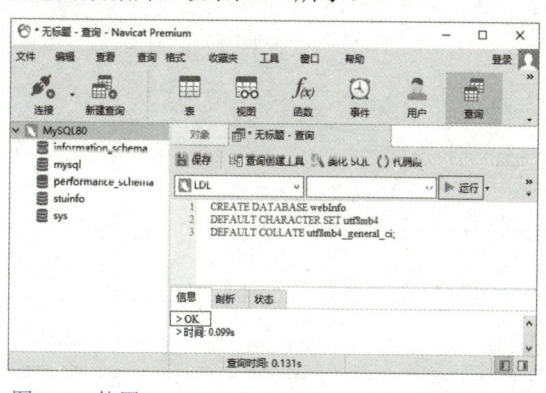
图 2-8　使用 CREATE DATABASE 语句创建数据库

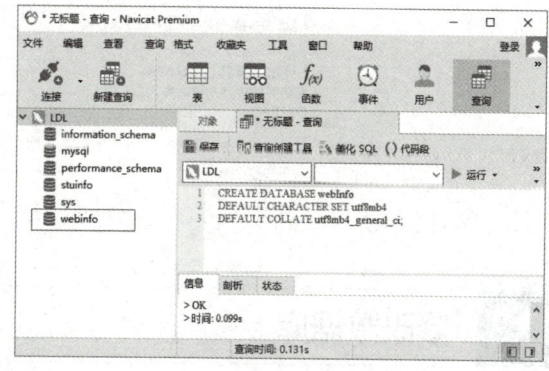
图 2-9　查看数据库

2. 在命令行窗口程序中使用 CREATE DATABASE 语句创建数据库

以 root 用户身份登录到 MySQL 控制台，在控制台中输入创建数据库的 SQL 语句代码，最后以分号（;）结束，再按〈Enter〉键提交执行即可，运行结果如图 2-10 所示。

> 说明：在执行以上创建 webInfo 数据库的 SQL 语句代码之前，首先要把已存在的同名数据库删除，否则会出错。

3. 显示当前数据库服务器下的所有数据库列表

显示当前数据库服务器下的所有数据库列表使用 SHOW DATABASES 语句，该语句常用来查看某一个数据库是否存在。其语法格式如下。

```
SHOW DATABASES;
```

【示例 2-2】以 root 用户身份登录到 MySQL 控制台，使用 SHOW DATABASES 语句显示当前数据库服务器下的所有数据库的列表。运行结果如图 2-11 所示。

```
SHOW DATABASES;
```

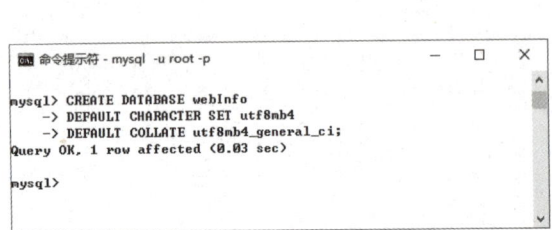
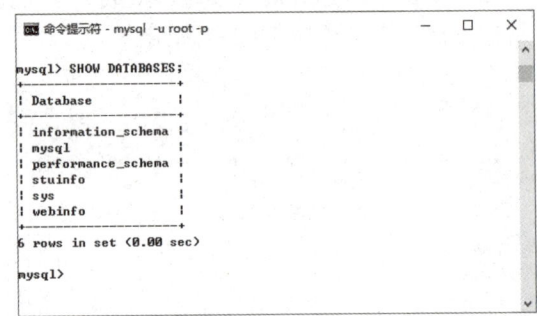

图 2-10　使用 CREATE DATABASE 语句创建数据库　　图 2-11　使用 SHOW DATABASES 语句查看数据库列表

4. 指定默认数据库

指定一个数据库作为当前默认的数据库使用 USE 语句，其语法格式如下。

```
USE <数据库名>;
```

【示例 2-3】以 root 用户身份登录到 MySQL 控制台，使用 USE 语句指定 stuInfo 数据库作为当前默认的数据库。运行结果如图 2-12 所示。

```
USE stuInfo;
```

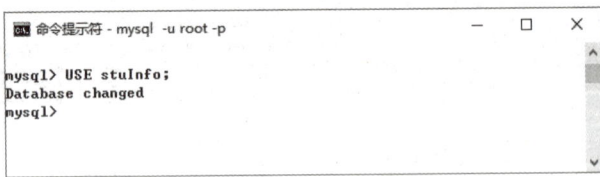

图 2-12　指定默认数据库

2.3　修改数据库

2.3.1　使用 Navicat 对话方式修改数据库

以修改学生管理数据库（stuInfo）为例，使用 Navicat 对话方式修改数据库的步骤如下。

1）在 Navicat 控制台中，双击展开 LDL 连接对象，在数据库列表中的 stuinfo 上单击鼠标右键，选择"编辑数据库"命令，显示"编辑数据库"对

2.3.1

话框，如图 2-13 所示。

2）可以修改"字符集"和"排序规则"默认的内容（注：不可以修改数据库名），然后单击"确定"按钮即可。

2.3.2 使用 ALTER DATABASE 语句修改数据库

修改数据库使用 ALTER DATABASE 语句。其语法格式如下。

```
ALTER DATABASE <数据库名>
    [DEFAULT] CHARACTER SET <字符集名> |
    [DEFAULT] COLLATE <排序规则名>];
```

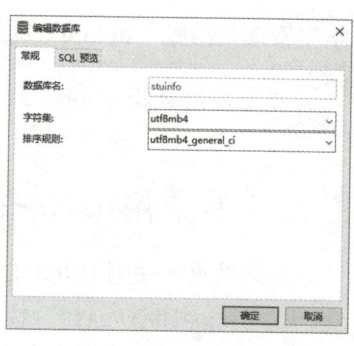

图 2-13 "编辑数据库"对话框

【示例 2-4】 将 webInfo 数据库的默认字符集修改为 utf8，排序规则修改为 utf8_general_ci。运行结果如图 2-14 所示。

```
ALTER DATABASE webInfo
DEFAULT CHARACTER SET utf8
DEFAULT COLLATE utf8_general_ci;
```

2.3.2

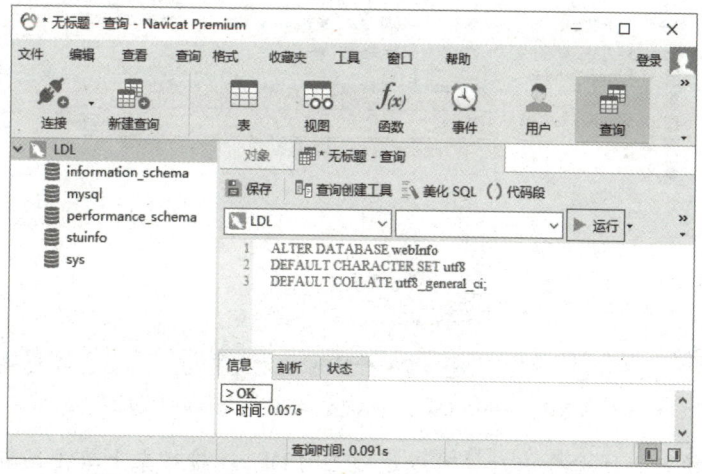

图 2-14 使用 ALTER DATABASE 语句修改数据库

2.4 删除数据库

2.4.1 使用 Navicat 对话方式删除数据库

以删除学生管理数据库（stuInfo）为例，使用 Navicat 对话方式删除数据库的步骤如下。

1）在 Navicat 控制台中，双击展开 LDL 连接对象，在数据库列表中的 stuinfo 上单击鼠标右键，选择"删除数据库"命令。

2）在弹出的"确认删除"提示对话框中，单击"删除"按钮，即完成对

2.4.1

学生管理数据库（stuInfo）的删除。

> 注意：将数据库删除后，其所有表及所有数据均从磁盘中永久删除，因此须谨慎操作！

2.4.2 使用 DROP DATABASE 语句删除数据库

删除数据库使用 DROP DATABASE 语句。其语法格式如下。

2.4.2

```
DROP DATABASE [IF EXISTS] <数据库名>;
```

> 说明：删除数据库需要具有数据库的 DROP 权限。如果所删除的数据库不存在且没有指定 IF EXISTS，则会出现错误。

【示例 2-5】 删除数据库 webInfo。运行结果如图 2-15 所示。

```
DROP DATABASE webInfo;
```

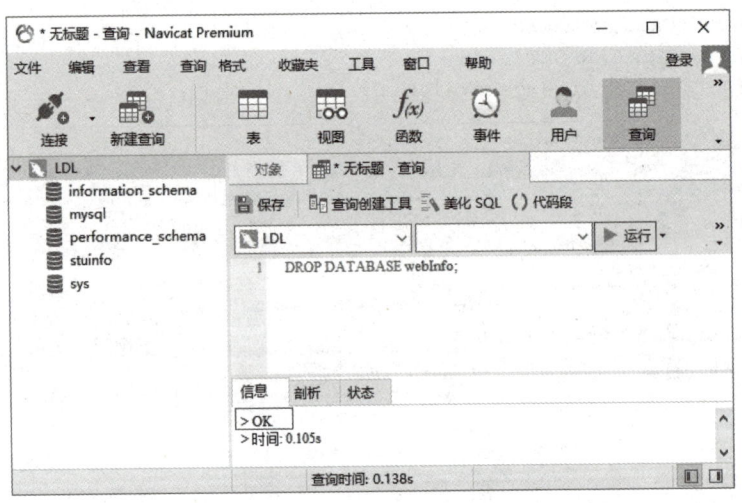

图 2-15　使用 DROP DATABASE 语句删除数据库

> 说明：成功执行上述命令以后，可以通过在 LDL 连接对象上单击鼠标右键，选择"刷新"命令后，再进行查看 webInfo 数据库是否已被删除。

2.5 同步实训：创建商品销售系统数据库

一、实训目的

1. 熟悉 MySQL 数据库文件及字符集。
2. 掌握使用 CREATE DATABASE 语句创建数据库。
3. 掌握使用 ALTER DATABASE 语句修改数据库。
4. 掌握使用 DROP DATABASE 语句删除数据库。

二、实训内容

1. 创建商品销售系统数据库（sales），默认字符集为 utf8，排序规则为 utf8_general_ci。

2. 修改商品销售系统数据库（sales）的字符集为 gb2312。
3. 切换当前数据库为商品销售系统数据库（sales）。
4. 查看服务器上所有的数据库。
5. 删除商品销售系统数据库（sales）。

2.6 习题

一、选择题

1. 创建数据库使用的语句是（　　）。
   A．CREATE DB 数据库名　　　　　　B．CREATE TABLE 数据库名
   C．DATABASE 数据库名　　　　　　D．CREATE DATABASE 数据库名
2. 以下能删除数据库 emp 的语句是（　　）。
   A．DELETE * FROM emp;　　　　　　B．DROP DATABASE emp;
   C．DROP * FROM emp;　　　　　　　D．DELETE DATABASE emp;
3. 要使数据库 test 作为当前数据库，相应的语句为（　　）。
   A．IN test;　　　　　　　　　　　　B．SHOW test;
   C．USER test;　　　　　　　　　　　D．USE test;
4. 修改数据库的命令是（　　）。
   A．UPDATE　　　B．CREATE　　　C．UPDATED　　　D．ALTER
5. MySQL 系统中的所有系统级信息存储于（　　）数据库。
   A．master　　　B．model　　　C．tempdb　　　D．mysql
6. 以下关于数据库创建、删除的论述中，错误的是（　　）。
   A．创建数据库的时候可以指定字符编码
   B．使用 DROP DATABASE 语句一次只能删除一个数据库
   C．使用 DROP DATABASE 语句删除数据库后，文件与数据不会从磁盘上永久删除
   D．创建数据库，需要具有数据库的 CREATE 权限
7. 以下对 MySQL 数据库中数据的说明中，正确的是（　　）。
   A．MySQL 数据库的数据以表格的形式存放在系统中
   B．MySQL 数据库的数据以文件的形式存放在系统中
   C．MySQL 数据库的数据以函数的形式存放在系统中
   D．以上都不对
8. 下列 SQL 语句中，不是数据库操作语句的是（　　）。
   A．DROP DATABASE　　　　　　　　B．CREATE DATABASE
   C．ALTER DATABASE　　　　　　　　D．CREATE TABLE
9. 创建数据库时，若使用默认字符集 utf8，则语句可以写成（　　）。
   A．DEFAULT CHARACTER SET utf8　　B．USE utf8
   C．DEFAULT COLLATE utf8_general_ci　D．SHOW CHARACTER SET utf8
10. 显示系统上所有数据库的语句是（　　）。

A. CREATE DATABASE　　　　　　　B. SHOW DATABASES
C. DISPLAY DATABASE　　　　　　D. PRINT TABLE

11. MySQL 中，下列关于创建、管理数据库的操作语句中不正确的是（　　）。

A. CREATE DATABASE Instant

B. USE Instant

C. CREATE DATABASE Instant DEFAULT CHARACTER SET utf8

D. CONNECTION Instant

12. 在数据库中有 goose、good、goo、mydb 4 个表，执行语句 SHOW TABLES LIKE 'goo_' 的结果可能是（　　）。

A. goose　　　　B. good　　　　C. goo　　　　D. mydb

13. 添加（　　）语句，可在创建的数据库已存在时防止程序报错。

A. DEFAULT CHARACTER SET utf8

B. USE 数据库名

C. IF NOT EXISTS 数据库名

D. DESCRIBE EXISTS 数据库名

14. MySQL 配置文件（my.ini）中，用于指定数据库文件的存储位置的参数是（　　）。

A. datadir　　　B. filepath　　　C. sys　　　　D. dir

15. MySQL 语句的结束符是（　　）。

A. 感叹号　　　B. 句号　　　　C. 逗号　　　　D. 分号

二、判断题

1. 用户可以修改已存在数据库的默认字符集和排序规则。　　　　　　　（　　）

2. 创建数据库的语句里的英文 Database，可以缩写成 DB。　　　　　　（　　）

3. 删除数据库需要有数据库的 DELETE 权限。　　　　　　　　　　　（　　）

4. SHOW DATABASES 语句可以查看数据库的字符编码。　　　　　　（　　）

5. 数据库创建好后，是无法修改数据库名的。　　　　　　　　　　　（　　）

第 3 章　数据表的创建和管理

本章学习要点：

- 数据表的概念
- 表字段的数据类型
- 创建数据表
- 查看表结构
- 修改表结构
- 向数据表中插入数据
- 修改和删除表中数据
- 删除数据表

创建数据库以后，需要在其中创建数据表来存储数据。表是一种重要的数据库对象，也是其他对象的基础。本章主要讲述学生管理数据库中数据表的创建与管理，以及表中数据的增、删、改操作。

3.1 数据表概述

数据表是数据库中一个非常重要的对象。一个数据库中可以包含一张或多张表，表是数据的集合，是用来存储数据和操作数据的逻辑结构。

数据在数据表中是按照行和列的格式来组织排列的，每一行代表一条唯一的记录，每一列代表记录的一个属性。例如，一个包含学生基本信息的数据表（student），表中每一行代表一名学生，每一列分别代表该学生的信息，如学号、姓名、性别、班级等，如表 3-1 所示。

表 3-1　学生表（student）

ID	学号	姓名	性别	出生日期	班级	备注
1	1308013101	陈斌	男	1993-03-20	软件 131	
2	1308013102	张洁	女	1996-02-08	软件 131	
3	1308013103	郑先超	男	1994-04-25	软件 131	
4	1308013104	徐孝兵	男	1994-08-06	软件 131	
5	1308013105	王群	女	1995-03-27	软件 131	

3.2 数据类型

为了能方便地管理和使用数据，需要对数据进行分类，形成各种数据类型。在创建表结构时需要确定表中每列的数据类型，只有这样，系统才会在磁盘上开辟相应的空间，用户才能向表中填写数据。

MySQL 的数据类型主要分为三大类：数值类型、字符串类型和日期/时间类型。

3.2.1 数值类型

MySQL 中的数值类型分为整型和浮点型两种。而整型又分为 TINYINT、SMALLINT、MEDIUMINT、INT 和 BIGINT 五种；浮点型又分为 FLOAT、DOUBLE、DECIMAL 三种。数值类型及其取值范围如表 3-2 所示。

3.2.1

表 3-2　数值类型及其取值范围

序号	数据类型	所占字节数/字节	说明	取值范围
1	TINYINT	1	微整型	带符号值：-128～127 无符号值：0～255
2	SMALLINT	2	小整型	带符号值：-32 768～32 767 无符号值：0～65 535
3	MEDIUMINT	3	中整型	带符号值：-8 388 608～8 388 607 无符号值：0～16 777 215
4	INT	4	整型	带符号值：-2 147 483 648～2 147 483 647 无符号值：0～4 294 967 295
5	BIGINT	8	大整型	带符号值： -9 223 372 036 854 775 808～9 223 372 036 854 775 807 无符号值： 0～18 446 744 073 709 551 615
6	FLOAT	4	单精度型	-3.402 823 466E+38～-1.175 494 351E-38 0 1.175 494 351E-38～3.402 823 466E+38
7	DOUBLE	8	双精度型	-1.797 693 134 862 315 7E+308～-2.225 073 858 507 201 4E-308 0 2.225 073 858 507 201 4E-308～1.797 693 134 862 315 7E+308
8	DECIMAL(M,D)	M+2	精确数型	由 M（整个数字的长度，包括小数点左边的位数和小数点右边的位数，但不包括小数点和负号）和 D（小数点右边的位数）来决定。M 默认为 10，D 默认为 0

说明：
- 在整数类型后面加上 UNSIGNED 属性，表示声明的是无符号数。例如声明一个 INT UNSIGNED 的数据列，其取值从 0 开始。
- 声明整数类型时，可以为它指定一个显示宽度（1~255），例如 INT(3)，指定显示宽度为 3 个字符；如果没有给它指定显示宽度，MySQL 会为它指定一个默认值。显示宽度只是用于显示，并不能限制取值范围，例如可以把 12345 存入 INT(3) 数据列中。
- 在整数类型后面加上 ZEROFILL 属性，表示在数值之前自动用 0 补齐不足的位数。例如将 5 存入一个声明为 INT(3) ZEROFILL 的数据列中，查询输出时，输出的数据将会是 005。当使用 ZEROFILL 属性修饰时，自动应用 UNSIGNED 属性。
- 声明浮点数类型时，可以为它指定一个显示宽度指示器和一个小数点指示器。例如 FLOAT(7,2) 表示显示的值不超过 7 位数字，小数点后面带有 2 位数字，存入的数据会被四舍五入，比如 3.1415 存入后的结果是 3.14。

3.2.2 字符串类型

3.2.2

字符串类型可以用来存储任何一种值，所以它是最基本的数据类型之一。MySQL 支持以单引号或双引号包含的字符串，例如"MySQL"、

'MySQL'，它们表示的是同一个字符串。字符串类型及其取值范围如表 3-3 所示。

表 3-3 字符串类型及其取值范围

序号	数据类型	说明	取值范围/字节
1	CHAR	定长字符串	0～255
2	VARCHAR	变长字符串	0～65 535
3	TINYTEXT	微小文本串	$0\sim 2^{8}-1$
4	TEXT	小文本串	$0\sim 2^{16}-1$
5	MEDIUMTEXT	中等文本串	$0\sim 2^{24}-1$
6	LONGTEXT	大文本串（文本大对象）	$0\sim 2^{32}-1$
7	TINYBLOB	微小 BLOB	0～255
8	BLOB	小 BLOB	$0\sim 2^{16}-1$
9	MEDIUMBLOB	中等 BLOB	$0\sim 2^{24}-1$
10	LONGBLOB	大 BLOB（二进制大对象）	$0\sim 2^{32}-1$

说明：
- 在使用 CHAR 类型时，如果传入的值的长度小于指定长度，会使用空格将实际长度填补至指定长度；而在使用 VARCHAR 类型时，如果传入的值的长度小于指定长度，实际长度即为传入字符串的长度，不会使用空格填补。CHAR 和 VARCHAR 类型可以设置默认值。
- 在使用 CHAR 和 VARCHAR 类型时，当实际传入值的长度大于指定的长度，字符串会被截取至指定长度；CHAR(n)或 VARCHAR(n)表示可以存储 n 个字符（注意：不是 n 个字节）。
- 字符集对 CHAR 类型没有影响，因此 CHAR(n)中的 n 最大为 255；但是字符集对 VARCHAR 类型是有影响的，如果使用的是 utf8 字符集，每个字符大小为 3 字节，最大支持 21 845（65 535/3=21 845）个字符，因此 VARCHAR(n)中的 n 最大为 21 845。如果想存储更长的字符串，建议选用 TEXT 类型。
- BLOB 相关类型一般用来存储图片、声音和视频等二进制文件；TEXT 相关类型一般用来存储大量的字符串，可以将其理解为超大的 CHAR 或者 VARCHAR 类型。BLOB 和 TEXT 相关类型不可以设置默认值。字符集对 BLOB 相关类型没有影响，但对 TEXT 相关类型有影响。

3.2.3 日期/时间类型

日期/时间类型是用来存储诸如"2016-9-1"或者"12:30:00"的日期/时间的值。日期/时间类型及其取值范围如表 3-4 所示。

3.2.3

表 3-4 日期/时间类型及其取值范围

序号	数据类型	所占字节	说明	取值范围
1	DATE	3	"YYYY-MM-DD"格式表示的日期值	1000-01-01～9999-12-31
2	TIME	3	"hh:mm:ss"格式表示的时间值	-838:59:59～838:59:59
3	DATETIME	8	"YYYY-MM-DD hh:mm:ss"格式表示的日期及时间值	1000-01-01 00:00:00～9999-12-31 23:59:59
4	TIMESTAMP	4	"YYYY-MM-DD hh:mm:ss"格式表示的时间戳	'1970-01-01 00:00:01' UTC～'2038-01-19 03:14:07' UTC
5	YEAR	1	"YYYY"格式的年份值	1901～2155

> **说明**：在存储日期/时间类型数据时，也可以使用整型来存储 UNIX 时间戳，这样便于进行日期的计算。

3.3 创建数据表

数据库创建以后，选定这个新创建的数据库作为当前默认的数据库，然后就可以在该数据库中创建数据表了。

3.3.1 使用 Navicat 对话方式创建数据表

以在学生管理数据库（stuInfo）中创建学生表（student）为例，使用 Navicat 对话方式创建用户数据表的步骤如下。

1）在 Navicat 控制台中，双击 LDL 连接对象，展开数据库列表；双击列表中的 stuinfo 打开该数据库，在"表"上单击鼠标右键，选择"新建表"命令（或者单击工具栏上的"新建表"按钮），则打开表结构设计窗口，如图 3-1 所示。

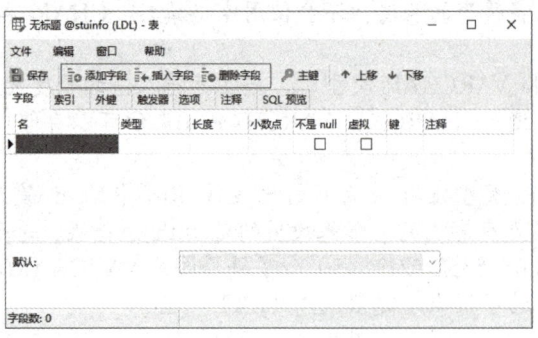

图 3-1　表结构设计窗口

2）在以上窗口中，通过工具栏上的"添加字段""插入字段""删除字段"等按钮来设置字段名、数据类型及其指定长度、是否允许为空值（[NOT] NULL）、默认值、自动递增、主键、注释等。学生表的表结构设计窗口如图 3-2 所示。

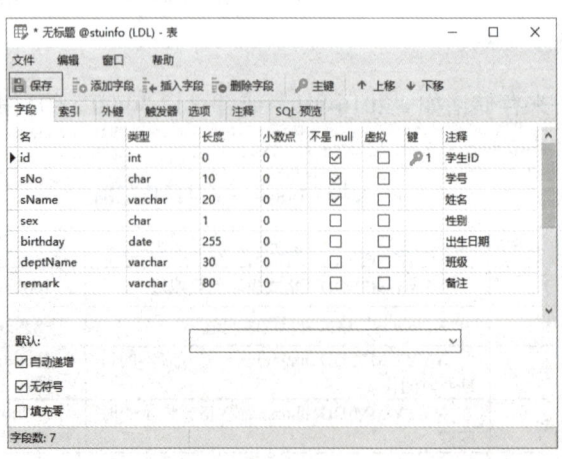

图 3-2　学生表的表结构设计窗口

3）完成学生表中所有字段的设置后，单击工具栏上的"保存"按钮，显示"表名"对话框，如图 3-3 所示。输入表名 student，单击"确定"按钮，即完成学生表（student）的创建。

图 3-3 "表名"对话框

> 说明：可以给字段设置是否允许为空值（[NOT] NULL），NULL 值意味着"没有值"或"未知值"，可以将 NULL 值插入到数据表中并从表中检索它们，也可以测试某个值是否为 NULL；对 NULL 值还能进行算术计算，对 NULL 值进行算术运算的结果还是 NULL。在 MySQL 中，0 或 NULL 都意味着假，其余值都意味着真。

3.3.2 使用 CREATE TABLE 语句创建数据表

创建数据表使用 CREATE TABLE 语句，其语法格式如下。

```
CREATE TABLE [IF NOT EXISTS] <表名> (
    字段名 1 数据类型 [属性] [索引],
    字段名 2 数据类型 [属性] [索引],
    ...
    字段名 n 数据类型 [属性] [索引]
) [存储引擎] [表字符集];
```

3.3.2

> 说明：
> - 每一个字段可以使用属性对其进行限制说明，属性是可选的，主要包括 AUTO_INCREMENT、COMMENT 等。其中，AUTO_INCREMENT 是用来设置字段的自动增量属性，当数值类型的字段设置为自动增量时，每增加一条新记录，该字段的值就自动加 1，而且此字段的值不允许重复；插入时也可以为自增字段指定某一非零数值，如果表中已经存在该值，将出错，否则使用指定数值作为自增字段的值，并且下次插入时，下条记录该字段的值将在此值的基础上加 1；AUTO_INCREMENT 属性只能修饰整数类型的字段。
> - 可以使用 PRIMARY KEY、UNIQUE、INDEX 等子句为字段定义索引，另外也可以使用 FOREIGN KEY 子句创建与其他数据表的主键字段的外键约束。这将在第 4 章中详细介绍。
> - MySQL 支持多种存储引擎，例如 MyISAM、InnoDB、HEAP、BOB、CSV 等，其中最重要的是 MyISAM 和 InnoDB 这两种存储引擎。如果在创建数据表时没有设置存储引擎，默认的存储引擎是由 MySQL 配置文件里的 default-table-type 选项指定的，默认值为 InnoDB（MySQL 5.1.×之前版本的默认值为 MyISAM）。当用 CREATE TBALE 创建新的数据表时，可以通过 ENGINE 或 TYPE 选项确定存储引擎。MyISAM 和 InnoDB 存储引擎的比较如下所示。
>   - MyISAM：该存储引擎成熟、稳定、易于管理，是最节约空间和响应速度最快的一种存储引擎，但该类型不支持事务操作和外键约束。
>   - InnoDB：该存储引擎提供了具有提交、回滚和崩溃恢复能力的事务安全存储引擎，也支持外键约束，并且具有更高的安全性。

【示例 3-1】 在数据库 stuInfo 中创建学生表（student），其中 id 字段为自动增加的无符号整数、主键，sNo、sName 字段不允许为空。运行结果如图 3-4 所示。

```
USE stuInfo;
CREATE TABLE student (
  id INT UNSIGNED NOT NULL AUTO_INCREMENT COMMENT '学生ID',
  sNo CHAR(10) NOT NULL COMMENT '学号',
  sName VARCHAR(20) NOT NULL COMMENT '姓名',
  sex CHAR(1) COMMENT '性别',
  birthday DATE COMMENT '出生日期',
  deptName VARCHAR(30) COMMENT '班级',
  remark VARCHAR(80) COMMENT '备注',
  PRIMARY KEY(id)
) ENGINE=InnoDB DEFAULT CHARSET=utf8mb4;
```

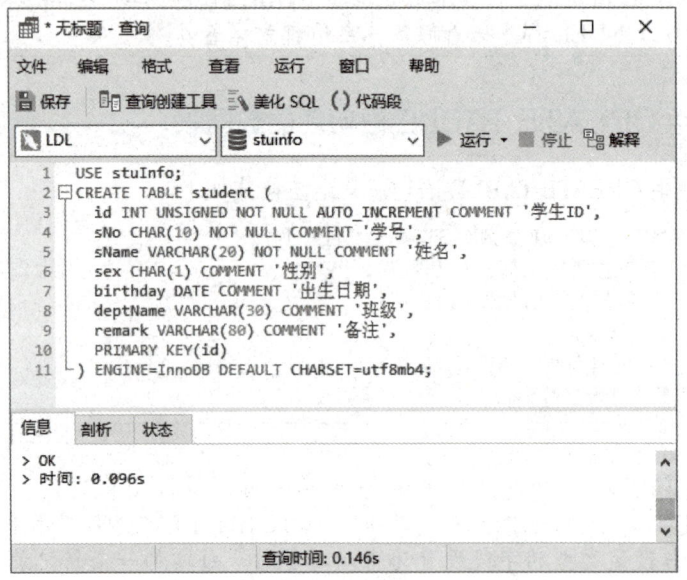

图 3-4　使用 CREATE TABLE 语句创建学生表（student）

> 说明：在执行以上创建学生表（student）的 SQL 语句代码之前，首先要把已存在的同名数据表删除，否则出错；执行成功以后，在 stuInfo 数据库上单击鼠标右键，选择"刷新"命令，即可以查看创建的学生表（student）。

【示例 3-2】 在数据库 stuInfo 中创建课程表（course），其中 id 字段为自动增加的无符号整数、主键，cNo、cName 字段不允许为空。运行结果如图 3-5 所示。

```
CREATE TABLE course (
  id INT UNSIGNED NOT NULL AUTO_INCREMENT COMMENT '课程ID',
  cNo CHAR(5) NOT NULL COMMENT '课程编号',
  cName VARCHAR(30) NOT NULL COMMENT '课程名称',
  credit TINYINT UNSIGNED COMMENT '学分',
  remark VARCHAR(100) COMMENT '备注',
  PRIMARY KEY(id)
) ENGINE=InnoDB DEFAULT CHARSET=utf8mb4;
```

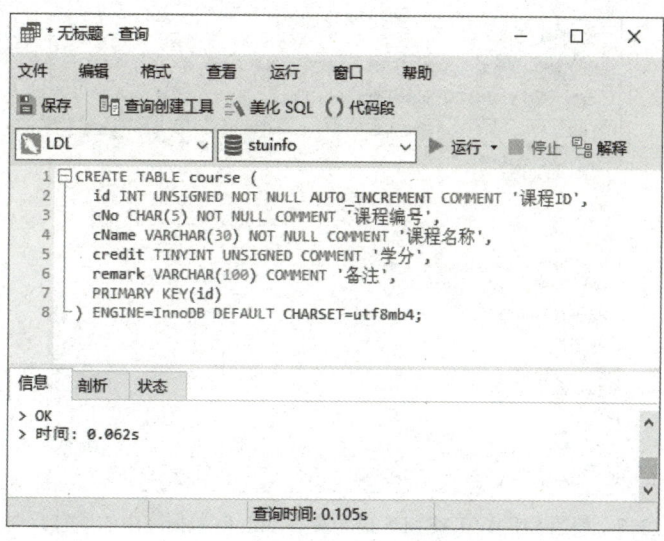

图 3-5 使用 CREATE TABLE 语句创建课程表（course）

【示例 3-3】 在数据库 stuInfo 中创建成绩表（score），其中 id 字段为自动增加的无符号整数、主键，sId、cId、grade 字段不允许为空。运行结果如图 3-6 所示。

```
CREATE TABLE score (
  id INT UNSIGNED NOT NULL AUTO_INCREMENT COMMENT '成绩 ID',
  sId INT UNSIGNED NOT NULL COMMENT '学生 ID',
  cId INT UNSIGNED NOT NULL COMMENT '课程 ID',
  grade TINYINT UNSIGNED NOT NULL COMMENT '成绩',
  PRIMARY KEY(id)
) ENGINE=InnoDB DEFAULT CHARSET=utf8mb4;
```

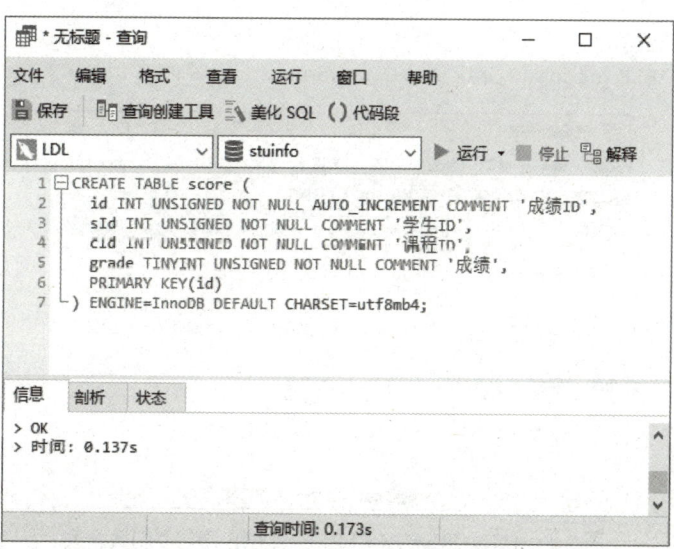

图 3-6 使用 CREATE TABLE 语句创建成绩表（score）

数据表成功创建以后，也可以使用 SHOW TABLES 命令显示数据表列表。

【示例 3-4】 查看 stuInfo 数据库中的所有数据表。运行结果如图 3-7 所示。

```
USE stuInfo;
SHOW TABLES;
```

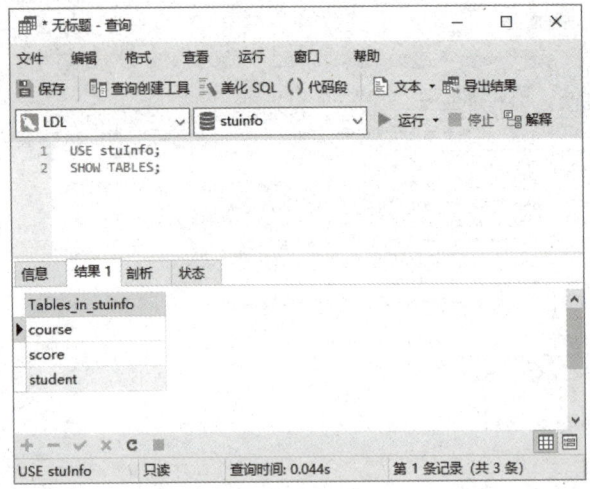

图 3-7　使用 SHOW TABLES 语句查看 stuInfo 数据库中的所有数据表

3.3.3　使用 CREATE TABLE…LIKE 语句复制数据表

复制数据表使用 CREATE TABLE…LIKE 语句，其语法格式如下。

```
CREATE TABLE <新表名> LIKE <旧表名>;
```

说明：可以把旧表的表结构、索引、默认值等都复制到新表中。

【示例 3-5】复制学生表（student），生成一张新的数据表 student_bak。运行结果如图 3-8 所示。

```
USE stuInfo;
CREATE TABLE student_bak LIKE student;
```

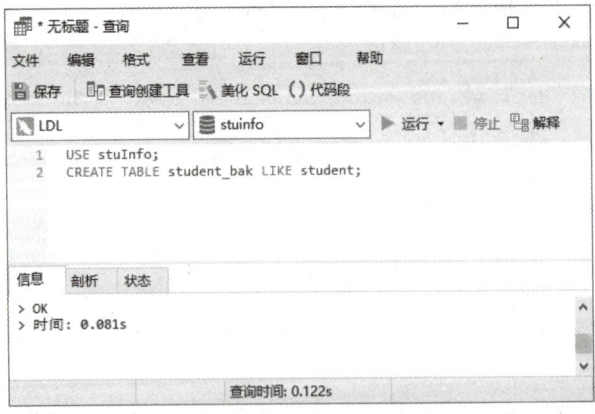

图 3-8　使用 CREATE TABLE…LIKE 语句复制数据表

3.3.4　使用 CREATE TEMPORARY TABLE 语句创建临时表

MySQL 临时表在需要保存一些临时数据时是非常有用的。创建的临时表只在当前连接可见，当前连接关闭后，MySQL 会自动删除所创建的临时表并释放其所占空间。

创建临时表使用 CREATE TEMPORARY TABLE 语句，其他语法格式与 CREATE TABLE 语句相同；也可以使用 CREATE TEMPORARY TABLE LIKE 语句复制已有数据表，生成一张新的临时表。

【示例 3-6】 创建临时表（student_temp），其字段及要求与学生表（student）一样。运行结果如图 3-9 所示。

```
CREATE TEMPORARY TABLE student_temp (
    id INT UNSIGNED NOT NULL AUTO_INCREMENT COMMENT '学生ID',
    sNo CHAR(10) NOT NULL COMMENT '学号',
    sName VARCHAR(20) NOT NULL COMMENT '姓名',
    sex CHAR(1) COMMENT '性别',
    birthday DATE COMMENT '出生日期',
    deptName VARCHAR(30) COMMENT '班级',
    remark VARCHAR(80) COMMENT '备注',
    PRIMARY KEY(id)
) ENGINE=InnoDB DEFAULT CHARSET=utf8mb4;
```

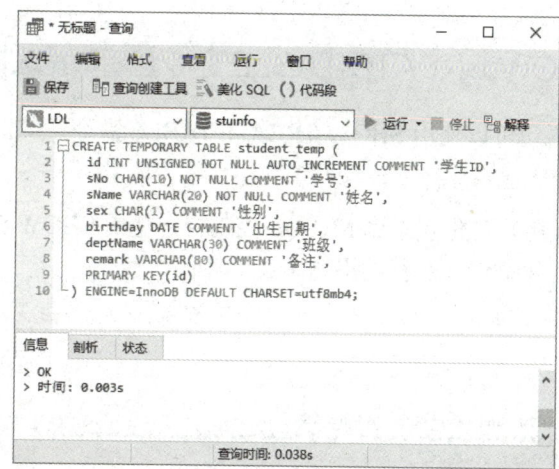

图 3-9 使用 CREATE TEMPORARY TABLE 语句创建临时表

说明：当使用 SHOW TABLES 命令显示数据表列表时，将无法查看到所创建的临时表 student_temp，但可以使用 INSERT、UPDATE、DELETE、SELECT 等命令对它进行操作。

3.4 查看表结构

数据表创建以后，用户可以查看数据表的定义等信息。

3.4.1 使用 DESCRIBE | DESC 命令查看表结构

查看表结构可以使用 DESCRIBE 或 DESC 命令，其语法格式如下。

```
DESCRIBE|DESC <表名>;
```

【示例 3-7】 以 root 用户身份登录到 MySQL 控制台，使用 DESC 命令查看学生表（student）的表结构。运行结果如图 3-10 所示。

```
USE stuInfo;
DESC student;
```

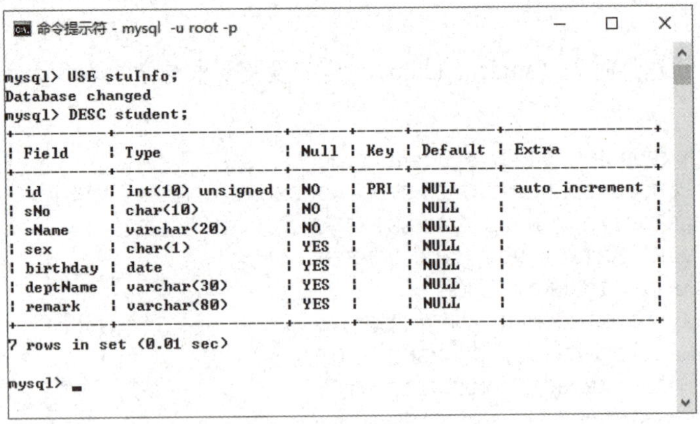

```
命令提示符 - mysql -u root -p

mysql> USE stuInfo;
Database changed
mysql> DESC student;
+----------+------------------+------+-----+---------+----------------+
| Field    | Type             | Null | Key | Default | Extra          |
+----------+------------------+------+-----+---------+----------------+
| id       | int(10) unsigned | NO   | PRI | NULL    | auto_increment |
| sNo      | char(10)         | NO   |     | NULL    |                |
| sName    | varchar(20)      | NO   |     | NULL    |                |
| sex      | char(1)          | YES  |     | NULL    |                |
| birthday | date             | YES  |     | NULL    |                |
| deptName | varchar(30)      | YES  |     | NULL    |                |
| remark   | varchar(80)      | YES  |     | NULL    |                |
+----------+------------------+------+-----+---------+----------------+
7 rows in set (0.01 sec)

mysql> _
```

图 3-10 使用 DESC 命令查看表结构

3.4.2 使用 SHOW CREATE TABLE 命令查看数据表的创建语句

查看数据表的创建语句可以使用 SHOW CREATE TABLE 命令，其语法格式如下。

```
SHOW CREATE TABLE <表名>;
```

【示例 3-8】 以 root 用户身份登录到 MySQL 控制台，使用 SHOW CREATE TABLE 命令查看学生表（student）的创建语句。运行结果如图 3-11 所示。

```
SHOW CREATE TABLE student \G
```

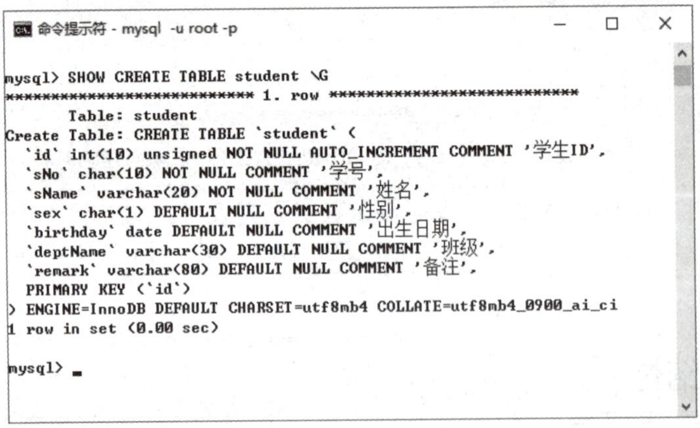

```
命令提示符 - mysql -u root -p

mysql> SHOW CREATE TABLE student \G
*************************** 1. row ***************************
       Table: student
Create Table: CREATE TABLE `student` (
  `id` int(10) unsigned NOT NULL AUTO_INCREMENT COMMENT '学生ID',
  `sNo` char(10) NOT NULL COMMENT '学号',
  `sName` varchar(20) NOT NULL COMMENT '姓名',
  `sex` char(1) DEFAULT NULL COMMENT '性别',
  `birthday` date DEFAULT NULL COMMENT '出生日期',
  `deptName` varchar(30) DEFAULT NULL COMMENT '班级',
  `remark` varchar(80) DEFAULT NULL COMMENT '备注',
  PRIMARY KEY (`id`)
) ENGINE=InnoDB DEFAULT CHARSET=utf8mb4 COLLATE=utf8mb4_0900_ai_ci
1 row in set (0.00 sec)

mysql> _
```

图 3-11 使用 SHOW CREATE TABLE 命令查看数据表的创建语句

说明： 在命令行窗口程序中，在执行语句的最后，使用“\G”代替“;”，可以纵向输出执行结果，以便于阅读。

3.5 修改表结构

修改表结构主要包括添加新的字段、修改原有字段的数据类型、删除原有的字段等。

3.5.1 使用 Navicat 对话方式修改表结构

以修改学生管理数据库（stuInfo）中的学生表（student）为例，使用 Navicat 对话方式修改表结构的步骤如下。

1）在 Navicat 控制台中，双击展开 LDL 连接对象，再次双击数据库列表中的 stuinfo，打开该数据库，在数据表列表中的 student 上单击鼠标右键，选择"设计表"命令（或者单击工具栏上的"设计表"按钮），则打开学生表（student）的表结构设计窗口，如图 3-12 所示。

3.5.1

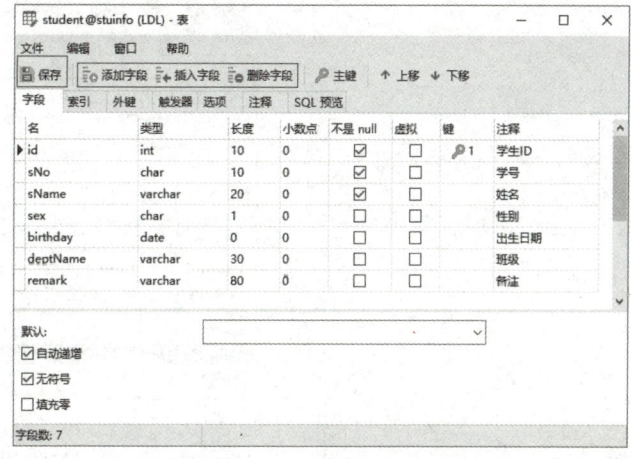

图 3-12　学生表（student）的表结构设计窗口

2）在该窗口中，可以添加字段、插入字段、删除字段，可以修改某一字段的名称、数据类型、数据长度、是否允许为空值等。

3）修改完成后，单击工具栏上的"保存"按钮即可。

3.5.2 使用 ALTER TABLE 语句修改表结构

修改表结构使用 ALTER TABLE 语句，其语法格式如下。

```
ALTER TABLE <表名>
    ADD 字段名 数据类型 [属性] [索引] [FIRST|AFTER 字段名]|
    MODIFY 字段名 数据类型 [属性] [索引]|
    CHANGE 字段名 新字段名 数据类型 [属性] [索引]|
    DROP 字段名|
    AUTO_INCREMENT=n|
    RENAME AS 新表名；
```

3.5.2

说明：
- ADD 用来添加一个新的字段，如果没有指定 FIRST 或 AFTER，则在表的列尾添加一个字段，否则在表的列头或者指定字段的后面添加新的字段。
- MODIFY 用来更改指定字段的数据类型等。
- CHANGE 也用来更改指定字段的数据类型等，但可以同时把指定字段更改为一个新的名字。
- DROP 用来删除指定字段。
- AUTO_INCREMENT=n 用来设置 AUTO_INCREMENT 的初始值。
- RENAME AS 用来给数据表重新命名。

【示例 3-9】 在学生表（student）中 birthday 字段的后面添加一个新的入学日期 entryDate 字段。运行结果如图 3-13 所示。

```
USE stuInfo;
ALTER TABLE student
  ADD entryDate DATE AFTER birthday;
```

说明：执行成功以后，可以使用 DESC 命令查看表结构来进行验证，如图 3-14 所示。输入"DESC student;"语句后并选中，单击"运行已选择的"按钮即可。

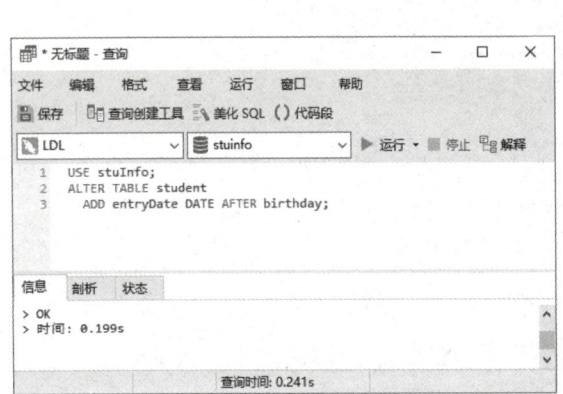

图 3-13　使用 ALTER TABLE 语句修改学生表
　　　　（student）——添加字段

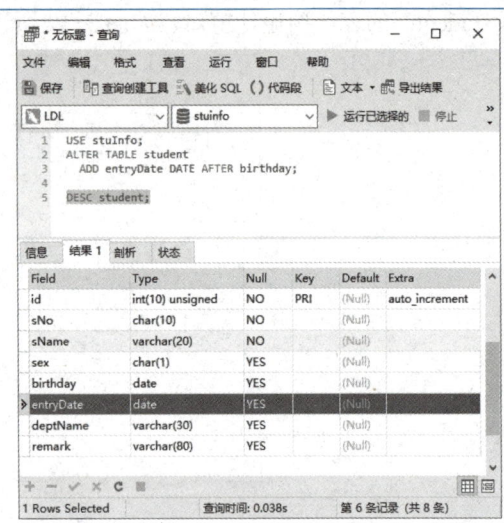

图 3-14　使用 ALTER TABLE 语句修改学生表
　　　　（student）——执行结果

【示例 3-10】 将学生表（student）中 entryDate 字段的数据类型更改为 TIMESTAMP。运行结果如图 3-15 所示。

```
ALTER TABLE student
  MODIFY entryDate TIMESTAMP;
```

【示例 3-11】 将学生表（student）中 entryDate 字段的名字更改为 rxDate，数据类型更改为 DATETIME。运行结果如图 3-16 所示。

```
ALTER TABLE student
  CHANGE entryDate rxDate DATETIME;
```

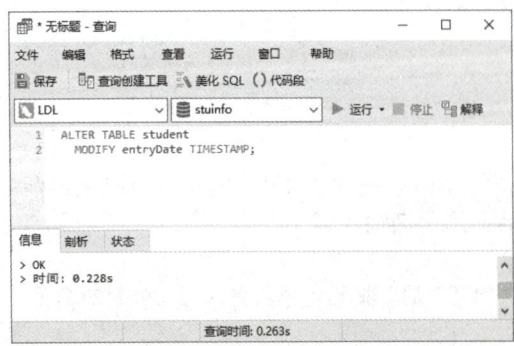

图 3-15　使用 ALTER TABLE 语句修改学生表
　　　　（student）——更改字段类型

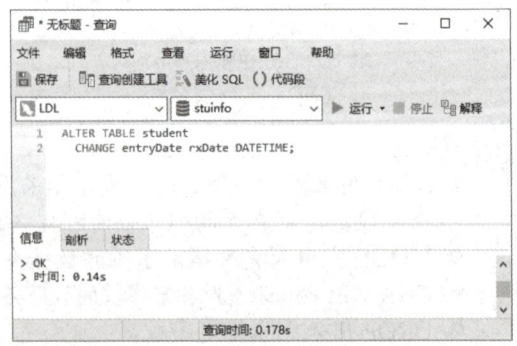

图 3-16　使用 ALTER TABLE 语句修改学生表
　　　　（student）——更改字段名

【示例 3-12】 删除学生表（student）中的 rxDate 字段。运行结果如图 3-17 所示。

```
ALTER TABLE student
  DROP rxDate;
```

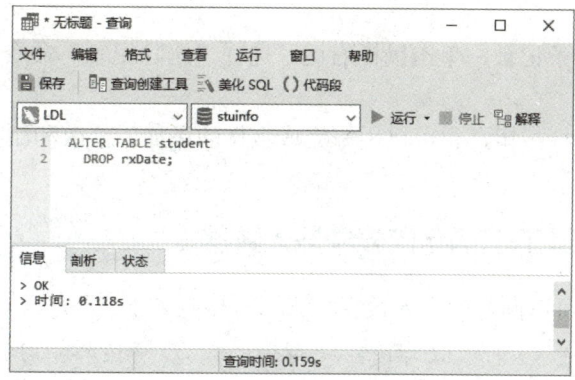

图 3-17　使用 ALTER TABLE 语句修改学生表（student）——删除字段

3.6　操作表中数据

在创建了数据表后，就可以向表中添加数据；在插入了数据后，就可以对数据进行修改或者删除操作。

3.6.1　使用 Navicat 对话方式操作表中数据

以在学生表（student）中插入、修改、删除数据为例，使用 Navicat 对话方式操作表中数据的步骤如下。

3.6.1

1）在 Navicat 控制台中，双击展开 LDL 连接对象，再次双击数据库列表中的 stuinfo，打开该数据库，在数据表列表中的 student 上单击鼠标右键，选择"打开表"命令（或者单击工具栏上的"打开表"按钮），则打开一个表数据管理窗口，如图 3-18 所示。

2）通过以上管理窗口，可以实现对学生表（student）中数据的添加、修改和删除操作，如图 3-19 所示。

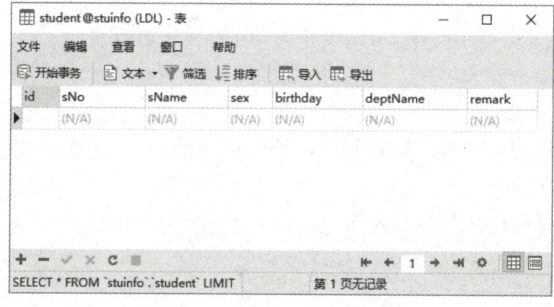

图 3-18　表数据管理窗口

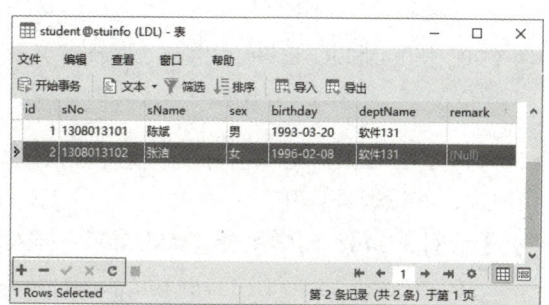

图 3-19　管理学生表（student）中的数据

- 对照学生表（student）中的字段，可以直接在表格中输入或者修改学生信息，一条记录添加或者修改结束以后，通过在不同记录间切换光标，可以实现数据的自动保存。
- 把光标移动到最后一条记录上，单击键盘上的向下方向键〈↓〉，可以生成一条新的空白记录。
- 选择一条或者多条记录，单击鼠标右键，选择"删除记录"命令，则可把所选中的记录删除。
- 窗口左下角的图标按钮，也可以用来完成数据的添加、修改和删除操作。

3.6.2 使用 INSERT 语句向表中插入数据

3.6.2

使用 INSERT 语句可以向表中插入数据，其语法格式如下。

```
INSERT [INTO] <表名> [( 字段名 1，字段名 2，…，字段名 n )]
VALUES ( 值 1，值 2，…，值 n );
```

说明：
- 表名后面的字段列表要与 VALUES 子句中表达式值的列表一一对应，即个数要相等，数据类型也要匹配。字符型数据或日期/时间类型的数据需要使用单引号括起来。
- INSERT 语句也可以省略字段列表，但必须插入一行完整的数据，且必须按照表中定义的字段顺序为全部字段提供值。

【示例 3-13】 向学生表（student）中插入一行数据。运行结果如图 3-20 所示。

```
USE stuInfo;
INSERT INTO student(id, sNo, sName, sex, birthday, deptName, remark)
    VALUES(3, '1308013103', '郑先超', '男', '1994-04-25', '软件131', NULL);
```

说明： 执行成功以后，可以通过表数据管理窗口进行查看，如图 3-21 所示。

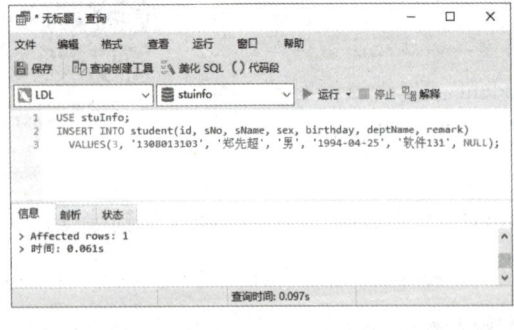
图 3-20 使用 INSERT 语句向学生表（student）中插入一行数据

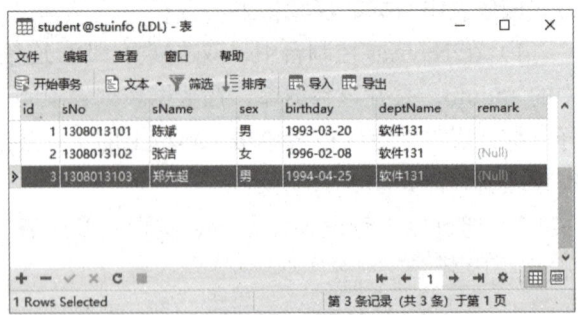
图 3-21 在表数据管理窗口中查看所插入的数据

另外，INSERT 语句也可以一次性插入多行数据，即在 VALUES 子句的后面加上多个表达式列表，并以逗号隔开。

【示例 3-14】 向学生表（student）中插入多行数据。运行结果如图 3-22 所示。

```
INSERT INTO student(sNo, sName, sex, birthday, deptName)
    VALUES('1308013104', '徐孝兵', '男', '1994-08-06', '软件131'),
          ('1308013105', '王群', '女', '1995-03-27', '软件131');
```

第 3 章 数据表的创建和管理

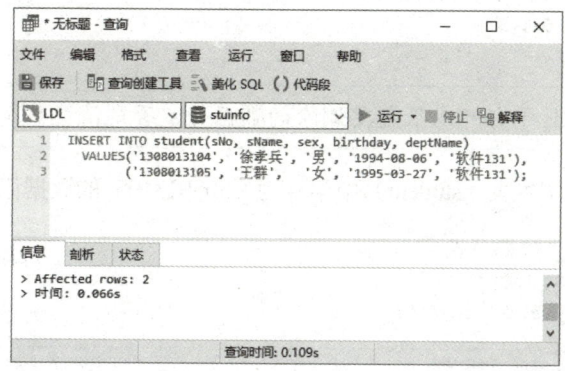

图 3-22 使用 INSERT 语句向学生表（student）中插入多行数据

3.6.3 使用 UPDATE 语句修改表中数据

使用 UPDATE 语句可以对表中的一列或多列数据进行修改，修改时必须指定需要修改的字段，并且赋予新值。UPDATE 语句的语法格式如下。

```
UPDATE <表名>
SET 字段名1=值1 [, 字段名2=值2, … , 字段名n=值n]
[WHERE 条件];
```

3.6.3

说明：通过 WHERE 子句可以限定要更新的数据行。

【示例 3-15】 修改学生表（student）中学号为 1308013103 的数据记录，把其班级更改为"网络 131"，备注更改为"班长"。运行结果如图 3-23 所示。

```
UPDATE student
  SET deptName='网络131', remark='班长'
  WHERE sNo='1308013103';
```

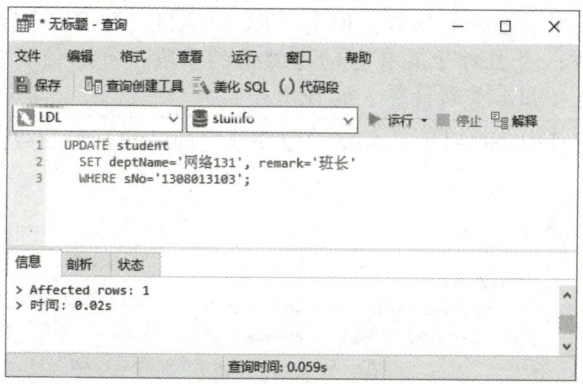

图 3-23 使用 UPDATE 语句修改学生表（student）中的数据

3.6.4 使用 DELETE 语句删除表中数据

使用 DELETE 语句可以删除表中的一行或多行数据。DELETE 语句的语法格式如下。

3.6.4

```
DELETE FROM <表名>
[WHERE 条件];
```

> 说明：通过 WHERE 子句可以限定要删除的数据行，否则清空整个数据表。

【示例 3-16】 删除学生表（student）中学号为 1308013105 的数据记录。运行结果如图 3-24 所示。

```
DELETE FROM student
    WHERE sNo='1308013105';
```

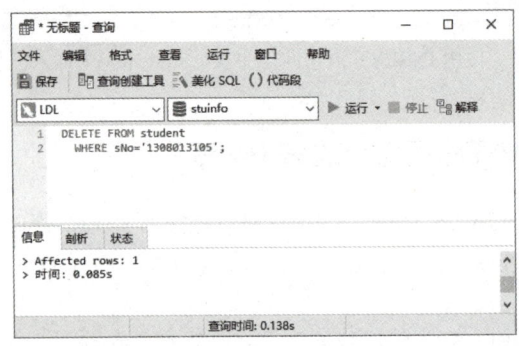

图 3-24　使用 DELETE 语句删除学生表（student）中的数据

3.6.5　使用 TRUNCATE 语句清空表中数据

使用 TRUNCATE [TABLE]语句可以删除表中的所有数据行，TRUNCATE [TABLE]语句的语法格式如下。

```
TRUNCATE [TABLE] <表名>;
```

> 说明：TRUNCATE [TABLE]语句在功能上与不带 WHERE 子句的 DELETE 语句相同，即两者均可以删除表中的全部数据行。但是 TRUNCATE [TABLE]速度更快，且使用的系统和事务日志资源少；并且对于具有自动递增值的字段，可以使其自动恢复到默认的初始值，起到计数重置（归零重新计算）的作用。

【示例 3-17】 使用 TRUNCATE 语句清空学生表（student）中的数据。运行结果如图 3-25 所示。

```
TRUNCATE student;
```

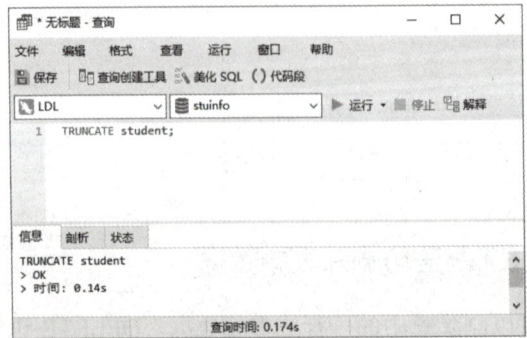

图 3-25　使用 TRUNCATE 语句清空学生表（student）中的数据

3.7 删除数据表

3.7.1 使用 Navicat 对话方式删除数据表

以删除学生管理数据库（stuInfo）中的成绩表（score）为例，使用 Navicat 对话方式删除数据表的步骤如下。

1）在 Navicat 控制台中，双击展开 LDL 连接对象，再次双击数据库列表中的 stuinfo，打开该数据库，在数据表列表中的 score 上单击鼠标右键，选择"删除表"命令（或者单击工具栏上的"删除表"按钮）。

2）在弹出的"确认删除"提示对话框中，单击"删除"按钮，即完成对成绩表（score）的删除。

3.7.1

3.7.2 使用 DROP TABLE 语句删除数据表

删除数据表使用 DROP TABLE 语句，其语法格式如下。

```
DROP TABLE [IF EXISTS] <表名>;
```

【示例 3-18】 删除课程表（course）。运行结果如图 3-26 所示。

```
USE stuInfo;
DROP TABLE course;
```

3.7.2

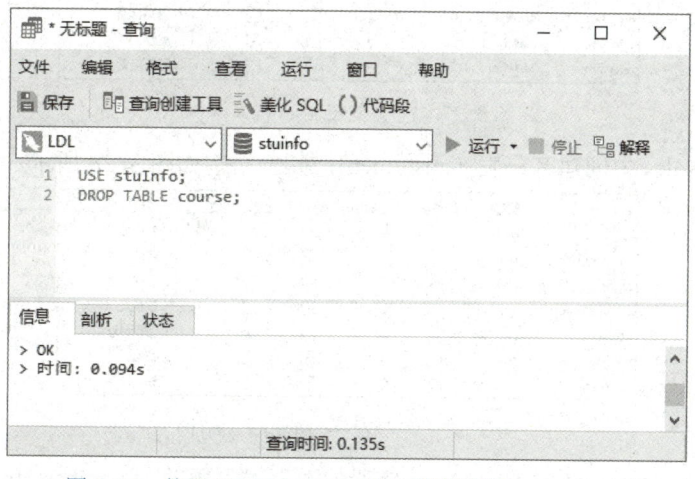

图 3-26　使用 DROP TABLE 语句删除课程表（course）

说明：
- 成功执行以后，在 stuInfo 数据库上单击鼠标右键，选择"刷新"命令后，再进行查看 course 数据表是否已被删除。
- 对于 MySQL 临时表的删除，默认情况下，当断开与数据库的连接后，临时表就会自动被销毁；也可以在当前 MySQL 会话使用 DROP TABLE 命令来手动删除临时表。

3.8 同步实训：在商品销售系统数据库中创建数据表

一、实训目的

1. 掌握表字段数据类型的合理选择。
2. 掌握使用 CREATE TABLE 语句创建数据表。
3. 掌握使用 ALTER TABLE 语句修改表结构。
4. 掌握使用 INSERT 语句插入单条记录。
5. 掌握使用 INSERT 语句插入多条记录。
6. 掌握使用 UPDATE 语句修改表中的数据。
7. 掌握使用 DELETE 语句删除表中的数据。
8. 掌握使用 DROP TABLE 语句删除数据表。

二、实训内容

1. 创建商品销售系统数据库（sales），默认字符集为 utf8mb4，排序规则为 utf8mb4_general_ci。
2. 在数据库 sales 中创建销售员表（seller），其表结构如图 3-27 所示。

名	类型	长度	小数点	不是 null	虚拟	键	注释
id	int	10	0	☑	☐	🔑1	销售员ID
saleNo	char	3	0	☑	☐		销售员编号
saleName	varchar	20	0	☑	☐		销售员姓名
sex	char	1	0	☑	☐		性别
birthday	date	0	0	☐	☐		出生日期
hireDate	date	0	0	☐	☐		雇佣日期
address	varchar	50	0	☐	☐		地址
telephone	varchar	20	0	☐	☐		联系电话

图 3-27 销售员表（seller）结构

3. 在数据库 sales 中创建客户表（customer），其表结构如图 3-28 所示。

名	类型	长度	小数点	不是 null	虚拟	键	注释
id	int	10	0	☑	☐	🔑1	客户ID
customerNo	char	3	0	☑	☐		客户编号
companyName	varchar	30	0	☑	☐		公司名称
connectName	varchar	20	0	☐	☐		联系人
address	varchar	50	0	☐	☐		公司地址
zipCode	char	6	0	☐	☐		邮编
telephone	varchar	20	0	☐	☐		联系电话

图 3-28 客户表（customer）结构

4. 把客户表（customer）中的 address 字段的数据类型更改为 varchar(100)。
5. 删除客户表（customer）。
6. 向销售员表（seller）中插入一条记录，需要插入的记录如图 3-29 所示。

id	saleNo	saleName	sex	birthday	hireDate	address	telephone
1	S01	王强	男	1975-12-08	2002-05-01	蓝色港湾42-12	0519-85150900

图 3-29 向销售员表（seller）中插入的一条记录

7. 向销售员表（seller）中一次插入多条记录，需要插入的记录如图 3-30 所示。

id	saleNo	saleName	sex	birthday	hireDate	address	telephone
2	S02	付芳芳	女	1982-02-19	2008-08-14	燕阳花园53-4	0519-85150901
3	S03	李芳	女	1983-08-30	2008-04-01	富都小区252-16	0519-85150902
4	S04	胡宝林	男	1991-09-19	2014-05-03	燕兴小区79-42	0519-85150903
5	S05	吴韵	男	1979-07-02	2008-11-15	富琛花园3-2	0519-85150904
6	S06	陆海成	男	1990-03-22	2014-04-17	都市雅居15-10	0519-85150905
7	S07	刘洋	男	1988-12-06	2012-10-23	顺园八村59-6	0519-85150906
8	S08	吴永佳	男	1985-07-10	2012-10-23	顺园三村21-12	0519-85150907

图 3-30　向销售员表（seller）中一次插入的多条记录

8. 把销售员表（seller）中编号为 S07 的记录的出生日期更改为 1987-12-06。
9. 把销售员表（seller）中编号为 S03 的记录删除。

三、附录：商品销售系统数据库中的完整数据表

1. 销售员表（seller），表中数据见表 3-5。

    seller(id,saleNo,saleName,sex,birthday,hireDate,address,telephone)

表 3-5　seller 表数据

ID	编号	姓名	性别	出生日期	入职日期	地址	电话
1	S01	王强	男	1975-12-08	2002-05-01	蓝色港湾 42-12	0519-85150900
2	S02	付芳芳	女	1982-02-19	2008-08-14	燕阳花园 53-4	0519-85150901
3	S03	李芳	女	1983-08-30	2008-04-01	富都小区 252-16	0519-85150902
4	S04	胡宝林	男	1991-09-19	2014-05-03	燕兴小区 79-42	0519-85150903
5	S05	吴韵	男	1979-07-02	2008-11-15	富琛花园 3-2	0519-85150904
6	S06	陆海成	男	1990-03-22	2014-04-17	都市雅居 15-10	0519-85150905
7	S07	刘洋	男	1988-12-06	2012-10-23	顺园八村 59-6	0519-85150906
8	S08	吴永佳	男	1985-07-10	2012-10-23	顺园三村 21-12	0519-85150907

2. 客户表（customer），表中数据见表 3-6。

    customer(id,customerNo,companyName,connectName,address,zipCode,telephone)

表 3-6　customer 表数据

ID	客户编号	公司名称	联系人	公司地址	邮编	电话
1	C01	东南商贸	张先生	西湖路 275 号	215000	0512-56331206
2	C02	西多商贸	土小姐	扬了西路 182 号	225000	0514-86458745
3	C03	大恒贸易	陈先生	淮海中路 210 号	222000	0518-83681980
4	C04	海达商贸	李先生	通江北路 316 号	213000	0519-85106800

3. 商品种类表（category），表中数据见表 3-7。

    category(id,categoryName,description)

表 3-7　category 表数据

商品种类 ID	商品种类名称	描述
1	日用品	各种洗涤用品等
2	调料	各种调味品等
3	饮料	各种果汁饮料、碳酸饮料等

4. 商品表（product），表中数据见表 3-8。

    product(id,productNo,productName,categoryId,price,stocks)

表 3-8　product 表数据

ID	商品编号	商品名称	商品种类 ID	单价/元	库存量
1	P01001	飘柔洗发水 200ml	1	18	376
2	P01002	飘柔洗发水 800ml	1	61.5	69
3	P01003	飘柔沐浴露 400ml	1	28.6	248
4	P01004	大宝保湿霜	1	12.8	420
5	P01005	美加净护手霜	1	8.5	526
6	P02001	淮牌食盐 358g	2	2	1034
7	P02002	莲花味精 200g	2	13.8	872
8	P02003	太古冰糖 500g	2	9.8	615
9	P03001	可口可乐	3	2.2	2083
10	P03002	雪碧	3	2.1	2897
11	P03003	美汁源 1000ml	3	10.8	1985

5. 订单表（orders），表中数据见表 3-9。

orders(id,customerId,saleId,orderDate,notes)

表 3-9　orders 表数据

订单 ID	客户 ID	销售员 ID	订单日期	备注
10001	1	3	2015-05-15	
10002	2	2	2015-05-16	
10003	3	2	2015-05-16	
10004	2	4	2015-05-19	

6. 订单明细表（orderDetail），表中数据见表 3-10。

orderDetail(id,orderId,productId,quantity,totalMoney)

表 3-10　orderDetail 表数据

ID	订单 ID	商品 ID	订货数量	订货总额/元
1	10001	3	227	6492.2
2	10001	6	335	670
3	10001	10	248	520.8
4	10002	1	172	3096
5	10002	3	220	6292
6	10003	1	115	2070
7	10003	7	280	3864
8	10004	2	113	6949.5
9	10004	7	339	4678.2
10	10004	10	325	682.5

3.9　习题

一、选择题

1. 下面选项中，用于表示固定长度字符串的数据类型是（　　）。

A．CHAR B．VARCHAR C．BINARY D．BOLB
2. 下列 SQL 语句中，可以删除数据表 grade 的是（   ）。
   A．DELETE FROM grade; B．DROP TABLE grade;
   C．DELETE grade; D．ALTER TABLE grade DROP grade;
3. 下列语句中，用于创建数据表的是（   ）。
   A．ALTER 语句 B．CREATE 语句
   C．UPDATE 语句 D．INSERT 语句
4. 下面选项中，表示二进制大数据类型的是（   ）。
   A．CHAR B．VARCHAR C．TEXT D．BLOB
5. 在当前数据库下，可以使用（   ）语句查看 stud 表的创建语句。
   A．SHOW TABLE CREATE stud;
   B．DISPLAY CREATE TABLE stud;
   C．SHOW CREATE TABLE stud;
   D．DESCRIBE stud;
6. 在 MySQL 中，将表名 food 修改为 fruit 的语句是（   ）。
   A．UPDATE TABLE food RENAME TO fruit;
   B．UPDATE TABLE fruit RENAME TO food;
   C．ALTER TABLE fruit RENAME TO food;
   D．ALTER TABLE food RENAME TO fruit;
7. 下列选项中，修改字段名的基本语法格式是（   ）。
   A．ALTER TABLE 表名 Modify 旧字段名 新字段名 新数据类型;
   B．ALTER TABLE 表名 CHANGE 旧字段名 新字段名;
   C．ALTER TABLE 表名 CHANGE 旧字段名 新字段名 新数据类型;
   D．ALTER TABLE 表名 Modify 旧字段名 TO 新字段名 新数据类型;
8. 在 MySQL 的整数类型中，占用字节数最大的类型是（   ）。
   A．INT B．BIGINT C．LARGEINT D．MAXINT
9. 在执行添加数据时出现 Field 'name' doesn't have a default value 错误，导致错误的原因是（   ）。
   A．INSERT 语句出现了语法问题
   B．name 字段没有指定默认值，且添加了 NOT NULL 约束
   C．name 字段指定了默认值
   D．name 字段指定了默认值，且添加了 NOT NULL 约束
10. 下列选项中，用于向表中添加记录的关键字是（   ）。
    A．ALTER B．CREATE C．UPDATE D．INSERT
11. 下列选项中，用于实现在表 emp 中将员工号 eNum 为 01099 的员工的 salary 增加 300 的是（   ）。
    A．UPDATE emp
       SET salary += 300
       where eNum = '01099';
    B．UPDATE emp

SET salary = salary + 300

where eNum = '01099';

C. ALTER TABLE emp

SET salary = salary + 300

where eNum = '01099';

D. ALTER TABLE emp

SET salary += 300

where eNum = '01099';

12. 下列选项中，与 INSERT INTO student SET id=5,name='boya',grade=99;功能相同的 SQL 语句是（   ）。

　　A. INSERT INTO student(id, name, grade)VALUES(5, 'boya', 99);

　　B. INSERT INTO student VALUES('boya', 5, 99);

　　C. INSERT INTO student(id, grade, name)VALUES(5, 'boya', 99);

　　D. INSERT INTO student(id, grade, 'name')VALUES(5, 99, 'boya');

13. 下列关于向表中添加记录时不指定字段名的说法中，正确的是（   ）。

　　A. 值的顺序任意指定

　　B. 值的顺序可以调整

　　C. 值的顺序必须与字段在表中的顺序保持一致

　　D. 以上说法都不对

14. 语句 DELETE FROM student where name='itcast';的作用是（   ）。

　　A. 只能删除 name='itcast'的一条记录

　　B. 删除 name='itcast'的全部记录

　　C. 只能删除 name='itcast'的最后一条记录

　　D. 以上说法都不对

15. 下面 SQL 语句关键字中，只删除表中全部数据并且效率最高的是（   ）。

　　A. TRUNCATE　　　　B. DROP　　　　C. DELETE　　　　D. ALTER

二、判断题

1. 在 MySQL 中，DECIMAL 类型的取值范围与 DOUBLE 类型相同，所占的字节大小也相同。（   ）

2. 在 MySQL 中，INSERT 语句一次只能向表中插入一行记录。（   ）

3. 在 DELETE 语句中，如果没有使用 WHERE 子句，则会将表中的所有记录都删除。（   ）

4. 如果某个字段在定义时添加了非空约束，但没有添加 DEFAULT 约束，那么插入新记录时就必须为该字段赋值，否则数据库系统会提示错误。（   ）

5. 向表中添加数据不仅可以实现整行记录添加，还可以实现添加指定的字段对应的值。（   ）

第 4 章　索引的创建和使用

本章学习要点:
- 索引的概念和引用原则
- 创建索引
- 删除索引
- 主键约束
- 唯一性约束
- 默认值约束
- 外键约束

　　索引是一种与数据表相关的类似于目录的一种数据结构，使用索引可以提高查询的效率。本章主要讲述索引的概念和引用原则、索引的创建和管理，以及在学生管理数据库中实施数据完整性的方法。

4.1　索引概述

　　索引是一种与数据表相关的类似于目录的一种数据结构，索引的建立对于 MySQL 的高效运行是很重要的，索引可以大大提高 MySQL 的检索速度。

4.1

　　以在汉语字典中查找某一个字为例，汉语字典目录页相当于索引，我们可以按拼音、笔画、偏旁部首等排序的目录（索引）快速查找到所需要的字。

　　实际上，索引也类似一张表，该表保存了主键与索引字段，并指向实体表的记录。索引也可以分为单列索引和组合索引。单列索引表示一个索引只包含单个列，一个表可以有多个单列索引，但这不是组合索引；组合索引表示一个索引包含多个列。

1. 使用索引提高查询效率的原理

索引包含由列生成的键值和数据页地址的指针。
索引的键值是排序的，排序的数据可以利用各种高效的查找算法（例如，折半查找等）。

2. 索引的优点

- 提高查询速度。
- 提高表与表之间连接的效率。
- 唯一性索引还可以保证数据记录的唯一性。

3. 索引的缺点

索引虽然大大提高了查询速度，但会降低更新表的速度，因为在对数据表进行插入、更新、删除操作时，MySQL 不仅要保存数据，还要保存索引文件。因此，索引并不是创建得越多越好。

4. 引用索引的原则

科学地设计索引，在提高查询效率的同时，应尽量减少索引带来的副作用。

(1) 考虑设置索引的情况
- 经常检索的列（即经常在 WHERE 子句中使用的列）。
- 主键列、外键列（事实上，主键约束列、唯一性约束列会自动创建索引）。
- 经常用于表间连接的列。

(2) 考虑不设置索引的情况
- 检索中几乎不涉及的列。
- 重复值太多的列。
- 数据类型为 text、blob 的列。
- 行数极少的表没必要创建索引。
- 插入、更新效率比查询效率更重要的情况。

4.2 创建索引

MySQL 的索引类型主要有以下几种。
- 普通索引（INDEX）：最基本的索引，它没有任何限制，是用来提升数据库性能、提高数据查询效率的一项重要的技术。
- 唯一性索引（UNIQUE）：索引列的值必须唯一，但允许有空值。一张表中可以有多个唯一性索引。如果是组合索引，则列值的组合必须唯一。
- 主键索引（PRIMARY KEY）：一种特殊的唯一性索引，但不允许有空值。一张表中只能有一个主键。为了有效实现数据的管理，每张表都应该有自己的主键，一般是在建表的同时创建主键索引。
- 全文索引（FULLTEXT）：主要用来查找文本中的关键字，而不是直接与索引中的值相比较。全文索引跟其他索引大不相同，它更像是一个搜索引擎，而不是简单的 WHERE 语句的参数匹配。全文索引配合 MATCH AGAINST 操作使用，而不是一般的 WHERE 语句加 LIKE。目前只有 CHAR、VARCHAR、TEXT 列上可以创建全文索引。

4.2.1 使用 Navicat 对话方式创建索引

以在学生表（student）的 sNo 字段上创建唯一性索引、sName 字段上创建普通索引为例，使用 Navicat 对话方式创建索引的步骤如下。

1）在 Navicat 控制台中，双击展开 LDL 连接对象，再次双击数据库列表中的 stuinfo，打开该数据库，在数据表列表中的 student 上单击鼠标右键，选择"设计表"命令（或者单击工具栏上的"设计表"按钮），则打开学生表（student）的表结构设计窗口，如图 4-1 所示。

4.2.1

2）也可以在此设置或取消某个字段的主键索引，选择需要设置主键索引的字段，单击工具栏上的"主键"按钮；若要取消主键索引的设置，则再次单击"主键"按钮。如图 4-1 所示，已给 id 字段设置了主键索引。

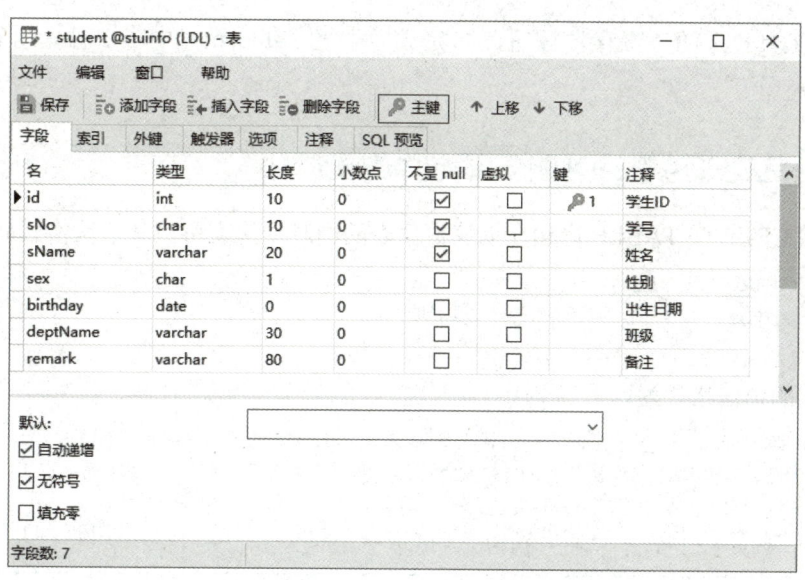

图 4-1　学生表（student）的表结构设计窗口

3）切换到"索引"选项卡，如图 4-2 所示。

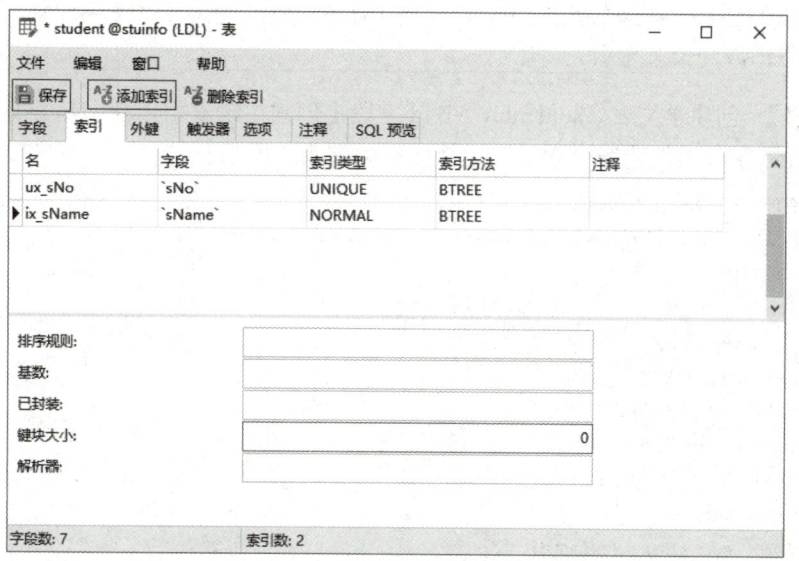

图 4-2　"索引"选项卡

4）单击工具栏上的"添加索引"按钮，可以给字段添加指定的索引，如图 4-2 所示，在学生表（student）的 sNo 字段上创建了唯一性索引 ux_sNo，在 sName 字段上创建了普通索引 ix_sName。

- 名：索引的名称。
- 字段：索引的字段名（可指定多个字段，并可调整字段顺序）。
- 索引类型（NORMAL/UNIQUE/FULLTEXT）：普通索引/唯一性索引/全文索引。
- 索引方法（BTREE/HASH）：两种索引结构。MyISAM 和 InnoDB 支持 BTREE 索引；MEMORY 和 HEAP 支持 HASH 和 BTREE 索引。

5)单击工具栏上的"保存"按钮,即完成学生表(student)中唯一性索引和普通索引的创建。

4.2.2 在 CREATE TABLE 语句中创建索引

可以使用 CREATE TABLE 语句在创建数据表的同时创建索引,其语法格式如下。

```
CREATE TABLE <表名> (
    <字段名 1>[, …,字段名 n] | 索引项
);
```

其中,索引项的语法格式为:

```
PRIMARY KEY [<索引名>](<字段名 1> [ASC|DESC] [, …,字段名 n])|
UNIQUE [INDEX] [<索引名>](<字段名 1> [ASC|DESC] [, …,字段名 n])|
INDEX|KEY [<索引名>](<字段名 1> [ASC|DESC] [, …,字段名 n])|
FULLTEXT [INDEX] [<索引名>](<字段名 1> [ASC|DESC] [, …,字段名 n])
```

> 说明:
> - PRIMARY KEY:主键索引。
> - UNIQUE:唯一性索引。
> - INDEX|KEY:普通索引,KEY 通常是 INDEX 的同义词,二选一即可。
> - FULLTEXT:全文索引。

【示例 4-1】 创建学生表(student),在 id 字段上创建主键索引,在 sNo 字段上创建唯一性索引,在 sName 字段上创建普通索引。运行结果如图 4-3 所示。

```
CREATE TABLE student (
    id INT UNSIGNED NOT NULL AUTO_INCREMENT,
    sNo CHAR(10) NOT NULL,
    sName VARCHAR(20) NOT NULL,
    sex CHAR(1),
    birthday DATE,
    deptName VARCHAR(30),
    remark VARCHAR(80),
    PRIMARY KEY pk_id(id),
    UNIQUE ux_sNo(sNo),
    INDEX ix_sName(sName)
) ENGINE=InnoDB DEFAULT CHARSET=utf8mb4;
```

【示例 4-2】 创建课程表(course),在 id 字段上创建主键索引。运行结果如图 4-4 所示。

```
CREATE TABLE course (
    id INT UNSIGNED NOT NULL AUTO_INCREMENT,
    cNo CHAR(5) NOT NULL,
    cName VARCHAR(30) NOT NULL,
    credit TINYINT UNSIGNED,
    remark VARCHAR(100),
    PRIMARY KEY pk_id(id)
) ENGINE=InnoDB DEFAULT CHARSET=utf8mb4;
```

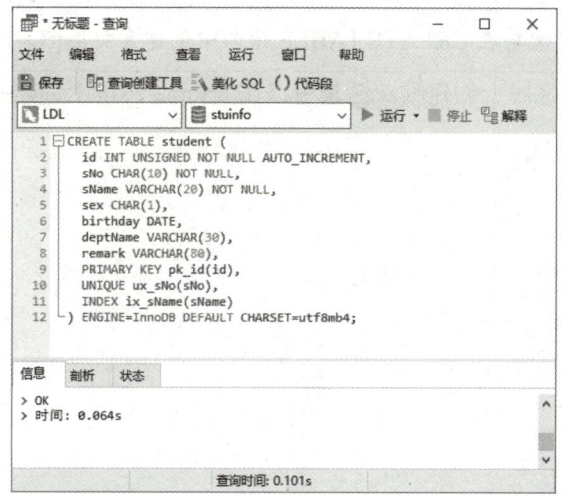
图 4-3 创建学生表（student）——创建索引

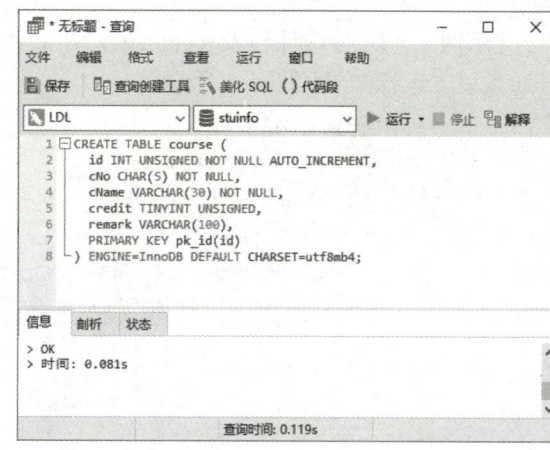
图 4-4 创建课程表（course）——创建索引

【示例 4-3】 创建成绩表（score），在 id 字段上创建主键索引。运行结果如图 4-5 所示。

```
CREATE TABLE score (
  id INT UNSIGNED NOT NULL AUTO_INCREMENT,
  sId INT UNSIGNED NOT NULL,
  cId INT UNSIGNED NOT NULL,
  grade TINYINT UNSIGNED NOT NULL,
  PRIMARY KEY pk_id(id)
) ENGINE=InnoDB DEFAULT CHARSET=utf8mb4;
```

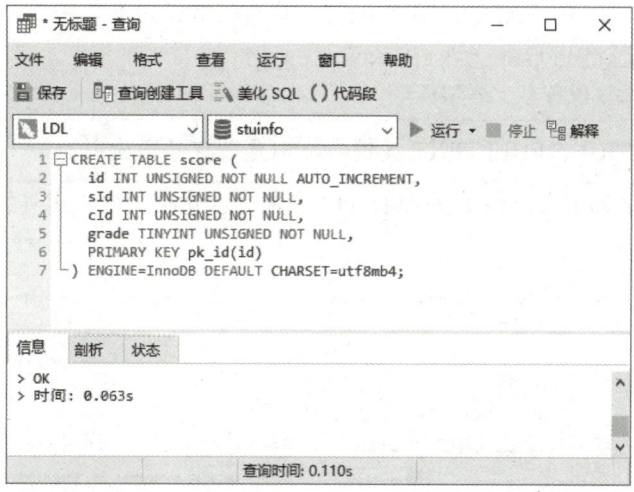
图 4-5 创建成绩表（score）——创建索引

4.2.3 在 ALTER TABLE 语句中创建索引

如果数据表已经存在，可以使用 ALTER TABLE 语句创建索引。其语法格式如下。

```
ALTER TABLE <表名>
    ADD 索引项;
```

4.2.3

说明：语法中除了多一个 ADD 关键词外，其他与在 CREATE TABLE 语句中创建索引类似。

【示例 4-4】 修改课程表（course），在 cNo 字段上创建唯一性索引，在 cName 字段上创建普通索引。运行结果如图 4-6 所示。

```
ALTER TABLE course
  ADD UNIQUE ux_cNo(cNo),
  ADD INDEX ix_cName(cName);
```

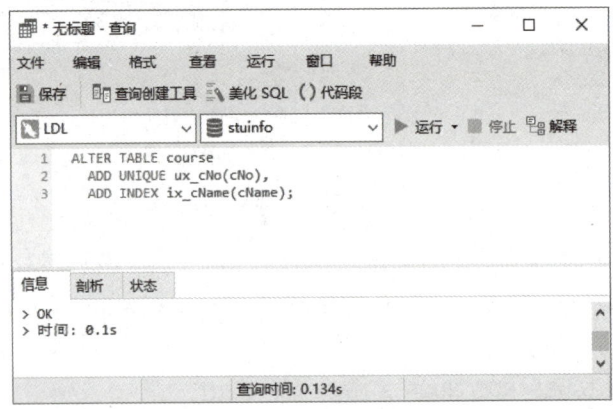

图 4-6　修改课程表（course）——创建索引

4.2.4　使用 CREATE INDEX 语句创建索引

创建索引还可以使用 CREATE INDEX 语句，其语法格式如下。

```
CREATE [UNIQUE]|[FULLTEXT] INDEX <索引名>
ON <表名> (<字段名 1> [ASC|DESC] [, …,字段名 n]);
```

4.2.4

说明：若无 UNIQUE、FULLTEXT 关键字，则是创建普通索引。

【示例 4-5】 在成绩表（score）的 sId、cId 字段上创建唯一性索引（组合索引）。运行结果如图 4-7 所示。

```
CREATE UNIQUE INDEX ux_sId_cId
ON score (sId, cId);
```

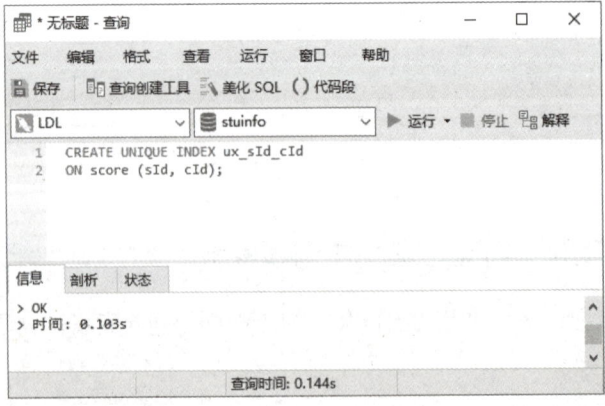

图 4-7　使用 CREATE INDEX 语句给成绩表（score）创建索引

4.2.5 使用 SHOW INDEX 语句查看索引

查看索引使用 SHOW INDEX 语句。其语法格式如下。

SHOW INDEX FROM <表名> [FROM <数据库名>];

【示例 4-6】 查看学生表（student）中的索引。运行结果如图 4-8 所示。

SHOW INDEX FROM student;

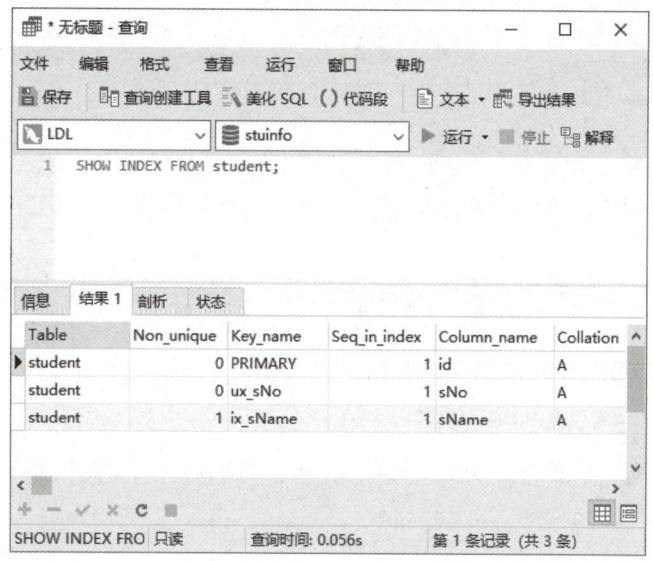

图 4-8　使用 SHOW INDEX 语句查看学生表（student）中的索引

4.3　删除索引

4.3.1　使用 Navicat 对话方式删除索引

以删除学生表（student）中的唯一性索引和普通索引为例，使用 Navicat 对话方式删除索引的步骤如下。

1) 在 Navicat 控制台中，双击展开 LDL 连接对象，再次双击数据库列表中的 stuinfo，打开该数据库，在数据表列表中的 student 上单击鼠标右键，选择 "设计表" 命令（或者单击工具栏上的 "设计表" 按钮），则打开学生表（student）的表结构设计窗口，切换到 "索引" 选项卡，如图 4-9 所示。

2) 在以上窗口中，选择并定位需要删除的索引，然后单击工具栏上的 "删除索引" 按钮，指定的索引即被删除，最后单击工具栏上的 "保存" 按钮即可。

4.3

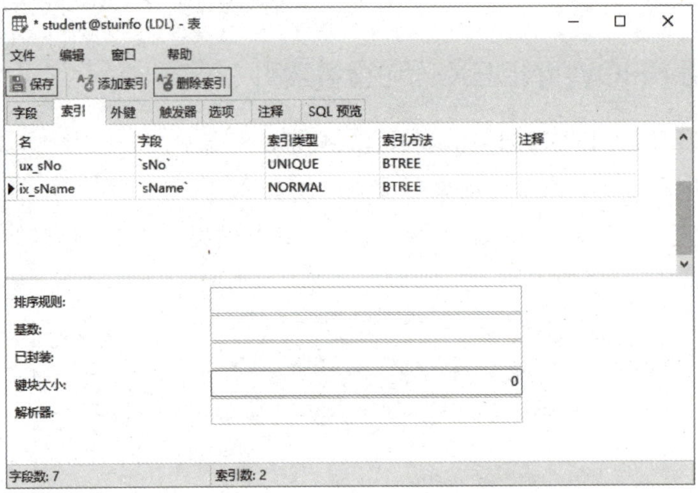

图 4-9 使用 Navicat 对话方式删除学生表（student）中的索引

4.3.2 使用 DROP INDEX 语句删除索引

删除索引使用 DROP INDEX 语句，其语法格式如下。

```
DROP INDEX <索引名> ON <表名>;
```

【示例 4-7】 删除课程表（course）中的索引 ix_cName。运行结果如图 4-10 所示。

```
DROP INDEX ix_cName ON course;
```

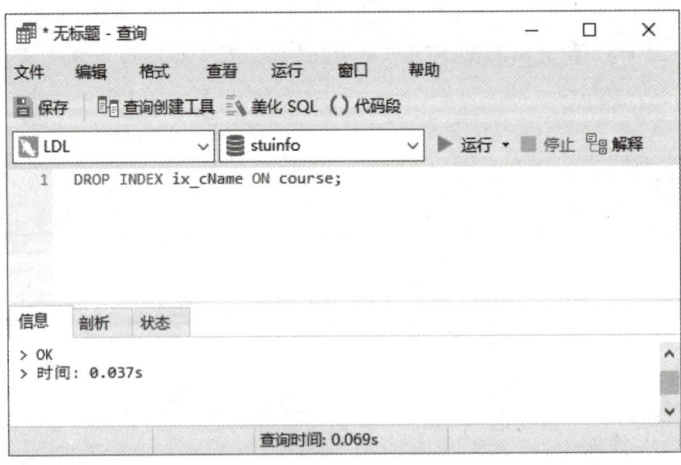

图 4-10 使用 DROP INDEX 语句删除课程表（course）中的索引

4.4 约束管理

约束是对列进行限制的规则，以确保输入数据的一致性和正确性。约束是实现数据完整性的主要途径。

常见的约束有主键约束、唯一性约束、默认值约束、外键约束、非空约束等。约束可以在创建数据表时创建,也可以在修改数据表时创建。

4.4.1 主键约束(PRIMARY KEY)

主键约束(简称为主键)是 MySQL 中使用最为频繁的约束,在设计数据表时,一般都会要求在表中设置一个主键。主键值必须唯一标识表中的每一行,且不能为 NULL 值,即表中不可能存在有相同主键值的两行数据。

4.4.1

每张表只能定义一个主键,主键可以是单字段主键,也可以是多字段组合主键。创建主键约束后,会自动创建一个与约束同名的主键索引。

1. 在创建表时设置主键约束

在 CREATE TABLE 语句中,通过 PRIMARY KEY 关键字来指定主键约束。
在定义字段的同时指定主键约束,其语法格式如下。

<字段名> <数据类型> PRIMARY KEY

【示例 4-8】 创建学生表(student1),设置 id 字段为主键约束。运行结果如图 4-11 所示。

```
CREATE TABLE student1 (
  id INT UNSIGNED NOT NULL PRIMARY KEY,
  sNo CHAR(10) NOT NULL,
  sName VARCHAR(20) NOT NULL,
  sex CHAR(1),
  birthday DATE,
  deptName VARCHAR(30),
  remark VARCHAR(80)
);
```

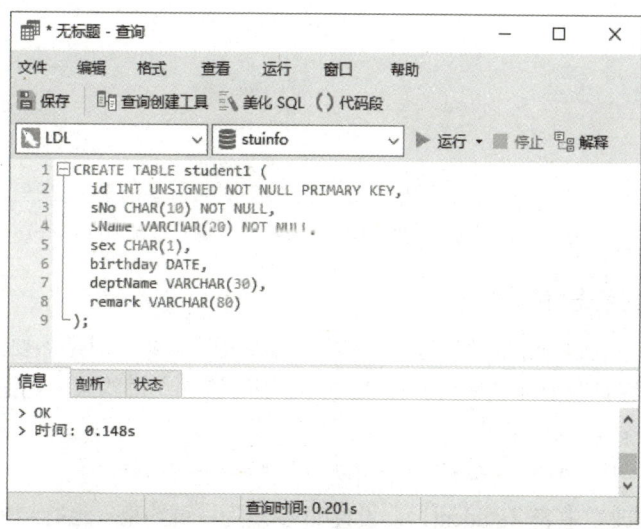

图 4-11 创建学生表(student1)——设置主键约束

另外,也可以在定义完所有字段之后指定主键约束,其语法格式如下。

[CONSTRAINT <约束名>] PRIMARY KEY(字段名)

定义组合主键约束的语法格式如下。

```
[CONSTRAINT <约束名>] PRIMARY KEY(字段名1, 字段名2 [, …])
```

【示例 4-9】 创建课程表（course1），设置 id 字段为主键约束。运行结果如图 4-12 所示。

```
CREATE TABLE course1 (
  id INT UNSIGNED NOT NULL,
  cNo CHAR(5) NOT NULL,
  cName VARCHAR(30) NOT NULL,
  credit TINYINT UNSIGNED,
  remark VARCHAR(100),
  CONSTRAINT pk_id PRIMARY KEY (id)
);
```

【示例 4-10】 创建成绩表（score1），设置 sId、cId 字段为组合主键约束。运行结果如图 4-13 所示。

```
CREATE TABLE score1 (
  id INT UNSIGNED NOT NULL,
  sId INT UNSIGNED NOT NULL,
  cId INT UNSIGNED NOT NULL,
  grade TINYINT UNSIGNED NOT NULL,
  CONSTRAINT pk_sId_cId PRIMARY KEY (sId, cId)
);
```

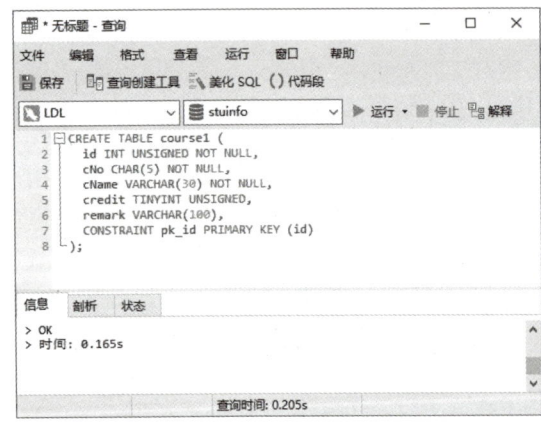 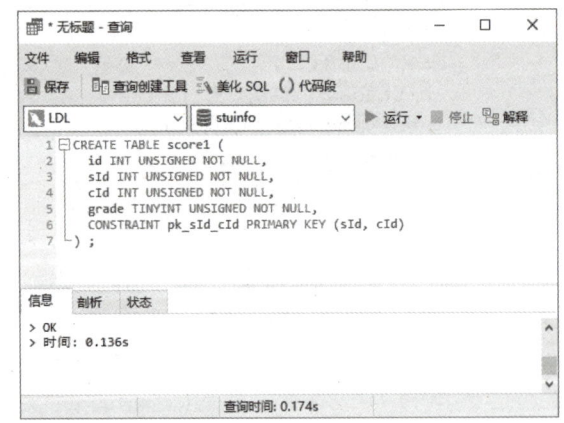

图 4-12　创建课程表（course1）——设置主键约束　　图 4-13　创建成绩表（score1）——设置组合主键约束

2. 在修改表时设置主键约束

主键约束不仅可以在创建表时创建，也可以在修改表时添加。但是需要注意的是，设置成主键约束的字段中不允许有空值和重复值。在修改数据表时添加主键约束的语法格式如下。

```
ALTER TABLE <表名>
    ADD [CONSTRAINT <约束名>] PRIMARY KEY(<字段名>);
```

【示例 4-11】 修改学生表（student1），设置 id 字段为主键约束。运行结果如图 4-14 所示。

```
ALTER TABLE student1
    ADD CONSTRAINT pk_id PRIMARY KEY (id);
```

> **说明**：首先要确保学生表（student1）中无主键约束，还要确保设置成主键约束的字段没有重复值并且是非空的，否则无法设置主键约束。

3. 删除主键约束

当一张表中不需要主键约束时，需要从表中将其删除。删除主键约束的语法格式如下。

```
ALTER TABLE <表名> DROP PRIMARY KEY;
```

> 说明：由于主键约束在一张表中只能有一个，因此不需要指定主键名就可以删除一张表中的主键约束。

【示例 4-12】删除学生表（student1）中的主键约束。运行结果如图 4-15 所示。

```
ALTER TABLE student1 DROP PRIMARY KEY;
```

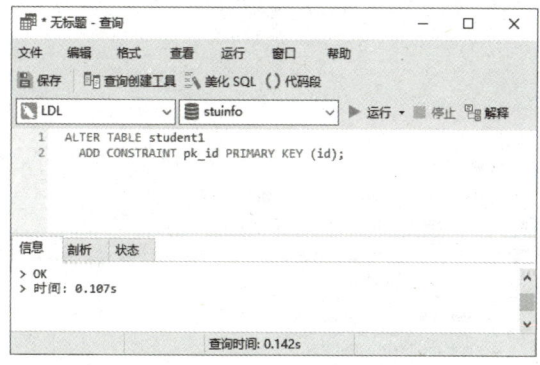
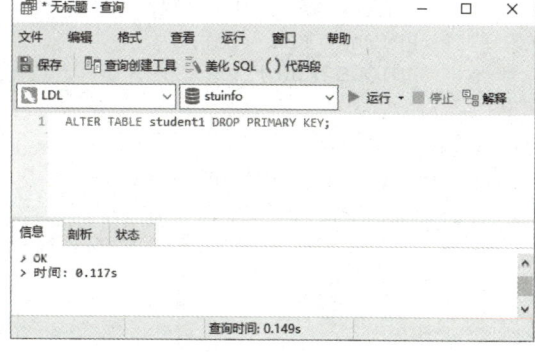

图 4-14　修改学生表（student1）——设置主键约束　　图 4-15　删除学生表（student1）中的主键约束

4.4.2　唯一性约束（UNIQUE）

唯一性约束与主键约束有相似的地方，就是它们都能够确保列的唯一性。不同的是，唯一性约束在一张表中可以有多个，并且设置唯一性约束的列允许有空值，但是只能有一个空值；而主键约束在一张表中只能有一个，而且是不允许有空值的。

4.4.2

1. 在创建表时设置唯一性约束

在 CREATE TABLE 语句中，通过 UNIQUE 关键字来指定唯一性约束。唯一性约束通常设置在除主键以外的其他列上。

在定义字段的同时指定唯一性约束，其语法格式如下。

```
<字段名> <数据类型> UNIQUE
```

【示例 4-13】创建学生表（student1），设置 id 字段为主键约束、sNo 字段为唯一性约束。运行结果如图 4-16 所示。

```
CREATE TABLE student1 (
  id INT UNSIGNED NOT NULL PRIMARY KEY,
  sNo CHAR(10) NOT NULL UNIQUE,
  sName VARCHAR(20) NOT NULL,
  sex CHAR(1),
  birthday DATE,
  deptName VARCHAR(30),
  remark VARCHAR(80)
);
```

另外，也可以在定义完所有字段之后指定唯一性约束，其语法格式如下。

```
[CONSTRAINT <约束名>] UNIQUE(字段名)
```

【示例 4-14】 创建课程表（course1），设置 id 字段为主键约束、cNo 为唯一性约束。运行结果如图 4-17 所示。

```
CREATE TABLE course1 (
  id INT UNSIGNED NOT NULL,
  cNo CHAR(5) NOT NULL,
  cName VARCHAR(30) NOT NULL,
  credit TINYINT UNSIGNED,
  remark VARCHAR(100),
  PRIMARY KEY (id),
  UNIQUE (cNo)
);
```

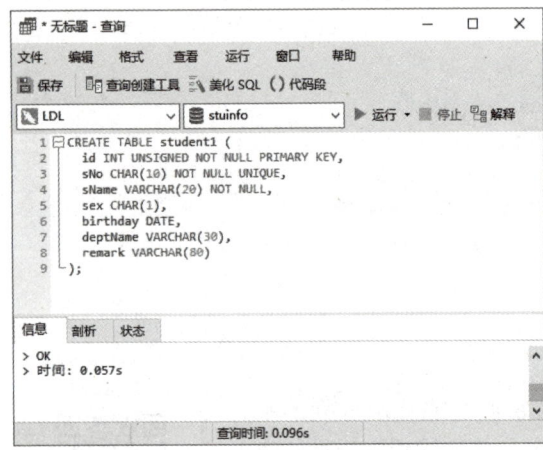
图 4-16　创建学生表（student1）——
设置主键约束和唯一性约束

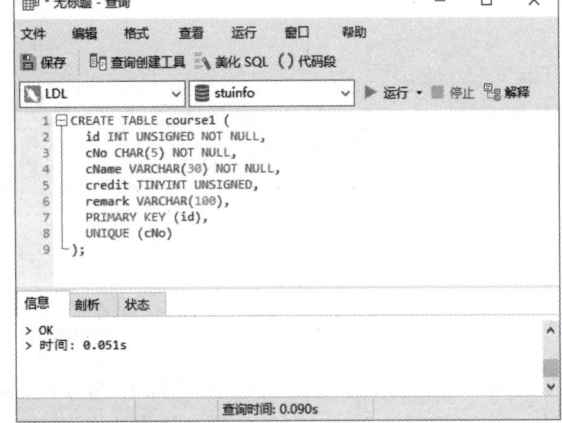
图 4-17　创建课程表（course1）——
设置主键约束和唯一性约束

2．在修改表时添加唯一性约束

在修改数据表时添加唯一性约束的语法格式如下。

```
ALTER TABLE <表名>
    ADD [CONSTRAINT <约束名>] UNIQUE(<字段名>);
```

【示例 4-15】 修改课程表（course1），设置 cName 字段为唯一性约束。运行结果如图 4-18 所示。

```
ALTER TABLE course1
    ADD CONSTRAINT ux_cName UNIQUE (cName);
```

3．删除唯一性约束

删除唯一性约束的语法格式如下。

```
ALTER TABLE <表名> DROP INDEX <唯一性约束名>;
```

【示例 4-16】 删除课程表（course1）中的唯一性约束 ux_cName。运行结果如图 4-19 所示。

```
ALTER TABLE course1 DROP INDEX ux_cName;
```

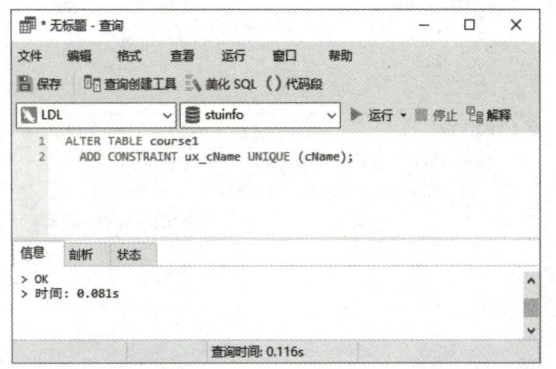 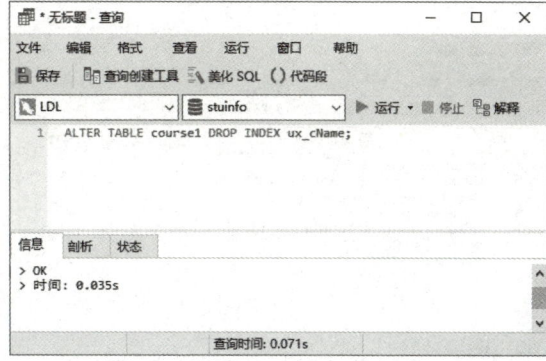

图 4-18　修改课程表（course1）——设置唯一性约束　　图 4-19　删除课程表（course1）中的唯一性约束

4.4.3　默认值约束（DEFAULT）

默认约束用来给表中的某列赋予一个常量值（默认值）。当向该表插入一条新的记录时，如果用户没有明确给出该列的值，MySQL 会自动为该列插入所设置的默认值。

4.4.3

1．在创建表时设置默认值约束

在 CREATE TABLE 语句中，通过 DEFAULT 关键字来指定默认值约束，其语法格式如下。

<字段名> <数据类型> DEFAULT <默认值>

 说明："默认值"是指该字段所设置的默认值，如果是字符类型，需要用单引号括起来。

【示例 4-17】　创建学生表（student1），为 sex 字段设置默认值为"男"。运行结果如图 4-20 所示。

```
CREATE TABLE student1 (
  id INT UNSIGNED NOT NULL PRIMARY KEY,
  sNo CHAR(10) NOT NULL UNIQUE,
  sName VARCHAR(20) NOT NULL,
  sex CHAR(1) DEFAULT '男',
  birthday DATE,
  deptName VARCHAR(30),
  remark VARCHAR(80)
);
```

2．在修改表时设置默认值约束

在修改数据表时添加默认值约束的语法格式如下。

```
ALTER TABLE <表名>
    MODIFY <字段名> <数据类型> DEFAULT <默认值>;
```

【示例 4-18】　修改课程表（course1），给 credit 字段添加默认值"4"。运行结果如图 4-21 所示。

```
ALTER TABLE course1
    MODIFY credit TINYINT UNSIGNED DEFAULT 4;
```

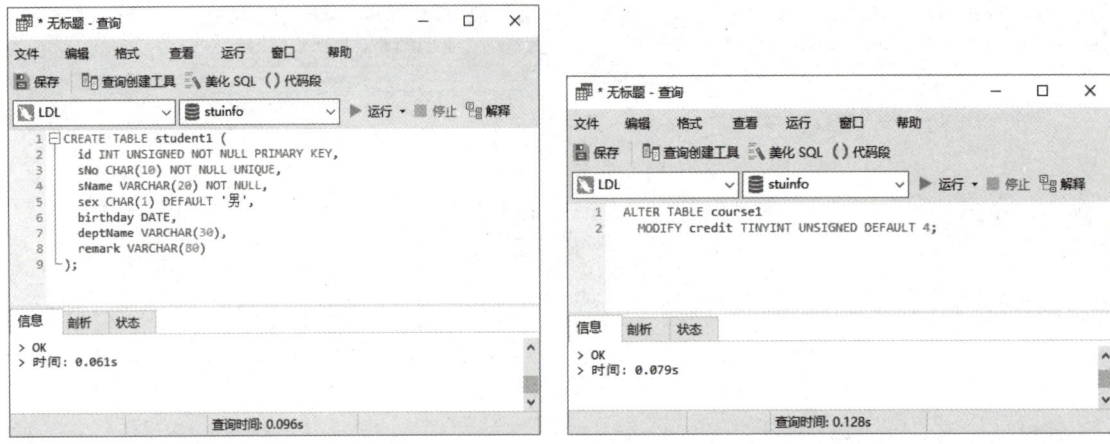

图 4-20　创建学生表（student1）——设置默认值约束　　图 4-21　修改课程表（course1）——设置默认值约束

3．删除默认值约束

删除默认值约束的语法格式如下。

```
ALTER TABLE <表名>
    MODIFY <字段名> <数据类型> DEFAULT NULL;
```

【示例 4-19】　删除课程表（course1）中 credit 字段的默认值约束。运行结果如图 4-22 所示。

```
ALTER TABLE course1
    MODIFY credit TINYINT UNSIGNED DEFAULT NULL;
```

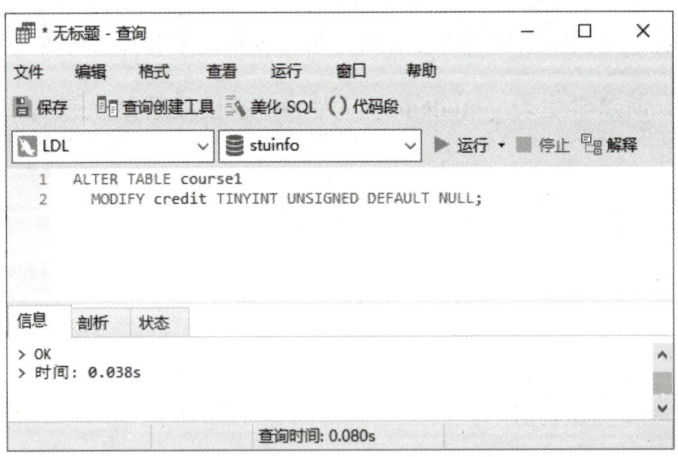

图 4-22　删除课程表（course1）中的默认值约束

4．使用 Navicat 对话方式设置默认值约束

以给学生表（student）的 sex 字段添加默认值"男"为例，使用 Navicat 对话方式创建默认值约束的步骤如下。

1）在 Navicat 控制台中，双击展开 LDL 连接对象，再次双击数据库列表中的 stuinfo，打开该数据库，在数据表列表中的 student 上单击鼠标右键，选择"设计表"命令（或者单击工具栏上的"设计表"按钮),则打开学生表(student)的表结构设计窗口,如图 4-23 所示。

图 4-23 给学生表(student)添加默认值约束

2)选择并定位到 sex 字段一栏,在"默认"组合框中输入"'男'"(由于默认值是字符串类型,所以需要加上单引号)。

3)单击工具栏上的"保存"按钮,即完成默认值约束的设置。

4.4.4 外键约束(FOREIGN KEY)

外键约束经常与主键约束一起使用。对于两个具有关联关系的表而言,相关联字段中主键所在的表就是主表(父表),外键所在的表就是从表(子表)。在 MySQL 中,目前只有 InnoDB 存储引擎支持外键约束。

4.4.4

外键用来建立主表与从表的关联关系,为两个表的数据建立连接,约束两个表中数据的一致性和完整性。例如,在主表中删除某条记录时,从表中与之对应的记录也必须有相应的改变。

一个表可以有一个或多个外键,外键可以为空值,若不为空值,则每一个外键的值必须等于主表中主键的某个值。

定义外键时,需要遵守下列规则。

- 主表必须已经存在于数据库中,或者是当前正在创建的表。如果是后一种情况,则主表与从表是同一个表,这样的表称为自参照表,这种结构称为自参照完整性。
- 必须为主表定义主键。
- 主键不能包含空值,但允许在外键中出现空值。也就是说,只要外键的每个非空值出现在指定的主键中,这个外键的内容就是正确的。
- 在主表的表名后面指定列名或列名的组合。这个列或列的组合必须是主表的主键或候选键。

- 外键列的数目必须和主表中主键列的数目相同;外键列的数据类型必须和主表中主键列的数据类型相同。

1. 在创建表时设置外键约束

在 CREATE TABLE 语句中,通过 FOREIGN KEY 关键字来指定外键约束,其语法格式如下。

```
[CONSTRAINT <约束名>] FOREIGN KEY (字段名)
    REFERENCES <主表名> (主键列)
    [ON DELETE { RESTRICT|NO ACTION|CASCADE|SET NULL }]
    [ON UPDATE { RESTRICT|NO ACTION|CASCADE|SET NULL }]
```

说明:
- RESTRICT:不执行任何操作。主表的更新或者删除企图会被拒绝。
- NO ACTION:与 RESTRICT 相同。主表的更新或者删除企图会被拒绝。
- CASCADE:从表随主表级联更新或级联删除。即删除或更新主表中的行,同时自动删除或更新从表中对应的行。
- SET NULL:从表的外键列设置为 NULL,即删除或更新主表中的行,同时将从表中的外键列设置为 NULL。注意,只有在从表的外键列没有被设为 NOT NULL 时才有效。

【示例 4-20】 创建成绩表(score1),设置 sId 字段为外键约束,参考的是学生表(student1)中的 id 字段(不执行任何操作)。运行结果如图 4-24 所示。

```
CREATE TABLE score1 (
  id INT UNSIGNED NOT NULL,
  sId INT UNSIGNED NOT NULL,
  cId INT UNSIGNED NOT NULL,
  grade TINYINT UNSIGNED NOT NULL,
  PRIMARY KEY (id),
  UNIQUE (sId, cId),
  FOREIGN KEY (sId) REFERENCES student1(id)
    ON UPDATE RESTRICT ON DELETE RESTRICT
);
```

2. 在修改表时设置外键约束

在修改数据表时设置外键约束的语法格式如下。

```
ALTER TABLE <表名>
ADD [CONSTRAINT <约束名>] FOREIGN KEY (字段名)
    REFERENCES <主表名> (主键列)
    [ON DELETE { RESTRICT|NO ACTION|CASCADE|SET NULL }]
    [ON UPDATE { RESTRICT|NO ACTION|CASCADE|SET NULL }];
```

【示例 4-21】 修改成绩表(score1),设置 cId 字段为外键约束,参考的是课程表(course1)中的 id 字段(不执行任何操作)。运行结果如图 4-25 所示。

```
ALTER TABLE score1
  ADD CONSTRAINT fk_course1_score1
  FOREIGN KEY (cId) REFERENCES course1(id)
    ON UPDATE RESTRICT ON DELETE RESTRICT;
```

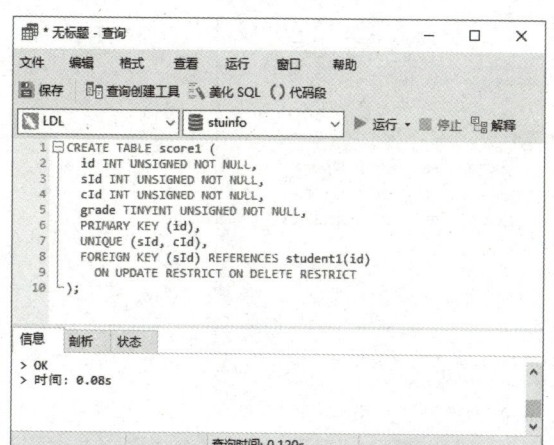
图 4-24　创建成绩表（score1）——设置外键约束

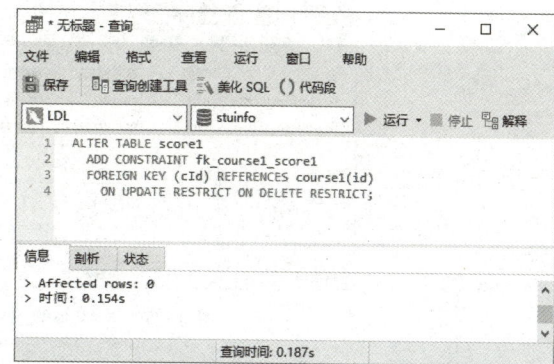
图 4-25　修改成绩表（score1）——设置外键约束

3．删除外键约束

删除外键约束的语法格式如下。

```
ALTER TABLE <表名> DROP FOREIGN KEY <外键约束名>;
```

【示例 4-22】 删除成绩表（score1）中的外键约束 fk_course1_score1。运行结果如图 4-26 所示。

```
ALTER TABLE score1 DROP FOREIGN KEY fk_course1_score1;
```

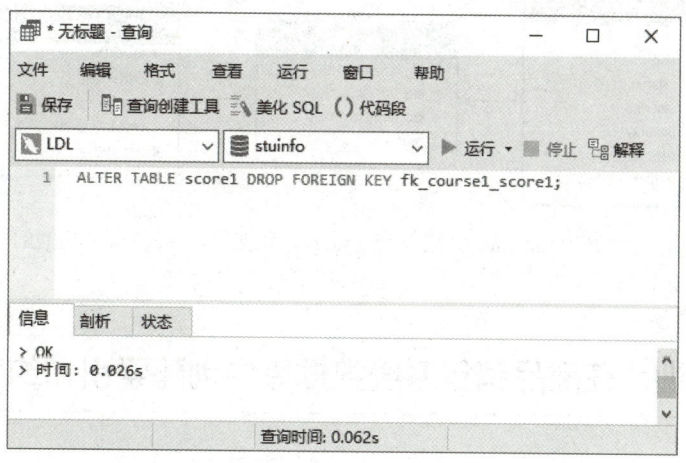
图 4-26　删除成绩表（score1）中的外键约束

4．使用 Navicat 对话方式设置外键约束

以给成绩表（score）中的 sId 字段和 cId 字段设置外键约束为例，其中，sId 字段参考的是学生表（student）中的 id 字段（不执行任何操作），cId 字段参考的是课程表（course）中的 id 字段（不执行任何操作）。使用 Navicat 对话方式的操作步骤如下。

1）在 Navicat 控制台中，双击展开 LDL 连接对象，再次双击数据库列表中的 stuinfo，打开该数据库，在数据表列表中的 score 上单击鼠标右键，选择"设计表"命令（或者单击工具栏上的"设计表"按钮），则打开成绩表（score）的表结构设计窗口，切换到"外键"选项卡，如图 4-27 所示。

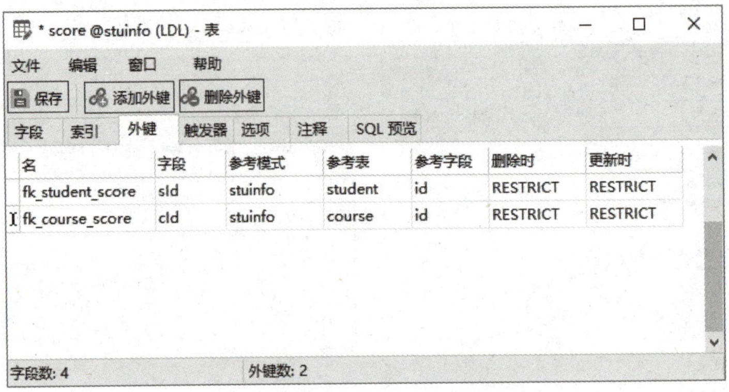

图 4-27 给成绩表（score）添加外键约束

2）单击工具栏上的"添加外键"按钮，在此设置外键名、外键字段、参考数据库名、参考数据表名、参考字段，以及删除和更新的规则等。图 4-27 为给成绩表（score）设置的两个外键约束 fk_student_score 和 fk_course_score。

3）单击工具栏上的"保存"按钮，即完成成绩表（score）中外键约束的设置。

4）若要删除外键约束，则定位到需要删除的外键，然后单击工具栏上的"删除外键"按钮，指定的外键即被删除，最后再单击工具栏上的"保存"按钮即可。

给成绩表（score）设置了外键约束以后，学生表（student）、成绩表（score）和课程表（course）之间的关系如图 4-28 所示。

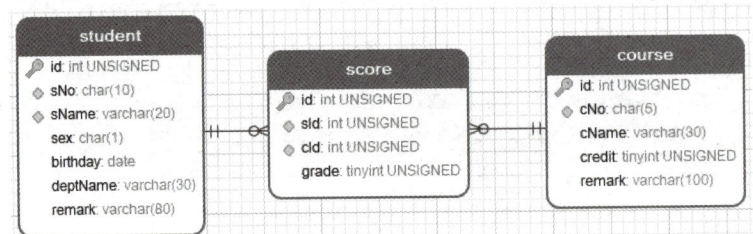

图 4-28　学生表（student）、成绩表（score）和课程表（course）之间的关系图

4.5 同步实训：在商品销售系统数据库中创建索引和约束

一、实训目的

1．理解索引的概念和优点。
2．掌握使用不同语句创建索引的方法。
3．掌握创建主键约束的方法。
4．掌握创建唯一性约束的方法。
5．掌握创建默认约束的方法。
6．掌握创建外键约束的方法。

二、实训内容

1．修改销售员表（seller），在 saleNo 字段上创建唯一性索引，在 saleName 字段上创建普

通索引,为 sex 字段设置默认值"男"。

2. 修改客户表(customer),在 customerNo 字段上创建唯一性索引,在 CompanyName 字段上创建唯一性索引。

3. 修改商品表(product),在 productNo 字段上创建唯一性索引;为 categoryId 字段设置外键约束,参照商品种类表(category)的 id 字段(不执行任何操作)。

4. 修改订单表(orders),为 customerId 字段设置外键约束,参照客户表(customer)的 id 字段(不执行任何操作);为 saleId 字段设置外键约束,参照销售员表(seller)的 id 字段(不执行任何操作)。

5. 修改订单明细表(orderDetail),在 orderId 和 productId 字段上创建唯一性索引(复合索引);为 productId 字段设置外键约束,参照商品表(product)的 id 字段(不执行任何操作)。

4.6 习题

一、选择题

1. 唯一性索引的作用是(   )。
   A. 保证各行在该索引上的值都不重复
   B. 保证各行在该索引上的值都不为 NULL
   C. 保证参加唯一性索引的各列,不再参加其他的索引
   D. 保证唯一性索引不被删除

2. 在建立一个数据库表时,如果规定某一列的默认值为 0,则说明(   )。
   A. 该列的数据不可更改
   B. 当插入数据行时,必须指定该列的值为 0
   C. 当插入数据行时,如果没有指定该列的值,那么该列的值为 0
   D. 当插入数据行时,无须显式指定该列的值

3. 下列关于主键的说法中,正确的是(   )。
   A. 主键允许为 NULL 值   B. 主键允许有重复值
   C. 主键必须来自另一个表   D. 主键具有非空性和唯一性

4. 查看 student 表中的索引使用的语句是(   )。
   A. SHOW INDEX FROM student   B. LOOK INDEX FROM student
   C. DISPLAY student INDEX   D. PRINT student INDEX

5. 下列选项中,用于定义唯一性索引的是(   )。
   A. 由 KEY 定义的索引   B. 由 UNION 定义的索引
   C. 由 UNIQUE 定义的索引   D. 由 INDEX 定义的索引

6. 索引是在基本表的列上建立的一种数据库对象,它同基本表分开存储,使用它能够加快数据的(   )速度。
   A. 插入   B. 修改   C. 删除   D. 查询

7. 下列选项中,用于设置主键的关键字是(   )。

A. FOREIGN KEY B. PRIMARY KEY
C. NOT NULL D. UNIQUE

8. 在关系数据库中，（   ）。
   A. 主键是创建的唯一索引，允许空值   B. 只允许以表中第一字段创建主键
   C. 允许有多个主键   D. 主键标识表中唯一的实体

9. 下列语句对主键的说明正确的是（   ）。
   A. 主键可以重复   B. 主键不唯一
   C. 主键是数据表中的唯一性索引   D. 主键用 FOREIGN KEY 修饰

10. 下列有关索引的说法中错误的是（   ）。
    A. 创建索引的目的是为了节省存储空间
    B. 索引是数据库内部使用的对象
    C. 索引创建得太多，会降低数据的增加/删除/修改速度
    D. 可以为多个字段创建索引

11. 在数据库中，如果表 A 中的数据需要参考表 B 中的数据，那么表 A 需要创建（   ）。
    A. 主键约束   B. 外键约束   C. 唯一性约束   D. 检查约束

12. 在 SQL 中，DROP INDEX 语句的作用是（   ）。
    A. 创建索引   B. 删除索引   C. 修改索引   D. 更新索引

13. 在默认值约束中，每列只能有（   ）个 DEFAULT 约束。
    A. 1   B. 2   C. 3   D. 0

14. 下面关于创建和管理索引的描述正确的是（   ）。
    A. 创建索引是为了便于全表扫描
    B. 索引会加快 DELETE、UPDATE 和 INSERT 语句的执行速度
    C. 索引被用于快速找到想要的记录
    D. 大量使用索引可以提高数据库的整体性能

15. 下面关于域完整性的方法，不正确的是（   ）。
    A. 主键约束   B. 外键约束   C. 非空约束   D. 默认约束

二、判断题

1. 使用索引，可以提高查询的效率。   （   ）
2. 常见的约束有主键约束、唯一性约束、特殊约束和外键约束等。   （   ）
3. 若给某列设置了默认值约束，如果插入数据时没给该列值，系统会自动给该列输入默认值。   （   ）
4. 如果某个字段在定义时添加了非空约束，但没有添加 DEFAULT 约束，那么插入新记录时就必须为该字段赋值，否则数据库系统会提示错误。   （   ）
5. 由于索引会占用一定的磁盘空间，因此，为了避免影响数据库性能，应该及时删除不再使用的索引。   （   ）

第 5 章　数据查询

本章学习要点：
- SELECT 语句
- WHERE 子句
- ORDER BY 子句
- LIMIT 子句
- DISTINCT 关键字
- 多表连接查询
- 统计函数
- GROUP BY 子句
- HAVING 子句
- 嵌套查询
- 带子查询的数据更新

　　数据查询是指数据库管理系统按照用户指定的条件，从数据库相关表中检索满足条件的数据的过程。数据查询使用的是 SELECT 语句，它是 SQL 语言的核心，也是使用频率最高的一条语句。本章主要讲述在学生管理数据库中实现多种多样的查询方法。

5.1　SELECT 语句

5.1.1　SELECT 语句基本语法

　　SELECT 语句主要用于数据的查询检索，是 SQL 语言的核心，也是使用频率最高的一条语句。SELECT 语句可以让数据库服务器根据用户的要求，从数据库的表中检索出所需要的数据，并按照用户指定的格式进行整理并返回。SELECT 语句的语法格式如下。

```
SELECT [ALL|DISTINCT] *|字段列表
FROM 表名
[WHERE 查询条件]
[GROUP BY 分组字段 [HAVING 分组条件]]
[ORDER BY 排序字段 [ASC|DESC] ]
[LIMIT [初始位置,] 记录数];
```

5.1

说明：
- SELECT 子句：用来指定查询返回的字段。星号（*）表示返回所有字段，并按照表中定义的字段顺序显示查询结果集；也可指定字段列表，以逗号隔开，各字段在 SELECT 子句中的顺序决定了它们在查询结果集中的顺序。使用 DISTINCT 关键字可以取消重复的数据记录。
- FROM 子句：用来指定数据来源的表。
- WHERE 子句：用来限定返回行的查询条件。
- GROUP BY 子句：用来指定查询结果的分组条件。

- ORDER BY 子句：用来指定查询结果集的排序方式。ASC 表示升序，可省略；DESC 表示降序。
- LIMIT 子句：用来限制 SELECT 语句返回的记录数。

5.1.2 查询示例数据库

以"学生管理系统"数据库 StuInfo 作为学习本章内容的示例数据库，该数据库中的数据表如下所示。

（1）学生表（student）

表中数据如表 5-1 所示。

student(id, sNo, sName, sex, birthday, deptName, remark)

表 5-1　学生表（student）

学生 ID	学号	姓名	性别	出生日期	班级名称	备注
1	1308013101	陈斌	男	1993-03-20	软件 131	
2	1308013102	张洁	女	1996-02-08	软件 131	
3	1308013103	郑先超	男	1994-04-25	软件 131	
4	1308013104	徐孝兵	男	1994-08-06	软件 131	
5	1308013105	王群	女	1995-03-27	软件 131	
6	1309122501	刘威	男	1994-07-13	网络 131	
7	1309122502	沈雁斌	男	1994-05-28	网络 131	
8	1309122503	杨群	女	1995-10-18	网络 131	
9	1309122504	蒋维维	男	1994-10-19	网络 131	
10	1309122505	杨璐	女	1995-09-26	网络 131	
11	1312054901	王林林	男	1994-04-16	机电 131	
12	1312054902	杨一超	男	1994-08-27	机电 131	
13	1312054903	张伟	男	1995-01-03	机电 131	
14	1312054904	田翠萍	女	1994-10-20	机电 131	
15	1312054905	周伟	男	1995-09-10	机电 131	

（2）课程表（course）

表中数据如表 5-2 所示。

course(id, cNo, cName, credit, remark)

表 5-2　课程表（course）

课程 ID	课程编号	课程名称	学分	备注
1	01001	C 语言程序设计	5	
2	01002	数据结构	4	
3	01003	Java 程序设计	4	
4	02001	网络基础	3	
5	02002	数据库原理及应用	4	
6	02003	操作系统	4	
7	09001	机械设计基础	5	
8	09002	机械制造基础	4	
9	09003	机械制图	4	

（3）成绩表（score）

表中数据如表 5-3 所示。

```
score(id, sId, cId, grade)
```

表 5-3　成绩表（score）

成绩 ID	学生 ID	课程 ID	成绩
1	1	1	72
2	1	2	56
3	1	3	77
4	2	1	85
5	2	2	73
6	2	3	90
7	3	1	79
8	4	1	82
9	5	1	63
10	6	4	84
11	6	5	92
12	6	6	71
13	11	7	87
14	11	8	90
15	11	9	95

创建数据库 stuInfo 和所有的数据表，并向表中添加数据。SQL 语句如下所示。

```
--
-- Database: stuInfo
--
CREATE DATABASE stuInfo
DEFAULT CHARACTER SET utf8mb4
DEFAULT COLLATE utf8mb4_general_ci;
USE stuInfo;


-- 表的结构 student         /*学生表*/
--
CREATE TABLE student (
  id INT UNSIGNED NOT NULL AUTO_INCREMENT COMMENT '学生 ID',
  sNo CHAR(10) NOT NULL COMMENT '学号',
  sName VARCHAR(20) NOT NULL COMMENT '姓名',
  sex CHAR(1) NOT NULL DEFAULT '男' COMMENT '性别',
  birthday DATE NOT NULL COMMENT '出生日期',
  deptName VARCHAR(30) NOT NULL COMMENT '班级名称',
  remark VARCHAR(80) COMMENT '备注',
  PRIMARY KEY (id),         /*设置 id 为主键*/
  UNIQUE (sNo),             /*设置 sNo 为唯一性索引*/
  INDEX (sName)             /*设置 sName 为普通索引*/
) ENGINE=InnoDB;
```

```sql
--
-- 转存表中的数据 student
--
INSERT INTO student (id, sNo, sName, sex, birthday, deptName, remark) VALUES
    (1, '1308013101', '陈斌', '男', '1993-03-20', '软件131', NULL),
    (2, '1308013102', '张洁', '女', '1996-02-08', '软件131', NULL),
    (3, '1308013103', '郑先超', '男', '1994-04-25', '软件131', NULL),
    (4, '1308013104', '徐孝兵', '男', '1994-08-06', '软件131', NULL),
    (5, '1308013105', '王群', '女', '1995-03-27', '软件131', NULL),
    (6, '1309122501', '刘威', '男', '1994-07-13', '网络131', NULL),
    (7, '1309122502', '沈雁斌', '男', '1994-05-28', '网络131', NULL),
    (8, '1309122503', '杨群', '女', '1995-10-18', '网络131', NULL),
    (9, '1309122504', '蒋维维', '男', '1994-10-19', '网络131', NULL),
    (10, '1309122505', '杨璐', '女', '1995-09-26', '网络131', NULL),
    (11, '1312054901', '王林林', '男', '1994-04-16', '机电131', NULL),
    (12, '1312054902', '杨一超', '男', '1994-08-27', '机电131', NULL),
    (13, '1312054903', '张伟', '男', '1995-01-03', '机电131', NULL),
    (14, '1312054904', '田翠萍', '女', '1994-10-20', '机电131', NULL),
    (15, '1312054905', '周伟', '男', '1995-09-10', '机电131', NULL);

--
-- 表的结构 course            /*课程表*/
--
CREATE TABLE course (
  id INT UNSIGNED NOT NULL AUTO_INCREMENT COMMENT '课程ID',
  cNo CHAR(5) NOT NULL COMMENT '课程编号',
  cName VARCHAR(30) NOT NULL COMMENT '课程名称',
  credit TINYINT UNSIGNED COMMENT '学分',
  remark VARCHAR(100) COMMENT '备注',
  PRIMARY KEY (id),         /*设置id为主键*/
  UNIQUE (cNo),             /*设置cNo为唯一性索引*/
  UNIQUE (cName)            /*设置cName为唯一性索引*/
) ENGINE=InnoDB;

--
-- 转存表中的数据 course
--
INSERT INTO course (id, cNo, cName, credit, remark) VALUES
    (1, '01001', 'C语言程序设计', 5, '计算机类专业课程'),
    (2, '01002', '数据结构', 4, '计算机类专业课程'),
    (3, '01003', 'Java程序设计', 4, '计算机类专业课程'),
    (4, '02001', '网络基础', 3, '计算机类专业课程'),
    (5, '02002', '数据库原理及应用', 4, '计算机类专业课程'),
    (6, '02003', '操作系统', 4, '计算机类专业课程'),
    (7, '09001', '机械设计基础', 5, NULL),
    (8, '09002', '机械制造基础', 4, NULL),
    (9, '09003', '机械制图', 4, NULL);

--
```

```
-- 表的结构 score            /*成绩表*/
--
CREATE TABLE score (
  id INT UNSIGNED NOT NULL AUTO_INCREMENT COMMENT '成绩ID',
  sId INT UNSIGNED NOT NULL COMMENT '学生ID',
  cId INT UNSIGNED NOT NULL COMMENT '课程ID',
  grade TINYINT UNSIGNED NOT NULL COMMENT '成绩',
  PRIMARY KEY (id),          /*设置id为主键*/
  UNIQUE (sId, cId),         /*设置sId和cId为唯一性索引（复合索引）*/
  FOREIGN KEY (sId) REFERENCES student(id)
    ON UPDATE RESTRICT ON DELETE RESTRICT,
  FOREIGN KEY (cId) REFERENCES course(id)
    ON UPDATE RESTRICT ON DELETE RESTRICT
) ENGINE=InnoDB;

--
-- 转存表中的数据 score
--
INSERT INTO score (id, sId, cId, grade) VALUES
(1, 1, 1, 72),
(2, 1, 2, 56),
(3, 1, 3, 77),
(4, 2, 1, 85),
(5, 2, 2, 73),
(6, 2, 3, 90),
(7, 3, 1, 79),
(8, 4, 1, 82),
(9, 5, 1, 63),
(10, 6, 4, 84),
(11, 6, 5, 92),
(12, 6, 6, 71),
(13, 11, 7, 87),
(14, 11, 8, 90),
(15, 11, 9, 95);
```

5.2 简单查询

5.2.1 选择字段进行查询

1. 选择所有字段

在 SELECT 子句中可以使用星号（*），显示表中所有的字段。其语法格式如下。

```
SELECT *
FROM 表名;
```

5.2.1

【示例 5-1】 显示 student 表中的所有信息。查询结果如图 5-1 所示。

```
SELECT * FROM student;
```

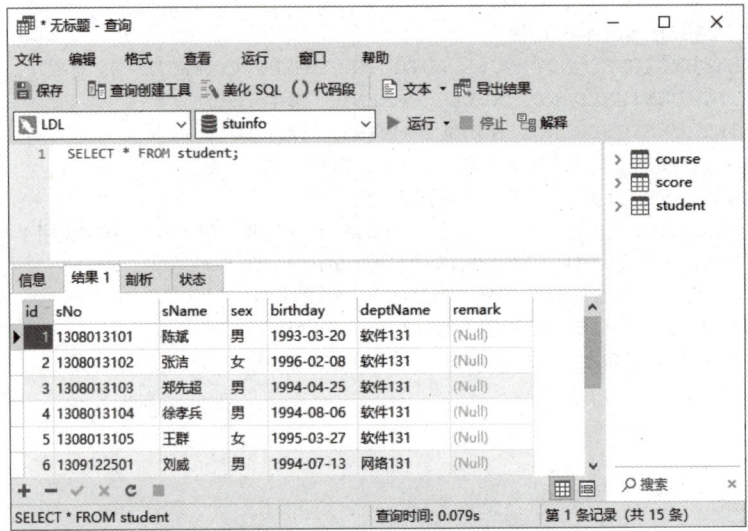

图 5-1　示例 5-1 查询结果

2．选择指定字段

选择指定字段的语法格式如下。

```
SELECT 字段名1 [，字段名2，…，字段名n]
FROM 表名;
```

说明：字段的顺序可以与表中定义的字段顺序不同，字段与字段之间使用逗号分隔。

【示例 5-2】 从 student 表中查询班级名称（deptName）、学号（sNo）、姓名（sName）和性别（sex）的学生信息。查询结果如图 5-2 所示。

```
SELECT deptName, sNo, sName, sex FROM student;
```

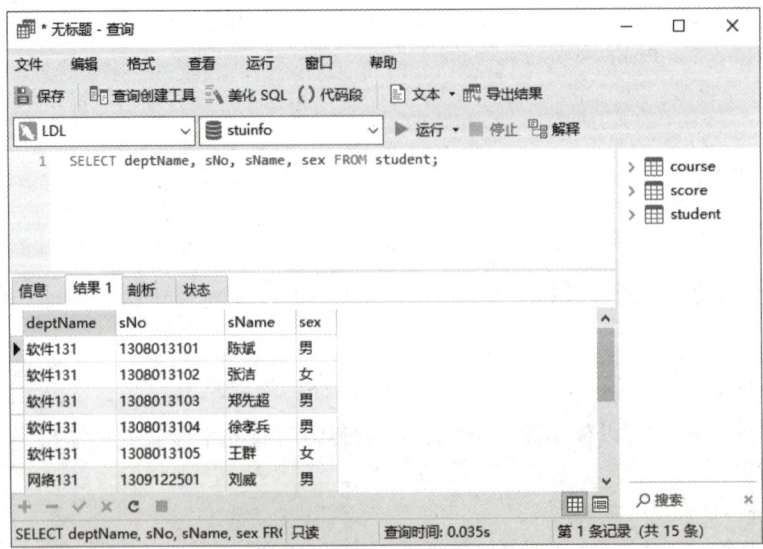

图 5-2　示例 5-2 查询结果

说明：在数据查询时，字段的显示顺序由 SELECT 子句指定。该顺序可以和表中定义的字段顺序不同，这并不影响数据在表中的存储顺序。

3．定义字段别名

默认情况下返回的查询结果以字段名作为列标题，可以为返回的字段指定一个新的列标题，也可给通过计算产生的新列指定一个列标题。其语法格式如下。

```
SELECT 字段名1 [AS] 列标题1 [，字段名2 [AS] 列标题2，…]
    FROM 表名；
```

说明：AS 关键字可以省略。

【示例 5-3】以"学号 姓名 性别 出生日期"作为列标题显示学生信息。查询结果如图 5-3 所示。

```
SELECT sNo AS '学号', sName AS '姓名', sex AS '性别',
    birthday AS '出生日期' FROM student；
```

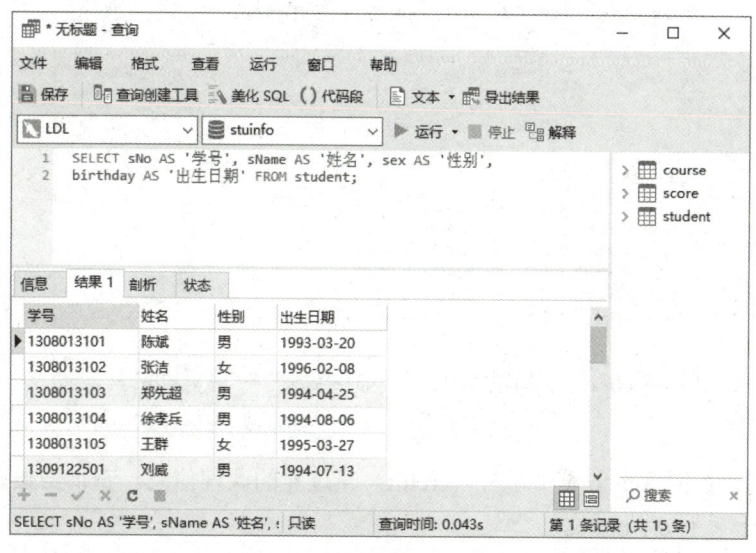

图 5-3　示例 5-3 查询结果

5.2.2　使用比较运算符进行查询

在实际工作中，大部分查询并不是针对表中所有数据记录的查询，而是要找出满足某些条件的数据记录。此时可以在 SELECT 语句中使用 WHERE 子句，其语法格式如下。

5.2.2

```
SELECT *|字段列表
    FROM 表名
    WHERE 查询条件；
```

说明：查询条件可以是比较表达式、逻辑表达式，以及其他表达式（字符串模糊匹配 LIKE、数据范围 BETWEEN、列表数据 IN、空值判定 IS NULL 等）。

WHERE 子句允许使用的比较运算符如表 5-4 所示。

表 5-4 比较运算符

序号	运算符	语法	描述
1	=	a = b	如果 a 与 b 相等，则为真
2	<=>	a <=> b	如果 a 与 b 相等或者都为 NULL 值，则为真（空安全等于）
3	!= 或 <>	a != b 或 a <> b	如果 a 与 b 不相等，则为真
4	<	a < b	如果 a 小于 b，则为真
5	<=	a <= b	如果 a 小于或等于 b，则为真
6	>	a > b	如果 a 大于 b，则为真
7	>=	a >= b	如果 a 大于或等于 b，则为真

【示例 5-4】 查询 student 表中女学生的信息。查询结果如图 5-4 所示。

```
SELECT * FROM student
WHERE sex='女';
```

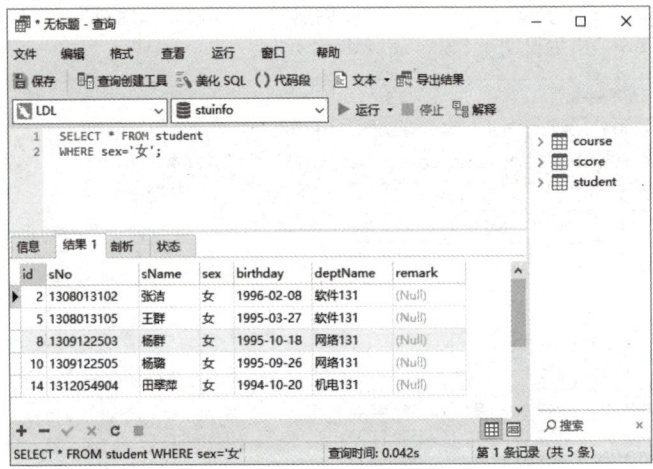

图 5-4 示例 5-4 查询结果

【示例 5-5】 查询 course 表中学分（credit）超过 4 的课程信息。查询结果如图 5-5 所示。

```
SELECT * FROM course
WHERE credit > 4;
```

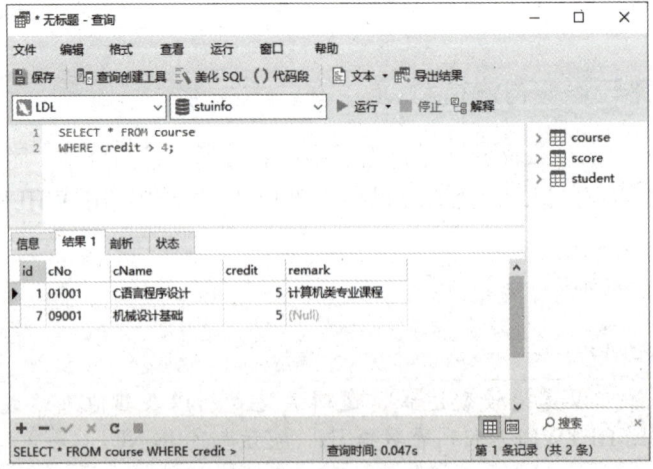

图 5-5 示例 5-5 查询结果

5.2.3 使用逻辑运算符进行查询

WHERE 子句允许使用的逻辑运算符如表 5-5 所示。

表 5-5 逻辑运算符

序号	运算符	语法	描述
1	&& 或 AND	a && b 或 a AND b	逻辑与。如果 a 与 b 都为真，则为真；否则为假
2	|| 或 OR	a || b 或 a OR b	逻辑或。如果 a 与 b 中有一个为真，则为真；否则为假
3	XOR	a XOR b	逻辑异或。如果 a 与 b 中一个为真、一个为假，则为真；否则为假
4	! 或 NOT	!a 或 NOT a	逻辑非。如果 a 为假，则为真；否则为假

【示例 5-6】 查询 student 表中 1995 年出生的学生信息。查询结果如图 5-6 所示。

```
SELECT * FROM student
WHERE birthday>='1995-01-01' AND birthday<='1995-12-31';
```

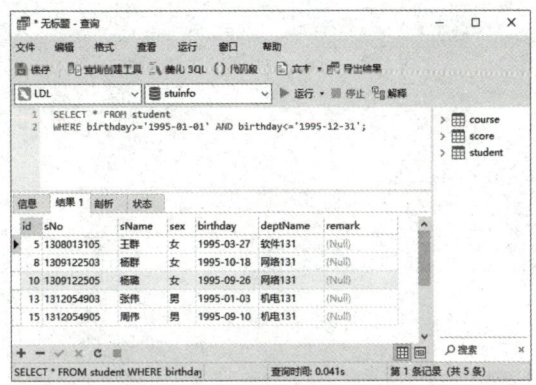

图 5-6 示例 5-6 查询结果

【示例 5-7】 查询 student 表中 "软件 131" 班级的女生，以及其他班级的男生。查询结果如图 5-7 所示。

```
SELECT * FROM student
WHERE deptName='软件131' XOR sex='男';
```

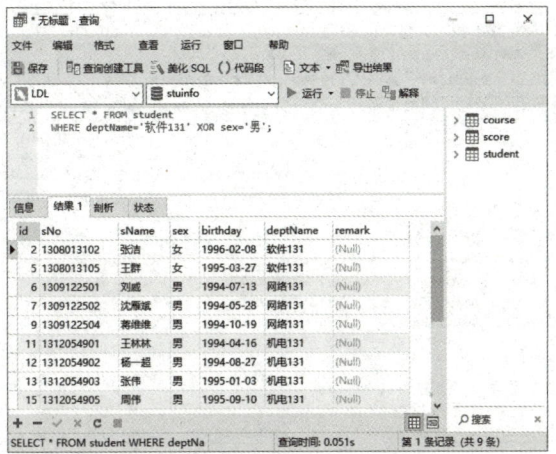

图 5-7 示例 5-7 查询结果

5.2.4 使用 LIKE 进行模糊查询

5.2.4

在 WHERE 子句中，通过 LIKE 关键字与"%"和"_"两个通配符的使用，可以对数据表中的数据进行模糊查询。这两个通配符的作用如下。
- 百分号（%）用于匹配 0 个或者任意多个字符。
- 下画线（_）用于匹配任意一个字符。

说明： 如果需要查询出包含下画线"_"的数据，在进行模糊查询时，需要加一个"\"进行转义，表示为"_"的形式。

【示例 5-8】 从 student 表中检索出所有姓"杨"的学生信息。查询结果如图 5-8 所示。

```
SELECT * FROM student
WHERE sName LIKE '杨%';
```

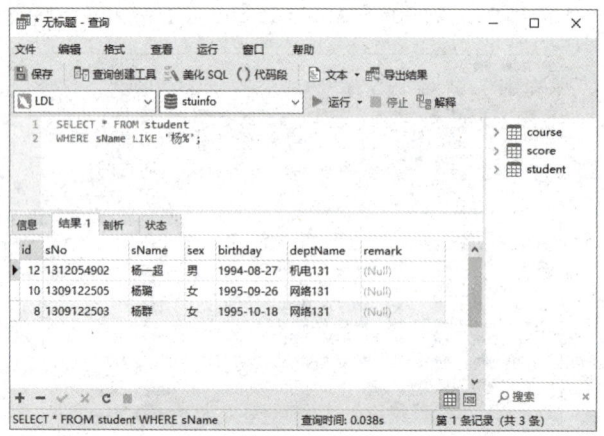

图 5-8　示例 5-8 查询结果

【示例 5-9】 从 course 表中检索出课程名称（cName）中包含"设计"的课程信息。查询结果如图 5-9 所示。

```
SELECT * FROM course
WHERE cName LIKE '%设计%';
```

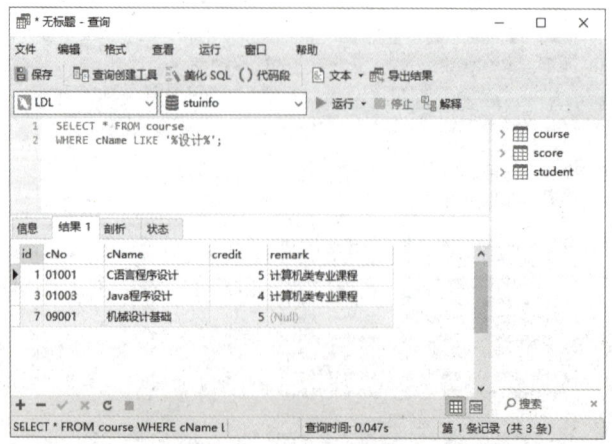

图 5-9　示例 5-9 查询结果

【示例 5-10】从 student 表中检索出姓名（sName）的第二个字是"伟"和"先"的学生信息。查询结果如图 5-10 所示。

```
SELECT * FROM student
WHERE sName LIKE '_伟%' OR sName LIKE '_先%';
```

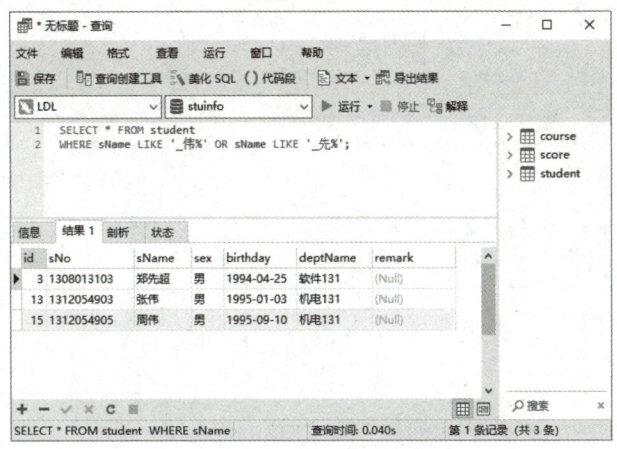

图 5-10　示例 5-10 查询结果

5.2.5　使用 BETWEEN…AND 进行范围比较查询

在 WHERE 子句中，可以使用 BETWEEN AND 关键字对指定字段的某一范围内的数据进行比较查询，与">="且"<="的功能一样。其语法格式如下。

字段名 [NOT] BETWEEN 值 1 AND 值 2

说明：指定字段的值（不）在值 1～值 2 的范围内。

【示例 5-11】使用 BETWEEN AND 关键字实现示例 5-6 的功能。查询结果如图 5-11 所示。

```
SELECT * FROM student
WHERE birthday BETWEEN '1995-01-01' AND '1995-12-31';
```

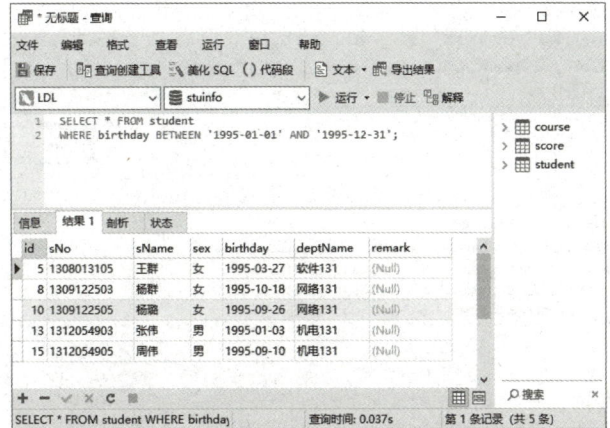

图 5-11　示例 5-11 查询结果

【示例 5-12】 从 score 表中查询出成绩（grade）不在 60～89 分之间的学生成绩信息。查询结果如图 5-12 所示。

```
SELECT * FROM score
WHERE grade NOT BETWEEN 60 AND 89;
```

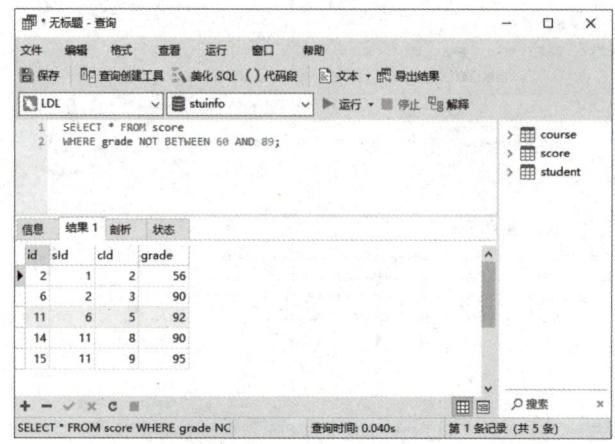

图 5-12　示例 5-12 查询结果

5.2.6　使用 IN 进行范围比对查询

5.2.6

如果字段的取值范围不是一个连续的区间，而是一些离散的值，可以使用 IN 关键字对指定字段进行范围比对查询。其语法格式如下。

　　字段名 [NOT] IN (值 1 [, 值 2, 值 3, …])

说明：指定字段的值（不）在括号中列出的值之中。

【示例 5-13】 查询 student 表中学号（sNo）为 1308013101、1309122503、1312054904 的学生信息。查询结果如图 5-13 所示。

```
SELECT * FROM student
WHERE sNo IN ('1308013101', '1309122503', '1312054904');
```

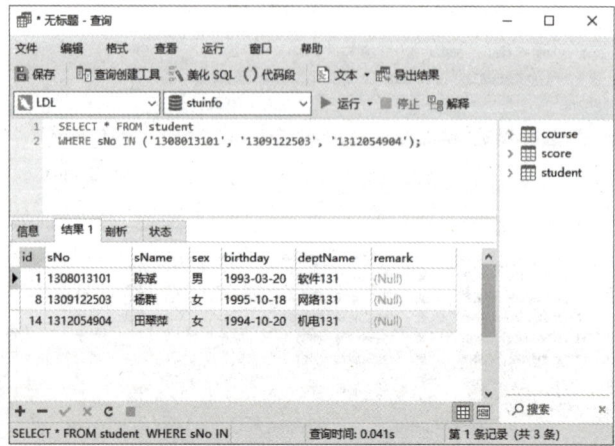

图 5-13　示例 5-13 查询结果

5.2.7 通过判断空值（NULL）进行查询

空值（NULL）是一个特殊的值，它仅仅是一个符号，不等于空字符串，也不等于 0。空值判断的语法格式如下。

字段名 IS [NOT] NULL

5.2.7

【示例 5-14】 检索 course 表中备注（remark）为空的课程记录。查询结果如图 5-14 所示。

```
SELECT * FROM course
WHERE remark IS NULL;
```

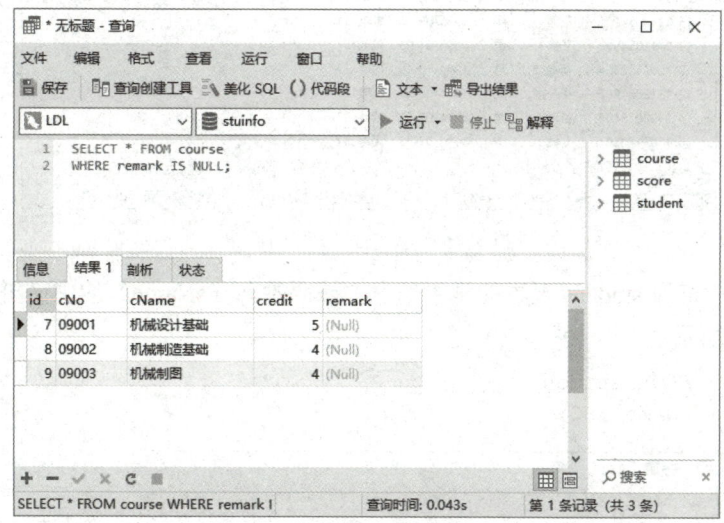

图 5-14　示例 5-14 查询结果

5.2.8 使用 ORDER BY 子句对查询结果进行排序

在通常情况下，数据库中的数据记录行在显示时是无序的，它按照数据记录插入数据库时的顺序排列，因此用 SELECT 语句查询的结果也是无序的。使用 ORDER BY 子句可以将查询结果进行排序显示。其语法格式如下。

5.2.8

```
SELECT *|字段列表
FROM 表名
[WHERE 查询条件]
ORDER BY 字段名1 [ASC|DESC] [, 字段名2 [ASC|DESC]] [, …];
```

说明：
- 在默认情况下，ORDER BY 子句按升序排列，即默认使用的是 ASC 关键字，如果要按降序排列，必须使用 DESC 关键字。
- 当 ORDER BY 子句指定了多个排序字段时，系统先按照 ORDER BY 子句中第一个字段的顺序排列，当该字段出现相同的值时，再按照第二个字段的顺序排列，依次类推。

【示例 5-15】 查询 student 表中的男生信息，按照出生日期（birthday）的降序排列。查询结果如图 5-15 所示。

```
SELECT * FROM student
```

```
WHERE sex='男'
ORDER BY birthday DESC;
```

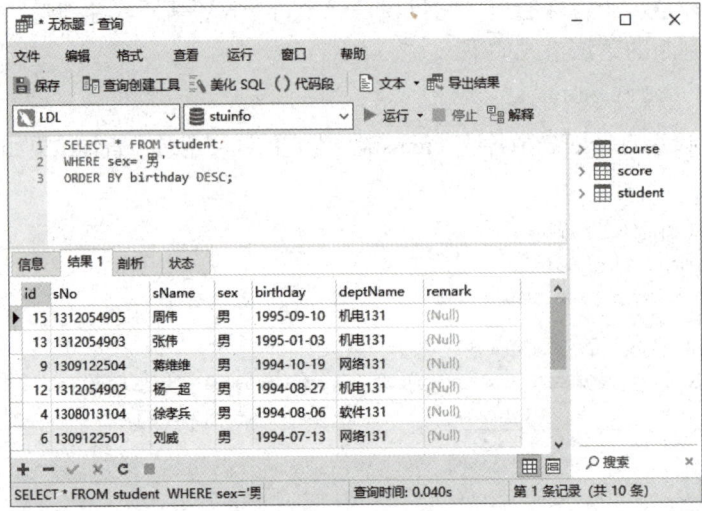

图 5-15 示例 5-15 查询结果

【示例 5-16】 查询 student 表中的学生信息，按照姓名（sName）的中文拼音升序排列。查询结果如图 5-16 所示。

```
SELECT * FROM student
ORDER BY sName ASC;
```

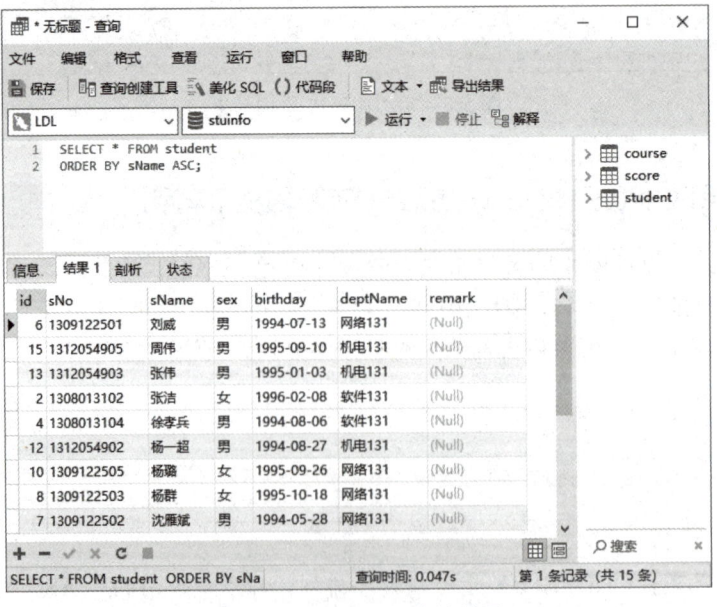

图 5-16 示例 5-16 查询结果

说明：以上排序后的查询结果并没有按照姓名（sName）的中文拼音的升序进行排序。这是因为，当数据表采用的是 utf8 字符集时，对于中文字符串字段的排序不会按照中文拼音的顺序进行排序。其解决方法是把 ORDER BY 子句的语法格式更改如下。

```
ORDER BY CONVERT(字段名 using gbk|gb2312) [ASC|DESC]
```

【示例 5-17】 查询 student 表中的学生信息，按照姓名（sName）的中文拼音的升序排列。查询结果如图 5-17 所示。

```
SELECT * FROM student
ORDER BY CONVERT(sName using gbk);
```

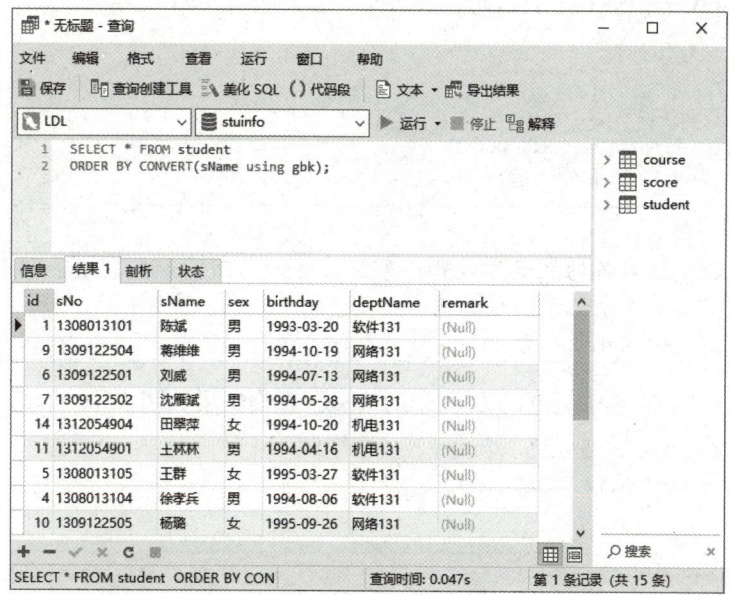

图 5-17　示例 5-17 查询结果

【示例 5-18】 查询 student 表中的数据，先按班级（deptName）的升序排列，同一个班级内再按照出生日期（birthday）的降序排列。查询结果如图 5-18 所示。

```
SELECT * FROM student
ORDER BY CONVERT(deptName using gbk) ASC, birthday DESC;
```

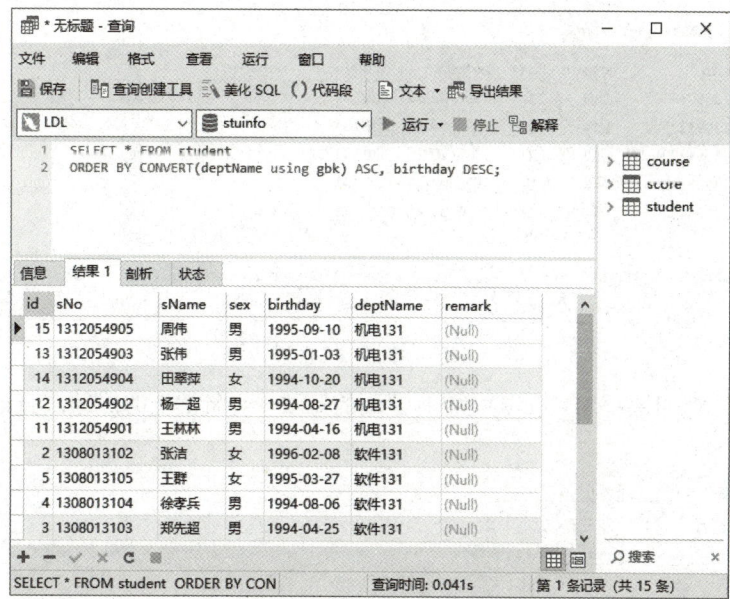

图 5-18　示例 5-18 查询结果

5.2.9 使用 LIMIT 子句限制返回记录的行数

在对数据进行查询时，如果返回的记录数很多，那么不仅检索的速度慢，而且不便于用户阅读。使用 LIMIT 子句，可以限制 SELECT 语句返回的记录数。LIMIT 子句通常位于 SELECT 语句的最后面。其语法格式如下。

5.2.9

```
SELECT *|字段列表
FROM 表名
[WHERE 查询条件]
[ORDER BY 排序字段 [ASC|DESC] ]
[LIMIT [初始位置,] 记录数];
```

说明：
- 初始位置指定从查询结果集中的哪一条记录开始返回，如果省略，则表示从第 1 条记录开始返回。第 1 条记录的位置为 0。
- 记录数指定返回的记录条数。

【示例 5-19】 返回年龄最小的 5 位同学的信息。查询结果如图 5-19 所示。

```
SELECT * FROM student
ORDER BY birthday DESC
LIMIT 5;
```

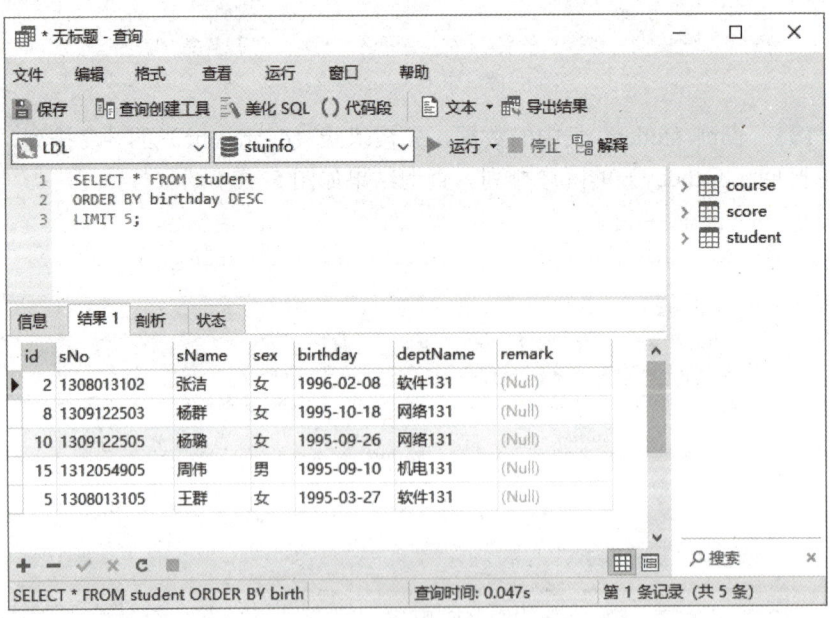

图 5-19 示例 5-19 查询结果

【示例 5-20】 返回课程 ID（cId）为 1 课程的第 2~4 名学生的成绩。查询结果如图 5-20 所示。

```
SELECT * FROM score
WHERE cId = 1
ORDER BY grade DESC
LIMIT 1, 3;
```

图 5-20　示例 5-20 查询结果

5.2.10　使用 DISTINCT 关键字过滤重复的记录

在对数据进行查询时，如果返回的查询结果中包含重复的记录，可以使用 DISTINCT 关键字去掉重复的数据，只显示其中的一条。其语法格式如下。

SELECT DISTINCT 字段列表
FROM 表名；

5.2.10

说明：DISTINCT 关键字的作用范围是整个查询的字段列表，而不是单独一列。

【示例 5-21】查询 student 中的班级，如果有多个相同的班级，显示一个即可。查询结果如图 5-21 所示。

SELECT DISTINCT deptName FROM student;

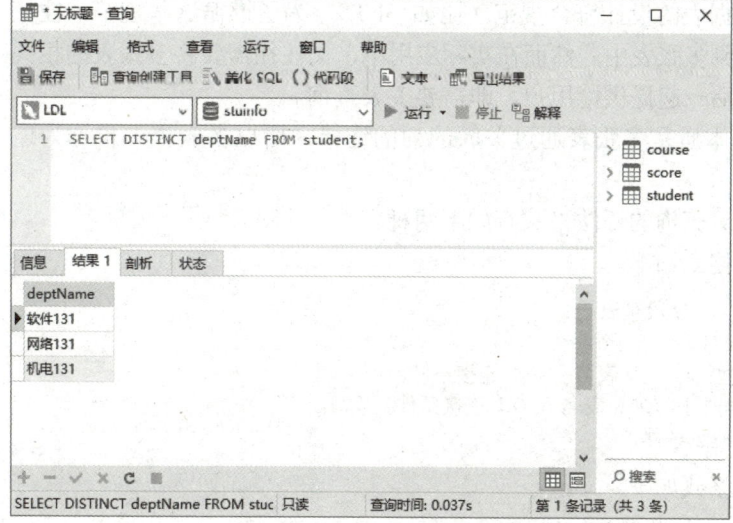

图 5-21　示例 5-21 查询结果

【示例 5-22】 查询 score 表，显示选修了课程的学生 ID，如果有多个相同的学生 ID，只需显示一个即可。查询结果如图 5-22 所示。

```
SELECT DISTINCT sId FROM score;
```

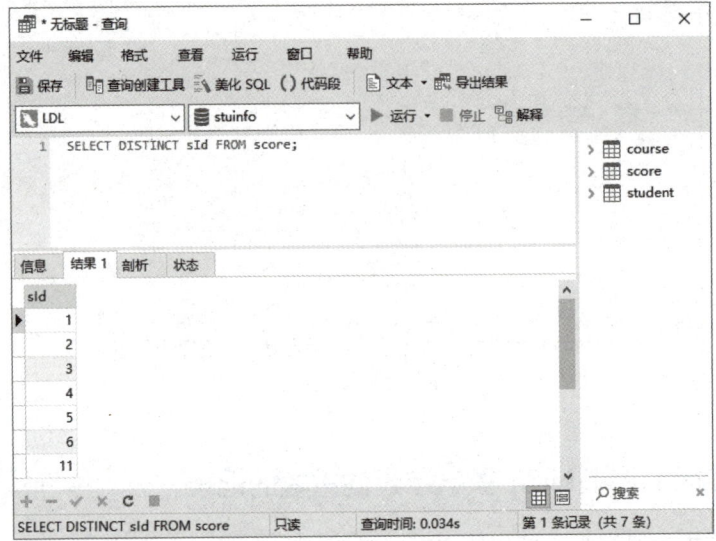

图 5-22　示例 5-22 查询结果

5.3　高级查询

5.3.1　使用内连接（INNER JOIN）进行多表查询

关系数据库在进行数据表设计时，为了减少冗余，确保数据的一致性、完整性，要求数据表的设计符合规范（比如 3NF）。为了遵循这些规范，往往需要将数据分离到多张表中。然而在实际应用中，又往往需要将多张表的相关数据提取、聚合后一起提供给用户，即需要多表查询。

5.3.1

多表查询的本质是多张表通过关联的列的连接，所以多表查询也称为连接查询。

多表（连接）查询的语法格式有如下两种。

第一种语法格式如下。

```
SELECT *|字段列表
FROM 表名 1
[连接类型] JOIN 表名 2 ON 连接条件
[[连接类型] JOIN 表名 3 ON 连接条件] […]
WHERE 查询条件；
```

第二种语法格式如下。

```
SELECT *|字段列表
FROM 表名 1, 表名 2 [, 表名 3, … 表名 n]
```

```
    WHERE 连接条件 AND 查询条件;
```

> **说明:**
> - 查询时所有的字段都必须明确,为了区分多张表中出现的重复字段名,可以在字段列表中使用 "表名.字段名" 的形式;星号(*)表示多张表中的所有字段,如果要指定某一张表中的所有字段,可以使用 "表名.*" 的形式。
> - 连接类型主要包括内连接(INNER)、左外连接(LEFT OUTER)、右外连接(RIGHT OUTER)等。
> - 为了提高可读性,可以对数据表使用别名进行引用。表的别名的使用方法是在表名的后面直接加上一个别名,原名与别名之间用空格隔开;一旦使用了别名代替某个表,则在连接时必须用表的别名,不能再用表的原名。

内连接(INNER JOIN)查询是最常用的多表查询形式。内连接是指多个表通过连接条件中共享列的值进行的比较连接,INNER 关键字可以省略,当未指明连接类型时,默认为内连接。内连接值显示两个表中所有匹配数据的行,如图 5-23 所示。

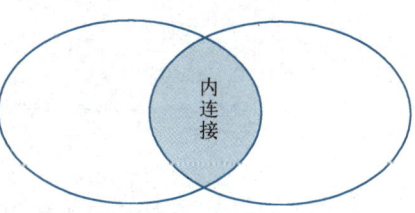

图 5-23　内连接

【示例 5-23】 使用两种语法格式查询所有女生的学号、姓名、性别、课程 ID 和成绩。查询结果如图 5-24 和图 5-25 所示。

采用第一种语法格式的查询语句如下。

```
SELECT sNo, sName, sex, cId, grade
FROM student
INNER JOIN score ON student.id= score.sId
WHERE sex='女';
```

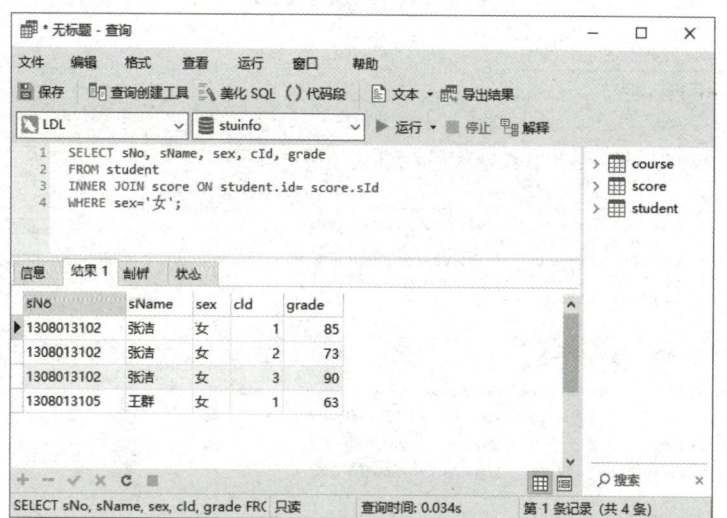

图 5-24　示例 5-23 查询结果(1)

采用第二种语法格式的查询语句如下。

```
SELECT sNo, sName, sex, cId, grade
FROM student, score
WHERE student.id=score.sId
AND sex='女';
```

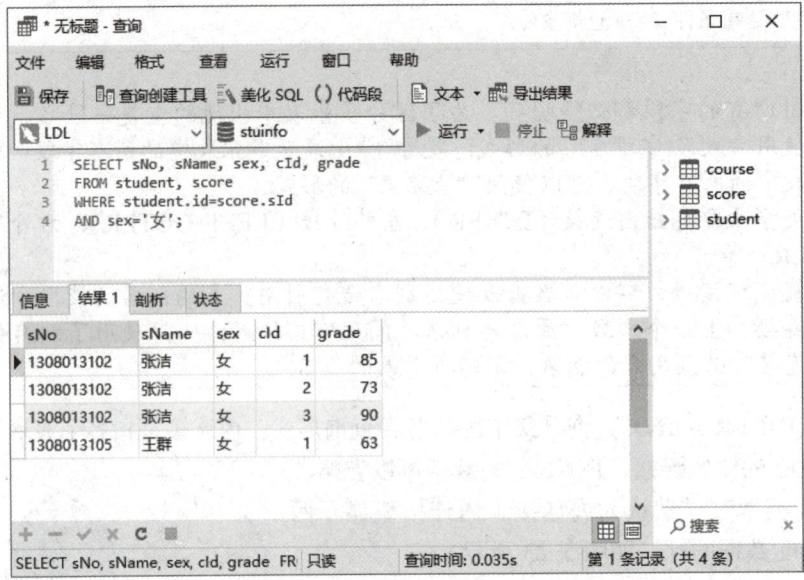

图 5-25　示例 5-23 查询结果（2）

【示例 5-24】　使用两种语法格式查询学号（sNo）为 1308013101 学生的学号、姓名、性别、班级、课程名称和成绩。查询结果如图 5-26 和图 5-27 所示。

采用第一种语法格式的查询语句如下。

```
SELECT sNo, sName, sex, deptName, cName, grade
FROM student
INNER JOIN score ON student.id=score.sId
INNER JOIN course ON course.id=score.cId
WHERE sNo='1308013101';
```

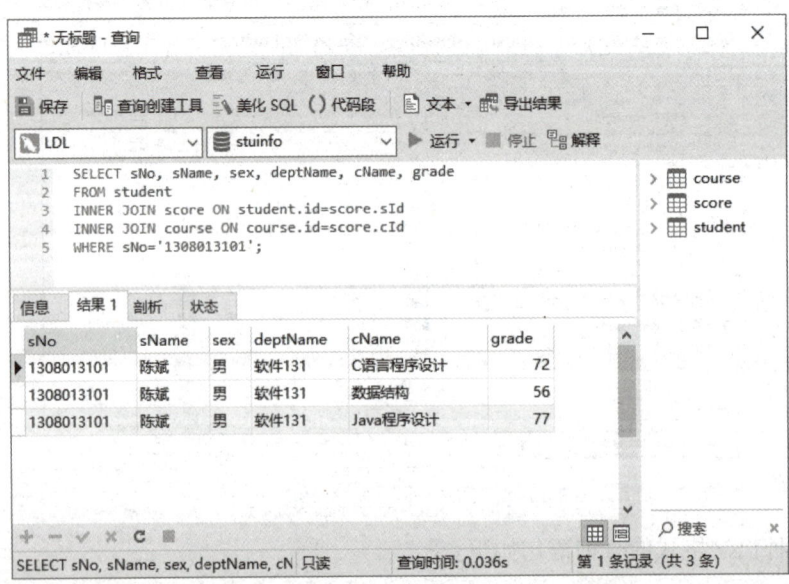

图 5-26　示例 5-24 查询结果（1）

采用第二种语法格式的查询语句如下。

```
SELECT sNo, sName, sex, deptName, cName, grade
```

```
FROM student,score,course
WHERE student.id=score.sId AND course.id=score.cId
AND sNo='1308013101';
```

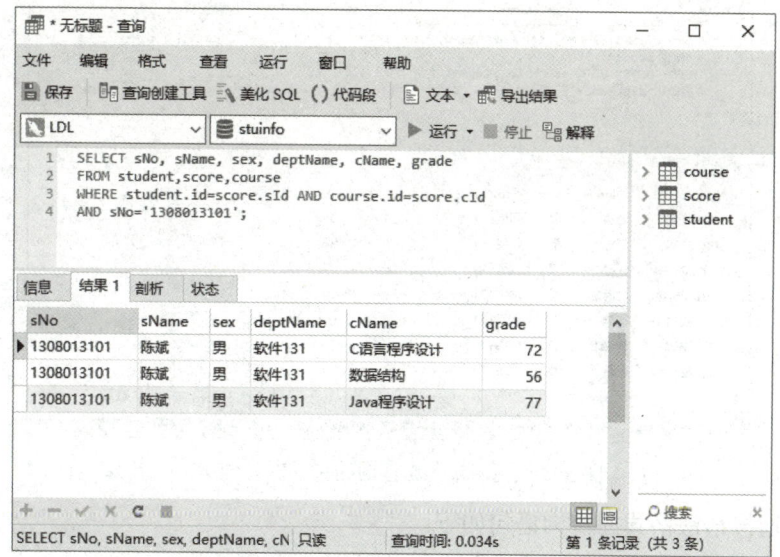

图 5-27　示例 5-24 查询结果（2）

5.3.2　使用外连接（OUTER JOIN）进行多表查询

外连接显示包含来自一个表中所有行和来自另一个表中匹配行的结果集，如图 5-28 所示。

外连接主要又分为左外连接和右外连接，分别说明如下。

- 左外连接（LEFT OUTER JOIN）返回 LEFT OUTER JOIN 关键字左侧指定的表（左表）的所有行和右侧指定的表（右表）中匹配的行。对于来自左表中的行，如果在右表中没有发现匹配的行，那么在来自右表中获得数据的列中将显示 NULL 值。OUTER 关键字可以省略。
- 右外连接（RIGHT OUTER JOIN）即在连接两表时，结果集包含 RIGHT OUTER JOIN 关键字右侧指定的表（右表）的所有行以及左表匹配的行；对于来自右表的行，如果左表无匹配，则左表的数据列将显示 NULL。OUTER 关键字可以省略。

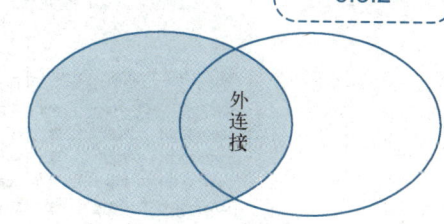

图 5-28　外连接

【示例 5-25】　使用两种方式查询"网络 131"班学生的学号、姓名、性别、班级、课程 ID 和成绩（包括没有选修课程的学生信息）。查询结果如图 5-29 和图 5-30 所示。

采用左外连接语法格式的查询语句如下。

```
SELECT sNo, sName, sex, deptName, cId, grade
FROM student
LEFT OUTER JOIN score ON student.id=score.sId
WHERE deptName='网络131';
```

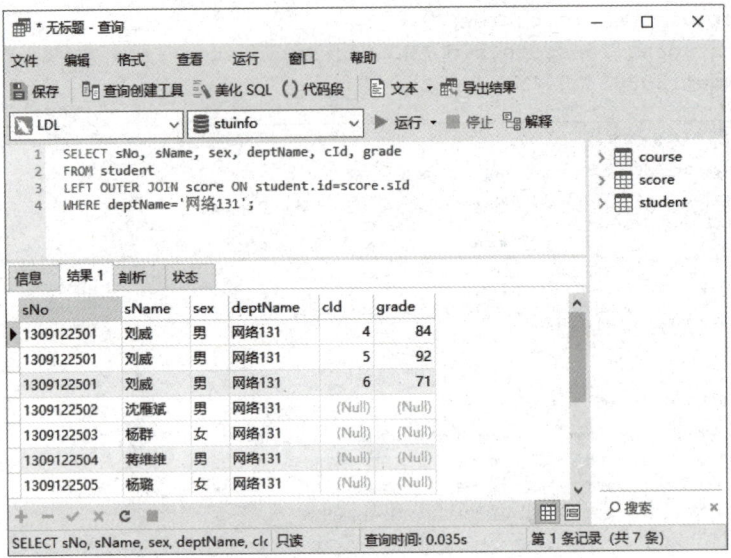

图 5-29　示例 5-25 查询结果（左外连接）

采用右外连接语法格式的查询语句如下。

```
SELECT sNo, sName, sex, deptName, cId, grade
FROM score
RIGHT OUTER JOIN student ON student.id=score.sId
WHERE deptName='网络131';
```

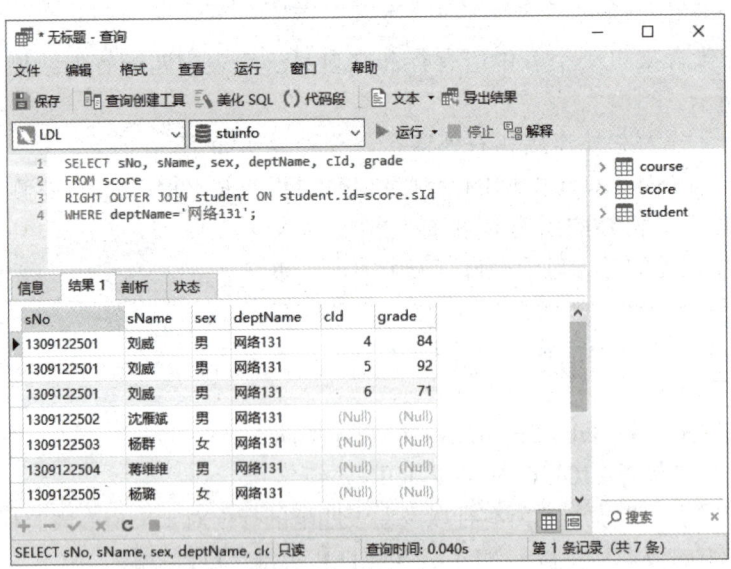

图 5-30　示例 5-25 查询结果（右外连接）

5.3.3　使用统计函数对数据进行统计汇总

MySQL 不仅可以查询并返回满足条件的记录，还可以对数据进行统计汇总。常用的 SQL 统计函数如表 5-6 所示。

5.3.3

表 5-6 常用的 SQL 统计函数

序号	函数名	描述
1	AVG（字段名）	求平均值
2	MAX（字段名）	求最大值
3	MIN（字段名）	求最小值
4	SUM（字段名）	求总和
5	COUNT(*)、COUNT([DINTINCT] 字段名)	COUNT(*)：统计记录总数； COUNT(字段名)：统计非空字段值的记录总数； COUNT(DINTINCT 字段名)：统计去除字段重复值后的非空字段值的记录总数

【示例 5-26】 统计 student 表中的男生人数。查询结果如图 5-31 所示。

```
SELECT COUNT(*) AS '男生人数'
FROM student
WHERE sex='男';
```

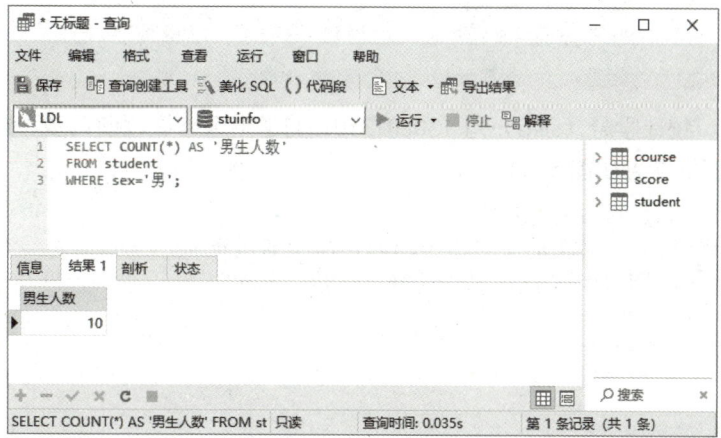

图 5-31　示例 5-26 查询结果

【示例 5-27】 统计 course 表中的课程总数，以及备注（remark）不为空的课程总数。查询结果如图 5-32 所示。

```
SELECT COUNT(cNo) AS '课程总数', COUNT(remark) AS '备注不为空的课程总数'
FROM course;
```

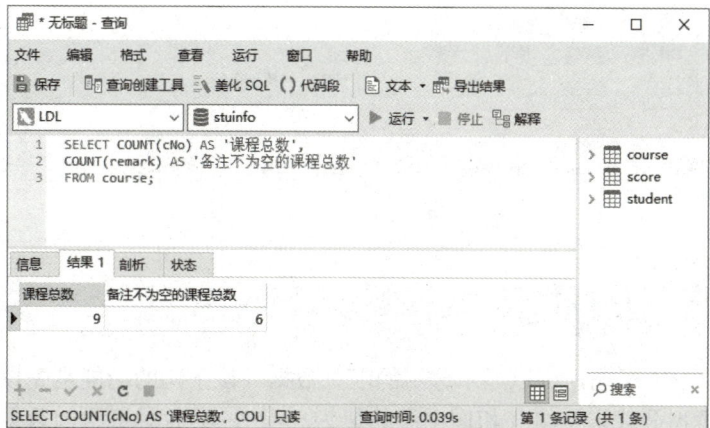

图 5-32　示例 5-27 查询结果

【示例 5-28】 统计 score 表中已选修课程的学生人数。查询结果如图 5-33 所示。
```
SELECT COUNT(DISTINCT sId) AS '已选修课程的学生人数'
FROM score;
```

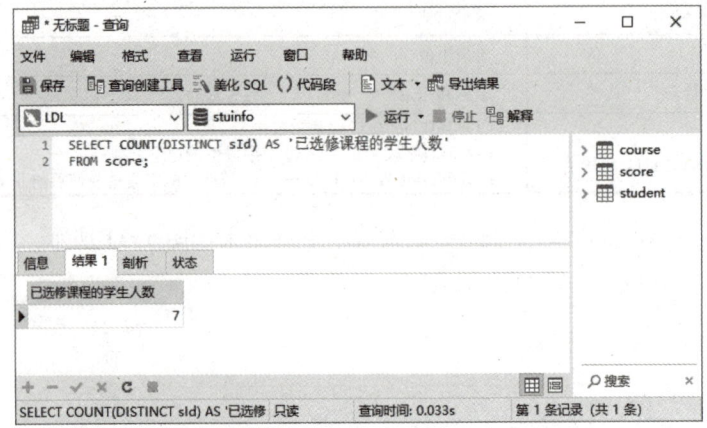

图 5-33　示例 5-28 查询结果

【示例 5-29】 统计学号（sNo）为 1308013101 的学生选修课程的门数、最高分、最低分、平均分和总分。查询结果如图 5-34 所示。
```
SELECT COUNT(*) AS '选修门数',
MAX(grade) AS '最高分', MIN(grade) AS '最低分',
AVG(grade) AS '平均分', SUM(grade) AS '总分'
FROM score INNER JOIN student
ON student.id=score.sId
WHERE sNo='1308013101';
```

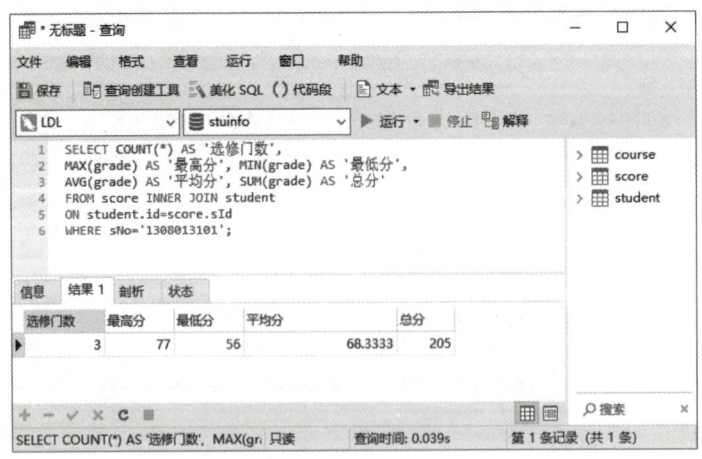

图 5-34　示例 5-29 查询结果

5.3.4　使用 GROUP BY 子句对数据进行分组汇总

使用 GROUP BY 子句，可以显示分组的汇总数据。该子句的功能是先按照指定的字段将数据分成多个组（相同字段的值为一组），然后对每组的数据进行汇总。结果集中每个组都有一行汇总数据。其语法格式如下。

5.3.4

```
SELECT 字段名1 [, 字段名2, …], 统计函数
FROM 表名
[WHERE 查询条件]
GROUP BY 字段名1 [, 字段名2, …];
```

说明：GROUP BY 子句用来指定分组的字段，这些字段必须全部包含在 SELECT 子句中。

【示例 5-30】 分组统计男、女学生的人数。查询结果如图 5-35 所示。

```
SELECT sex AS '性别', COUNT(*) AS '学生人数'
FROM student
GROUP BY CONVERT(sex using gbk);
```

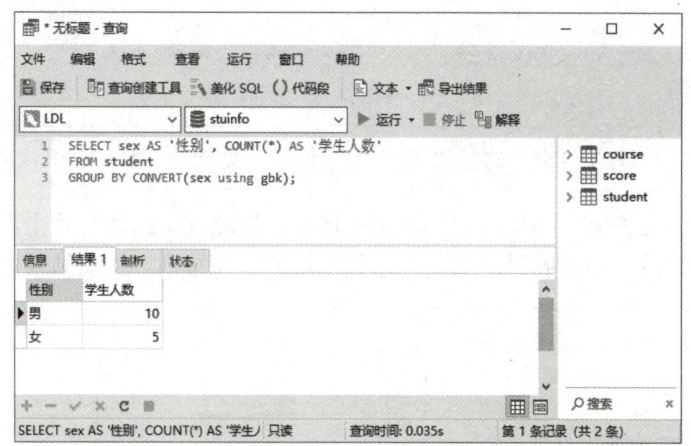

图 5-35　示例 5-30 查询结果

5.3.5　使用 HAVING 子句对分组汇总结果进行筛选

使用 HAVING 子句，可以指定结果集的组需要满足的条件，即对结果集的组进行筛选，仅显示满足条件的分组统计结果。其语法格式如下。

```
SELECT 字段名1 [, 字段名2, …], 统计函数
FROM 表名
[WHERE 查询条件]
GROUP BY 字段名1 [, 字段名2, …]
[HAVING 分组条件];
```

说明：当同时具有 WHERE 子句、GROUP BY 子句、HAVING 子句时，执行顺序是首先执行 WHERE 子句，然后执行 GROUP BY 子句，最后执行 HAVING 子句。即先使用 WHERE 子句查询出满足条件的记录，然后使用 GROUP BY 子句对这些满足条件的数据按照指定的字段分组汇总，最后使用 HAVING 子句筛选出符合条件的组。

【示例 5-31】 分组统计被选修过 1 次以上的课程编号、选修次数和平均分。查询结果如图 5-36 所示。

```
SELECT cNo AS '课程编号', COUNT(*) AS '选修次数', AVG(grade) AS '平均分'
FROM course INNER JOIN score
ON course.id=score.cId
GROUP BY cNo
HAVING 选修次数 > 1;
```

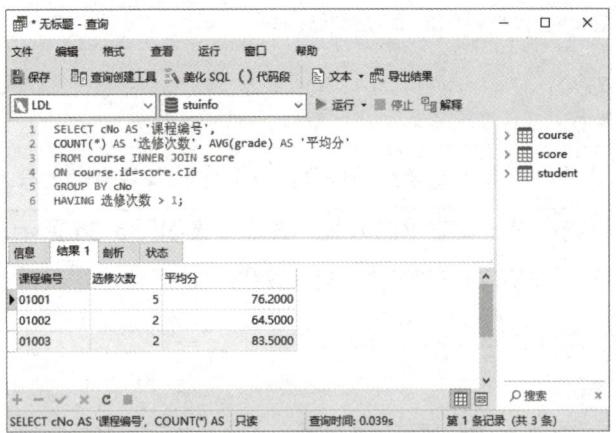

图 5-36　示例 5-31 查询结果

> 说明：语句中的"HAVING 选修次数 >1"也可以更改为"HAVING COUNT(*)>1"。

【示例 5-32】　分组统计"软件 131"班级中选修门数超过 2 门课程且平均成绩高于 60 分的学生的学号、姓名、选修门数和平均分，并按照平均分降序排列。查询结果如图 5-37 所示。

```
SELECT sNo AS '学号', sName AS '姓名',
    COUNT(*) AS '选修门数', AVG(grade) AS '平均分'
FROM student INNER JOIN score
ON student.id=score.sId
WHERE deptName='软件131'
GROUP BY sNo, sName
HAVING 选修门数 > 2 AND 平均分 > 60
ORDER BY 平均分 DESC;
```

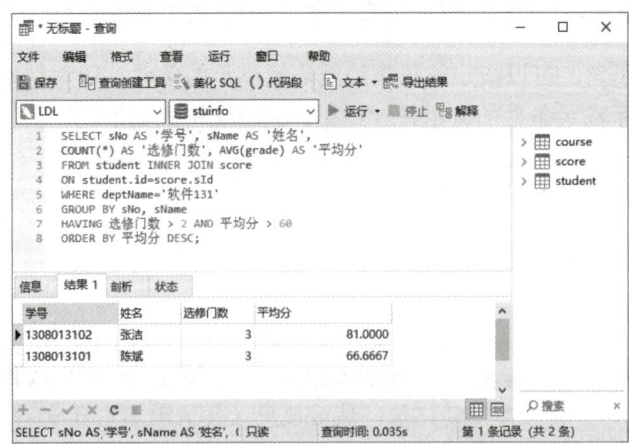

图 5-37　示例 5-32 查询结果

5.3.6　子查询的返回值为单列单值的嵌套查询

5.3.6

在关系型数据库的应用中，也经常会涉及嵌套查询的使用。嵌套查询是指一个 SELECT 语句的 WHERW 子句中还包含另外一个 SELECT 语句，外层的 SELECT 语句称为外部查询或父查询，内层的 SELECT 语句称为内部查询或子查询，子查询需要使用圆括号"()"括起来。

SQL 语言支持多层嵌套查询，即一个子查询中还可以有其他子查询。嵌套查询的求解方法是由内向外处理，即每个子查询都是在上一级查询之前求解，用子查询的结果建立其父查询的查询条件。

如果子查询的返回值为单列单值，可以通过使用=、!=、>、<等比较运算符直接与父查询的字段值进行比较。

【示例 5-33】 查询与学号（sNo）为 1308013101 的同学在同一个班级的学生名单。查询结果如图 5-38 所示。

```
SELECT * FROM student
WHERE deptName=(SELECT deptName FROM student WHERE sNo='1308013101');
```

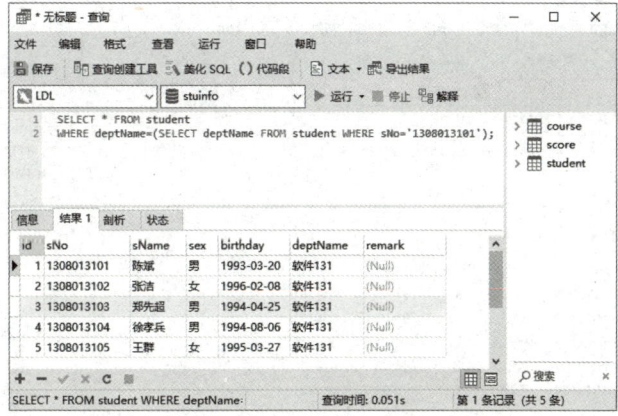

图 5-38　示例 5-33 查询结果

【示例 5-34】 查询选修课程编号（cNo）为 01001 的课程，且成绩超过该课程平均分的学生的学号、姓名、班级、课程名称和成绩。查询结果如图 5-39 所示。

```
SELECT sNo, sName, sex, deptName, cName, grade FROM student
INNER JOIN score ON student.id=score.sId
INNER JOIN course ON course.id=score.cId
WHERE cNo='01001'
AND grade > (SELECT AVG(grade) FROM score INNER JOIN course
   ON course.id=score.cId AND cNo='01001');
```

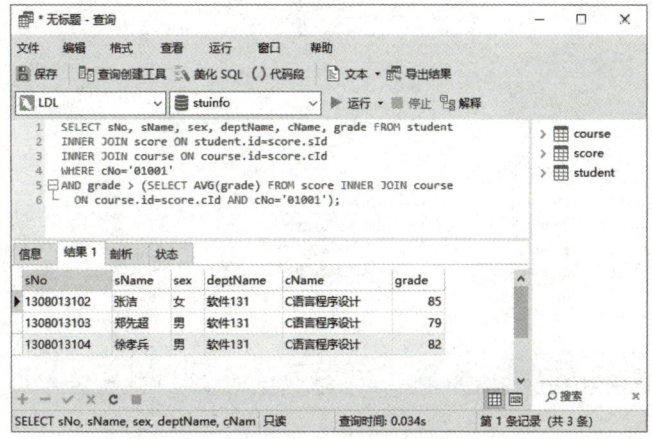

图 5-39　示例 5-34 查询结果

5.3.7 子查询的返回值为单列多值的嵌套查询

如果子查询的返回值为单列多值，可以使用 IN 或 NOT IN 关键字，即表示在或者不在子查询的结果集中。

【示例 5-35】 查询选修课程编号（cNo）为 01001 的课程的学生名单。查询结果如图 5-40 所示。

5.3.7

```
SELECT * FROM student
WHERE id IN (SELECT sId FROM score INNER JOIN course
    ON course.id=score.cId AND cNo='01001');
```

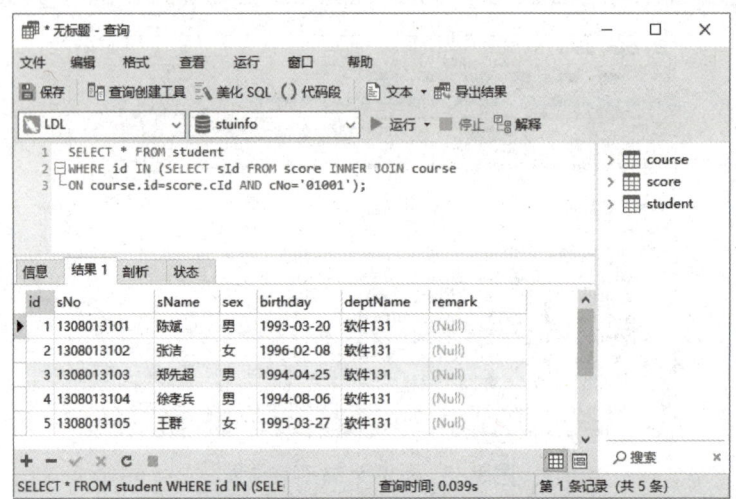

图 5-40　示例 5-35 查询结果

【示例 5-36】 查询学号为 1308013101 的学生选修的课程信息。查询结果如图 5-41 所示。

```
SELECT * FROM course
WHERE id IN (SELECT cId FROM score INNER JOIN student
    ON student.id=score.sId AND sNo='1308013101');
```

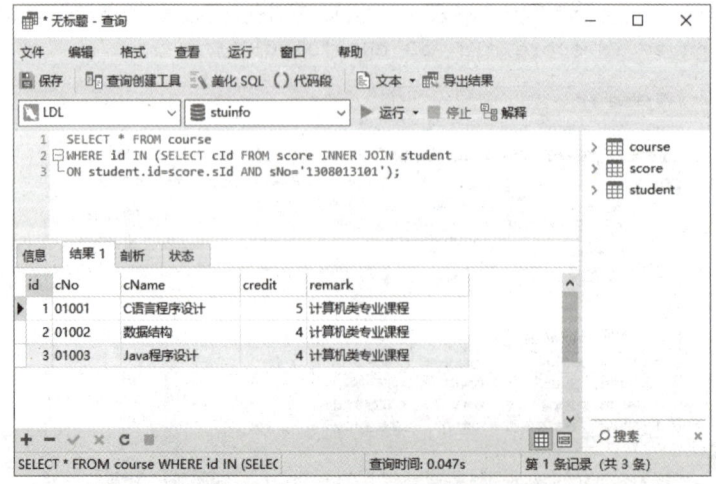

图 5-41　示例 5-36 查询结果

【示例 5-37】 查询没有选修课程的女生名单。查询结果如图 5-42 所示。

```
SELECT * FROM student
WHERE sex='女'
AND id NOT IN (SELECT sId FROM score);
```

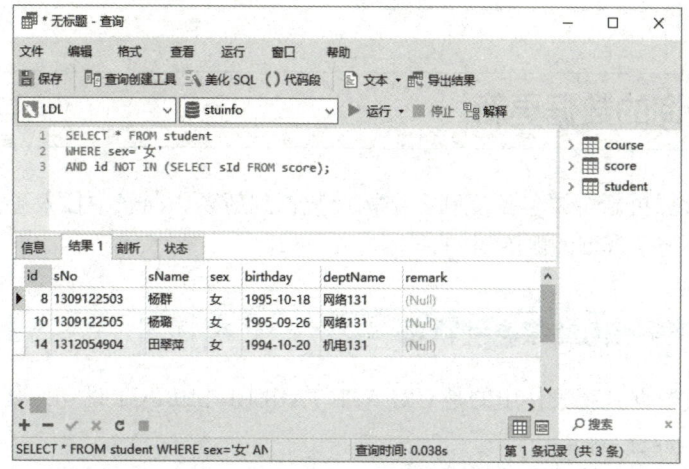

图 5-42 示例 5-37 查询结果

5.3.8 使用 EXISTS 关键字创建子查询

如果子查询的返回值为多列数据，可以使用 EXISTS 或 NOT EXISTS 关键字。在 WHERE 子句中使用 EXISTS 关键字，表示判断子查询的结果集是否为空，如果子查询至少返回一行，WHERE 子句的条件为真，返回 TRUE；否则条件为假，返回 FALSE。加上关键字 NOT，则刚好相反。

5.3.8

【示例 5-38】 查询选修课程的女生名单，使用关键字 EXISTS。查询结果如图 5-43 所示。

```
SELECT * FROM student
WHERE sex='女'
AND EXISTS (SELECT * FROM score WHERE sId=student.id);
```

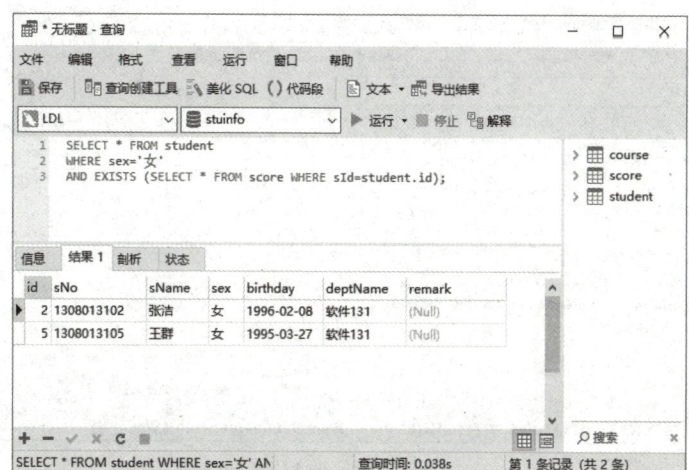

图 5-43 示例 5-38 查询结果

> 说明：EXISTS 关键字的前面没有字段名或其他表达式。由 EXISTS 引出的子查询，其选择字段表达式通常都使用星号（*），这是因为，带 EXISTS 的子查询只是测试是否存在符合子查询中指定条件的行，所以不必列出字段名。

5.4 带子查询的数据更新

带子查询的数据更新主要包括复制表结构及数据到新表、向表中插入子查询结果集、带子查询的修改语句、带子查询的删除语句。

5.4.1 复制表结构及数据到新表

复制表结构及数据到新表使用的是 CREATE TABLE…SELECT 语句。其语法格式如下。

```
CREATE TABLE 新表名
    SELECT *|字段列表
    FROM 旧表名
    [WHERE 查询条件];
```

> 说明：旧表中的主键、索引、自动递增属性等不能够复制到新表中。

【示例 5-39】 使用 CREATE TABLE…SELECT 语句复制 student 表的表结构到新表 tempStudent，包含 5 个字段：学生 ID（id）、学号（stuNo）、姓名（stuName）性别（sex）和班级名称（deptName）。运行结果如图 5-44 所示。

```
CREATE TABLE tempStudent AS
    SELECT id, sNo AS stuNo, sName AS stuName, sex, deptName
    FROM student limit 0;

SELECT * FROM tempStudent;
```

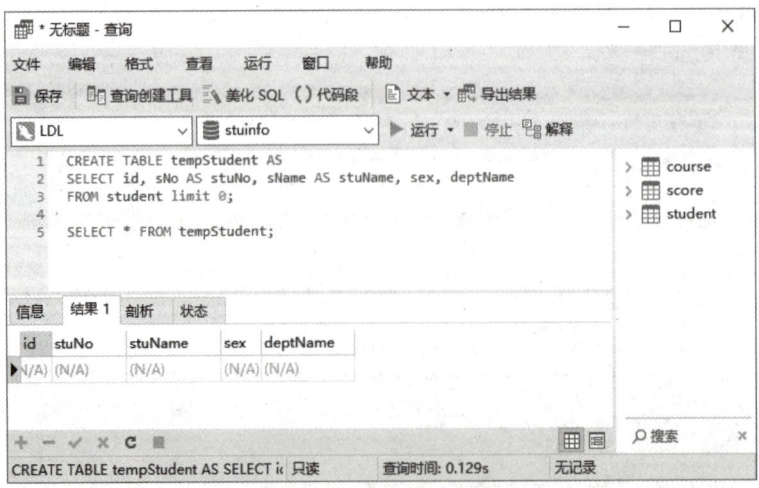

图 5-44　示例 5-39—复制表结构到新表

5.4.2 向表中插入子查询结果集

向表中插入子查询结果集使用的是 INSERT INTO…SELECT 语句。其语法格式如下。

```
INSERT INTO 新表名 [( 字段名 1，字段名 2，…，字段名 n )]
SELECT *|字段列表
FROM 旧表名
[WHERE 查询条件];
```

说明：
- 新表名后面指定的字段列表要与 SELECT 子句的查询结果集的字段列表一一对应，即个数相等且数据类型匹配。
- INSERT 语句也可以省略字段列表，但 SELECT 子句提供的字段必须按照新表中定义的字段顺序为全部字段提供值。

【示例 5-40】 在 student 表中查询"网络 131"班的学生记录，将查询结果插入到 tempStudent 表中。运行结果如图 5-45 所示。

```
INSERT INTO tempStudent (id, stuNo, stuName, sex, deptName)
SELECT id, sNo, sName, sex, deptName FROM student
WHERE deptName='网络131';

SELECT * FROM tempStudent;
```

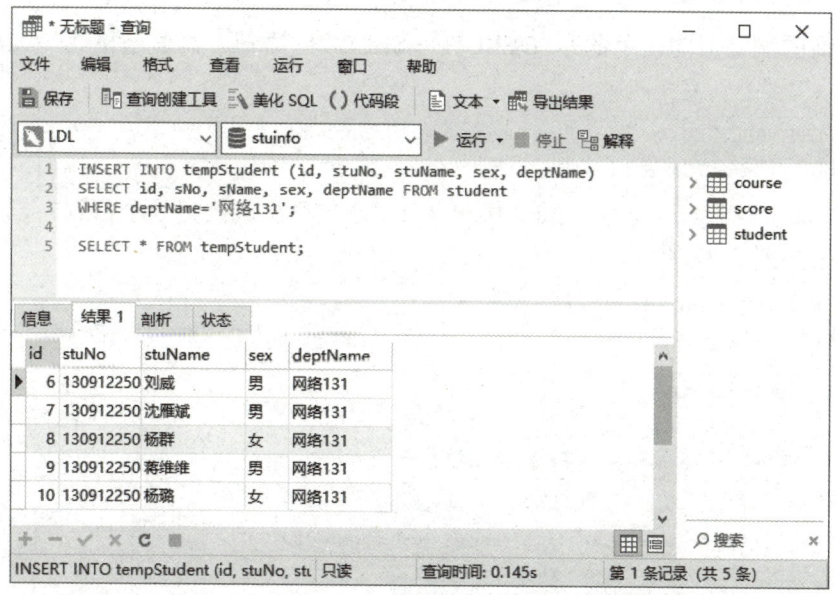

图 5-45 示例 5-40—向表中插入子查询结果集

5.4.3 带子查询的修改语句

带子查询的修改语句使用的是 UPDATE…SELECT 语句。其语法格式如下。

```
UPDATE 表名
SET 字段名 1=值 1 [,字段名 2=值 2, …, 字段名 n=值 n]
WHERE 字段名 运算符 子查询;
```

【示例 5-41】 在 score 表中,将"数据结构"课程的成绩统一减去 5 分。运行结果如图 5-46 所示。

```
UPDATE score SET grade=grade-5
WHERE cId = (SELECT id FROM course WHERE cName='数据结构');
```

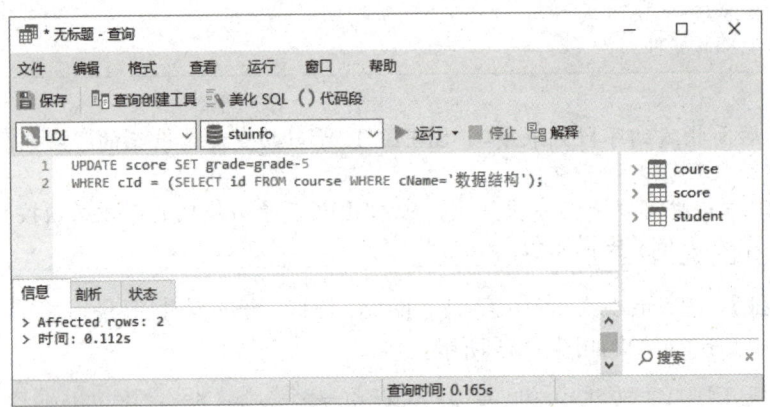

图 5-46　示例 5-41——带子查询的修改语句

5.4.4　带子查询的删除语句

带子查询的删除语句使用的是 DELETE…SELECT 语句。其语法格式如下。

5.4.4

```
DELETE FROM 表名
WHERE 字段名 运算符 子查询;
```

【示例 5-42】 在 score 表中,将"机电 131"班的学生成绩记录全部删除。运行结果如图 5-47 所示。

```
DELETE FROM score
WHERE sId in (SELECT id FROM student WHERE deptName='机电131');
```

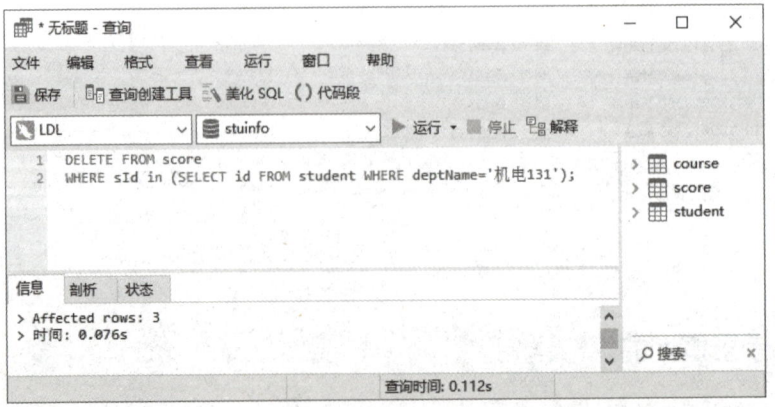

图 5-47　示例 5-42 查询结果——带子查询的删除语句

5.5 同步实训：在商品销售系统数据库中查询数据

一、实训目的

1. 熟悉 SELECT 语句的语法格式。
2. 掌握 WHERE 子句的使用。
3. 掌握多表连接查询的使用。
4. 掌握统计函数的使用。
5. 掌握分组汇总语句的使用。
6. 掌握嵌套查询语句的使用。
7. 掌握带子查询的数据更新。

二、实训内容

1. 显示 customer 表中的所有信息。
2. 显示 customer 表中的公司名称（companyName）、联系人（connectName）、电话（telephone）。
3. 从 product 表中查询所有商品的信息，包括商品的总价值，并以中文名显示标题列。
4. 查询价格不在 10～50 元之间的商品信息。
5. 查询 seller 表中女销售人员的信息。
6. 查询 seller 表中在 1985 年之后出生的销售人员信息。
7. 查询 seller 表中工号为 S02、S03 和 S06 的销售人员信息。
8. 在 seller 表中查询姓"吴"的销售员信息。
9. 在 seller 表中查询第 2 个字为"宝"和"芳"的销售员信息。
10. 按价格升序排列 product 表中的商品信息。
11. 先按性别降序、再按年龄升序排列 seller 表。
12. 查询库存量小于 1000 的商品编号、商品名称、商品种类名称、单价和库存量。
13. 统计商品种类 ID 为 1 的商品种类数量、平均价格、最高价、最低价和总库存量。
14. 统计 P01001 商品的销售总量。
15. 统计 product 表中的商品总记录数。
16. 分组统计 product 表中的商品种类 ID、平均价格和总库存量。
17. 分组统计总库存量小于 3000 的商品种类名称、平均价格和总库存量。
18. 查询 product 表中库存最低的三种商品。
19. 查询商品种类 ID 为 1 且价格高于该类商品平均价格的商品信息。
20. 查询 10004 订单中的商品详细信息（使用 IN 关键字）。
21. 查询已有订单的销售员详细信息（使用 EXISTS 关键字）。
22. 查询价格小于 5 元的商品 ID、商品编号、商品名称、商品种类名称、单价和库存量，并把查询结果保存到新表 product_bak 中。（使用 CREATE TABLE…SELECT 语句）
23. 查询价格大于 20 元的商品记录，将查询结果插入到 product_bak 表中。
24. 将商品种类为"饮料"的商品单价统一下调 3%。
25. 将 S02 销售员的订单及订单明细全部删除。

5.6 习题

一、选择题

1. 在使用 SQL 语句查询数据时，若想要使用 LIKE 关键字来匹配单个字符，那么其通配符是（　　）。
   A．%　　　　　　B．*　　　　　　C．#　　　　　　D．_

2. 在 SELECT 语句中，如果要过滤结果集中的重复行，可以在字段列表前面加上（　　）。
   A．GROUP BY　　　B．ORDER BY　　　C．DISTINCT　　　D．DESC

3. 以下删除记录的语句正确的（　　）。
   A．DELETE FROM emp WHERE name='dony';
   B．DELETE * FROM emp WHERE name='dony';
   C．DROP FROM emp WHERE name='dony';
   D．DROP * FROM emp WHERE name='dony';

4. 数据库中有一张表，其中包括学生、学科、成绩三个字段，数据库结构如表 5-7 所示。

表 5-7　题 4 表

学生	学科	成绩
张三	语文	60
张三	数学	100
李四	语文	70
李四	数学	80
李四	英语	80
张三	语文	60

如何统计最高分大于 80 的学科？（　　）
   A．SELECT MAX(成绩) FROM A GROUP BY 学科 HAVING MAX(成绩)>80;
   B．SELECT 学科 FROM A GROUP BY 学科 HAVING 成绩>80;
   C．SELECT 学科 FROM A GROUP BY 学科 HAVING MAX(成绩)>80;
   D．SELECT 学科 FROM A GROUP BY 学科 WHERE MAX(成绩)>80;

5. 与查找条件姓名 sName 不是 NULL 相符的 WHERE 子句是（　　）。
   A．WHERE sName ! NULL
   B．WHERE sName NOT NULL
   C．WHERE sName IS NOT NULL
   D．WHERE sName != NULL

6. 条件"BETWEEN 20 AND 30"表示年龄在 20～30 岁之间，且（　　）。
   A．包括 20 岁但不包括 30 岁　　　　B．不包括 20 岁但不包括 30 岁
   C．不包括 20 岁和 30 岁　　　　　　D．包括 20 岁和 30 岁

7. LIMIT 2,4 表示的是（　　）。
   A. 第 2~4 条记录　　　　　　　　B. 第 3~4 条记录
   C. 第 2~5 条记录　　　　　　　　D. 第 3~6 条记录
8. 用户表 user 有多列，其中字段 id 中没有 NULL 值，字段 username 中存在 NULL 值，以下 SQL 语句不能获得 user 表的总记录数的是（　　）。
   A. SELECT COUNT(*) FROM user;
   B. SELECT COUNT(id) FROM user;
   C. SELECT COUNT(username) FROM user;
   D. SELECT COUNT(1) FROM user;
9. SQL 语句 "age IN (20, 22)" 的含义是（　　）。
   A. age <= 22 AND age >= 20　　　B. age < 22 AND age > 20
   C. age = 20 AND age = 22　　　　D. age = 20 OR age = 22
10. SELECT 语句中与 HAVING 子句同时使用的是（　　）子句。
    A. ORDER BY　　B. WHERE　　C. GROUP BY　　D. 无
11. 下列聚合函数中正确的是（　　）。
    A. SUM(*)　　B. MAX(*)　　C. COUNT(*)　　D. AVG(*)
12. 查询员工工资信息时，结果按工资降序排列，正确的 ORDEY BY 子句是（　　）。
    A. ORDER BY 工资
    B. ORDER BY 工资 DESC
    C. ORDER BY 工资 ASC
    D. ORDER BY 工资 DICTINCT
13. 下面可以通过聚合函数的结果来过滤查询结果集的 SQL 子句是（　　）。
    A. WHERE 子句　　　　　　　　B. GROUP BY 子句
    C. HAVING 子句　　　　　　　　D. ORDER BY 子句
14. 若要求查询选修了 3 门以上课程的学生的学号，正确的 SQL 语句是（　　）。
    A. SELECT sNo FROM SC GROUP BY sNo WHERE COUNT（*）> 3;
    B. SELECT sNo FROM SC GROUP BY sNo HAVING COUNT（*）> 3;
    C. SELECT sNo FROM SC ORDER BY sNo WHERE COUNT（*）> 3;
    D. SELECT sNo FROM SC ORDER BY sNo HAVING COUNT（*）> 3;
15. 当子查询返回多行时，可以采用的解决办法是（　　）。
    A. 使用聚合函数　　　　　　　　B. WHERE 条件判断
    C. 使用 IN 运算符　　　　　　　D. 使用 GROUP BY 进行分组

二、判断题

1. 内连接使用比较运算符根据每个表共有的列值来匹配两个表中的行。　　（　　）
2. EXISTS 关键字比 IN 关键字的运行效率高，所以在实际开发中，特别是大数据量时，推荐使用 EXISTS 关键字。　　（　　）
3. 使用 LIMIT 关键字可以限制从数据库中返回记录的行数。　　（　　）
4. 选择字段进行查询时，字段的顺序可以与表中定义的顺序不同。　　（　　）
5. 在数据表中，某些列的值可能为空值(NULL)，那么在 SQL 语句中可以通过 "= null" 来判断是否为空值。　　（　　）

第 6 章 视图的创建和使用

本章学习要点：
- 视图的概念及优点
- 创建视图
- 查看视图
- 修改视图
- 更新视图
- 删除视图

视图是一种存储查询的数据库对象，是基于查询的一种虚拟表，可以让用户对数据源进行查询和修改。本章主要讲述视图的概述，以及视图的创建、管理和应用。

6.1 视图概述

1. 视图的概念

6.1

数据库中的视图是一种存储查询的数据库对象，是基于查询的一种虚拟表，是从一个或多个数据表或视图中导出的虚拟表或查询表，是关系数据库系统提供给用户以多种角度观察数据库中数据的重要机制。

视图保存的是一条查询语句，本身不含数据。视图其实只存储了它的定义（SELECT 语句），而没有存储视图对应的数据，这些数据仍存放在原来的数据表中，在视图中看到的数据其实是基本表中的数据。

视图可以像表一样使用。通过视图不仅可以查询获得数据，还可以修改数据。当对视图的数据进行操作时，系统是根据视图的定义对基本表中与视图相关联的数据进行操作的。

2. 视图的优点
- 直观的查询：用户只需要关注需要的数据，而不必关心底层复杂的实现。
- 安全的查询：使用视图可以屏蔽、隐藏底层源表的物理结构和数据；视图的权限与表的权限也可以完全不同。
- 可以更新的查询：可以通过视图增、删、改底层源表的记录。

6.2 创建视图

创建视图是指在已存在的数据表上进行的。创建视图时，需要有 CREATE VIEW 的权限，同时还要具有查询涉及的列的 SELECT 权限。

6.2.1 使用 Navicat 对话方式创建视图

以在学生管理数据库（stuInfo）中创建视图 v_student 为例，列出"网络131"班学生的学号、姓名、性别、班级；然后查询该视图。使用 Navicat 对话方式的操作步骤如下。

6.2.1

1）打开 Navicat 控制台，依次展开 LDL→stuinfo，打开 stuInfo 数据库，在"表"上单击鼠标右键，选择"新建视图"命令（或者单击工具栏上的"新建视图"按钮），则打开一个新建视图窗口，如图 6-1 所示。

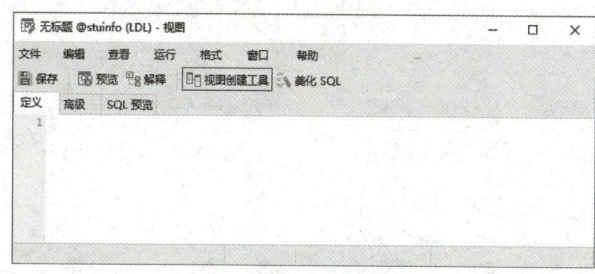

图 6-1 新建视图窗口

2）单击工具栏上的"视图创建工具"按钮，则显示如图 6-2 所示的视图设计窗口。在该窗口中进行以下操作。

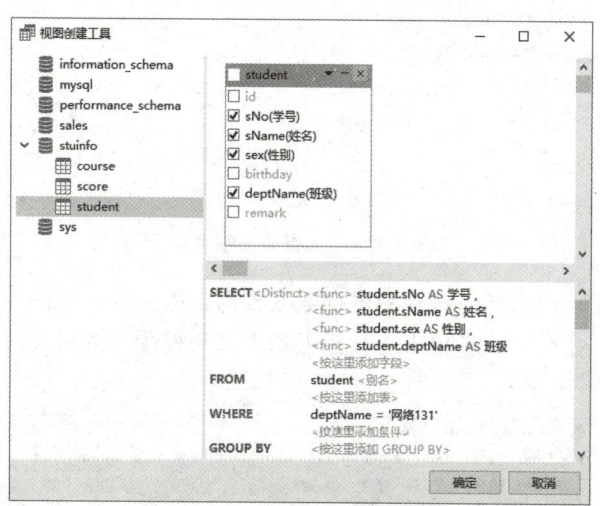

图 6-2 视图设计窗口

① 双击 student 表，则 student 表及其字段自动加入到窗口右上方的"关系窗格"中。如果视图中的数据来源于多张表，则继续双击其他数据表进行添加，还可以通过拖动连接字段设置表与表之间的连接关系，然后在其中选择需要查询的字段。

② 在窗口右下方的"条件窗格"中，可以定义字段的别名、查询条件等。

3）单击"确定"按钮，返回新建视图窗口，在"定义"选项卡中可以看到自动生成的查询语句；单击工具栏上的"预览"按钮，可以预览该语句的查询结果，如图 6-3 所示。

4）选择"SQL 预览"选项卡，则可以查看自动生成的创建视图的语句，如图 6-4 所示。

5）单击工具栏上的"保存"按钮，在弹出的对话框中输入视图名"v_student"，单击"确定"按钮，即完成视图（v_student）的创建。该视图可以通过展开 LDL→stuinfo→"视图"进行查看，如图 6-5 所示。

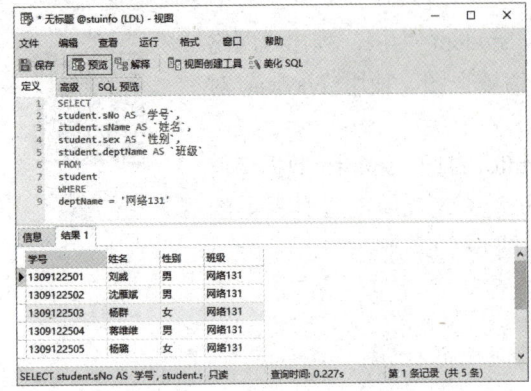

图 6-3　创建视图窗口——预览查询结果

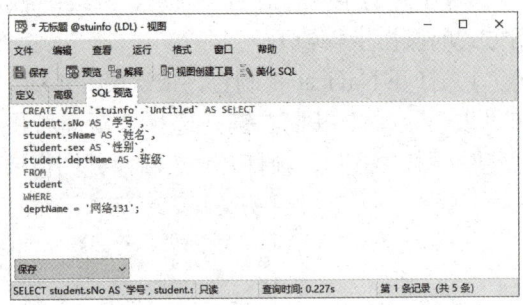

图 6-4　创建视图窗口——预览创建视图语句

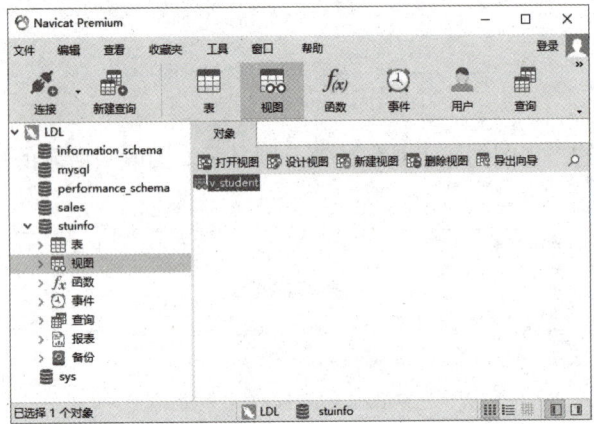

图 6-5　查看视图

视图创建完成以后，可以通过该视图进行数据查询。在图 6-5 中的 v_student 上单击鼠标右键，选择"打开视图"命令（或者单击工具栏上的"打开视图"按钮），则可以查询该视图，如图 6-6 所示。

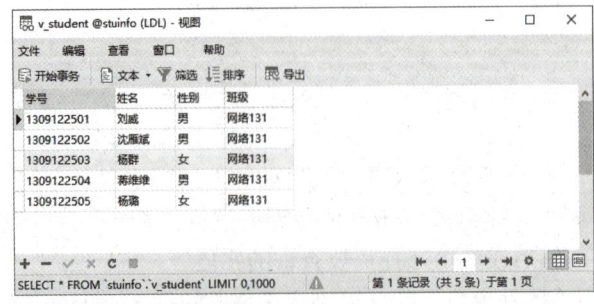

图 6-6　查询视图

6.2.2　使用 CREATE VIEW 语句创建视图

创建视图使用 CREATE VIEW 语句，其语法格式如下。

```
CREATE
    [ALGORITHM = {UNDEFIEND|MERGE|TEMPTABLE}]
    VIEW <视图名>[(<字段名 1>[,…,字段名 n])]
    AS <SELECT 语句>
    [WITH [CASCADED|LOCAL] CHECK OPTION];
```

6.2.2

说明：

- ALGORITHM：可选参数，表示视图选择的算法，包括 UNDEFIEND、MERGE 和 TEMPTABLE 三个选项。其中，UNDEFIEND 选项表示将自动选择要使用的算法，是默认使用的算法；MERGE 选项表示将引用视图的语句与视图定义合并起来，使得视图定义的某一部分取代语句的对应部分；TEMPTABLE 选项表示将视图的结果置于临时表中，然后使用它执行语句，该种算法的视图是不可更新的。
- <字段名>：视图字段的名称。一般该名称为所选数据源的字段名，也可以重新命名字段。
- <SELECT 语句>：用于创建视图的 SELECT 语句（查询语句）。可以单表查询，也可以多表查询。
- WITH [CASCADED|LOCAL] CHECK OPTION：带有检查选项，默认不检查。CASCADED 是可选参数，表示更新视图时要满足所有相关视图和表的条件，该参数为默认值；LOCAL 表示更新视图时，满足该视图本身定义的条件即可。在创建视图时，最好加上 WITH CHECK OPTION 选项，而且最好使用 CASCADED 参数，因为这种方式比较严格，可以保证数据的安全性。

【示例 6-1】 创建视图 v_stu，列出所有 1995 年 9 月 1 日及之后出生的学生名单。

```
CREATE VIEW v_stu
AS
SELECT * FROM student
WHERE birthday >= '1995-9-1';
```

以上语句需要输入并执行。打开 Navicat 控制台，依次展开 LDL→stuinfo，打开 stuInfo 数据库，单击工具栏上的"查询"→"新建查询"按钮，打开一个查询窗口，在该窗口中输入以上 SQL 语句，单击工具栏上的"运行"按钮执行该语句。运行结果如图 6-7 所示。

说明：执行成功以后，可以查询该视图中的记录，查询视图与查询数据表的语法格式一样。要求查询"网络 131"班级的学生记录，其运行结果如图 6-8 所示。

```
SELECT * FROM v_stu WHERE deptName='网络 131';
```

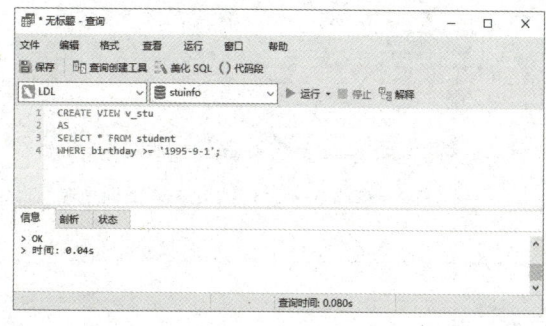

图 6-7 示例 6-1 运行结果——创建视图

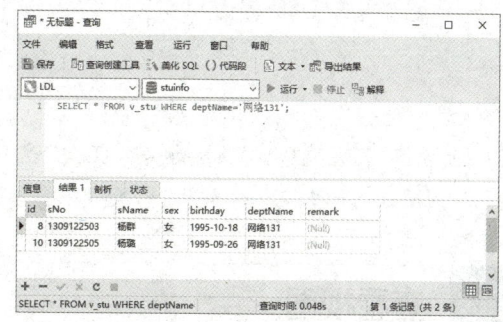

图 6-8 示例 6-1 运行结果——查询视图

【示例 6-2】 创建视图 v_cou，列出学分大于 4 的课程的课程 ID、课程编号、课程名称、学分,要求使用 WITH CHECK OPTION 子句。运行结果如图 6-9 所示。

```
CREATE VIEW v_cou
AS
SELECT id, cNo, cName, credit FROM course
WHERE credit > 4
WITH CHECK OPTION;
```

说明: 执行成功以后,可以查询该视图中的记录。其运行结果如图 6-10 所示。

```
SELECT * FROM v_cou;
```

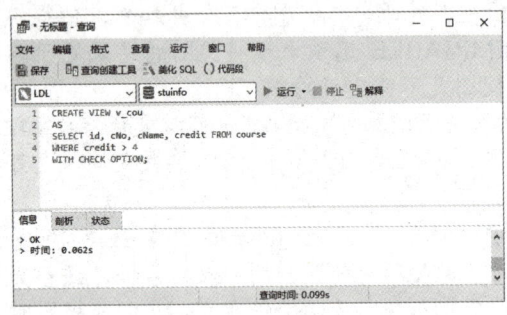
图 6-9 示例 6-2 运行结果——创建视图

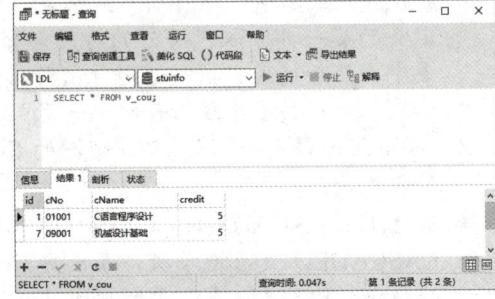
图 6-10 示例 6-2 运行结果——查询视图

【**示例 6-3**】 创建视图 v_stu_grade,列出学号、姓名、性别、班级、课程名称、成绩。运行结果如图 6-11 所示。

```
CREATE VIEW v_stu_grade(sNo, sName, sex, deptName, cName, grade)
AS
SELECT student.sNo, sName, sex, deptName, course.cName, score.grade FROM score
INNER JOIN student ON student.id = score.sId
INNER JOIN course ON course.id = score.cId;
```

说明: 执行成功以后,可以查询该视图中的记录。要求查询所有女生的记录,其运行结果如图 6-12 所示。

```
SELECT * FROM v_stu_grade WHERE sex = '女';
```

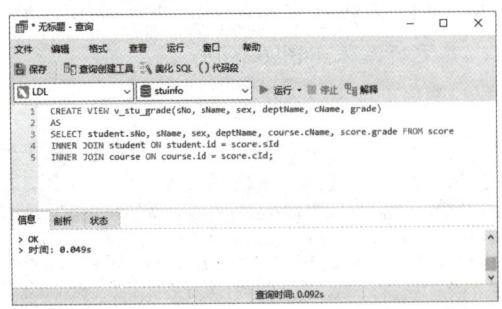
图 6-11 示例 6-3 运行结果——创建视图

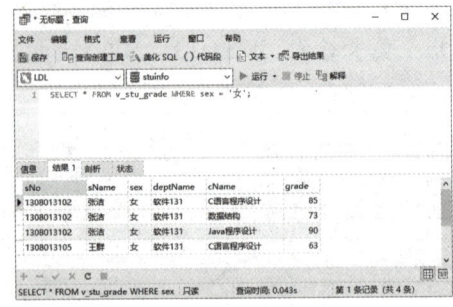
图 6-12 示例 6-3 运行结果——查询视图

6.3 查看视图

查看视图是指查看数据库中已存在视图的定义。查看视图必须有 SHOW VIEW 的权限。

1. 使用 DESCRIBE | DESC 语句查看视图基本信息

DESCRIBE | DESC 语句可以用来查看视图的基本信息。其语法格式如下。

```
DESCRIBE|DESC <视图名>;
```

【示例 6-4】 使用 DESCRIBE | DESC 语句查看视图 v_stu 的基本信息。运行结果如图 6-13 所示。

```
DESC v_stu;
```

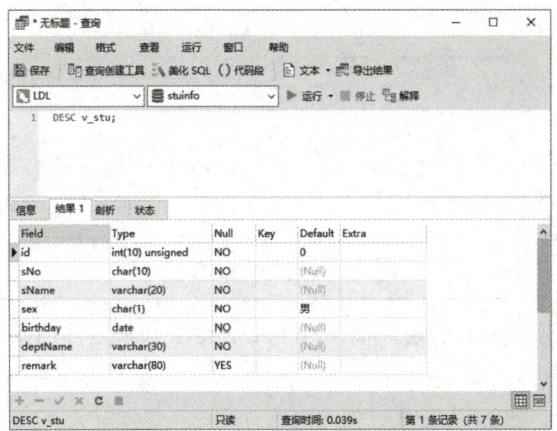

图 6-13　示例 6-4 运行结果

2. 使用 SHOW TABLE STATUS 语句查看视图基本信息

SHOW TABLE STATUS 语句也可以用来查看视图的基本信息。其语法格式如下。

```
SHOW TABLE STATUS [LIKE '视图名'];
```

说明：LIKE 关键字后面的字符串中也可以使用通配符。

【示例 6-5】 使用 SHOW TABLE STATUS 语句查看视图 v_stu 的基本信息。运行结果如图 6-14 所示。

```
SHOW TABLE STATUS LIKE 'v_stu';
```

说明：以上执行结果显示，表的 Comment 项的值为 VIEW，表明该表为视图。Engine、Data_length 等项都为 NULL 或 0，表明视图是虚拟表。

3. 使用 SHOW CREATE VIEW 语句查看视图详细信息

SHOW CREATE VIEW 语句可以用来查看视图的详细信息。其语法格式如下。

```
SHOW CREATE VIEW <视图名>;
```

【示例 6-6】 使用 SHOW CREATE VIEW 语句查看视图 v_stu 的详细信息。运行结果如图 6-15 所示。

```
SHOW CREATE VIEW v_stu;
```

4. 在 views 表中查看视图详细信息

在 MySQL 中，所有视图的定义都保存在 information_schema 数据库下的 views 表中。

views 表可以用来查看数据库中所有视图的详细信息。查询语句如下。

```
SELECT * FROM information_schema.views
    [WHERE TABLE_NAME='视图名'];
```

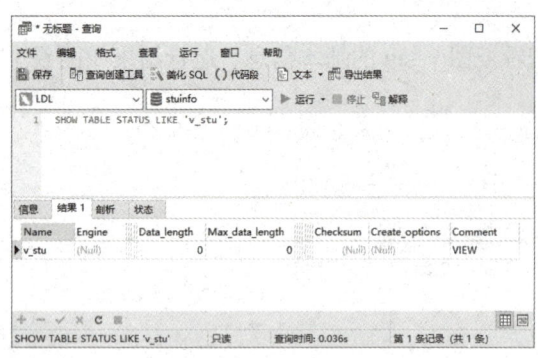

图 6-14　示例 6-5 运行结果

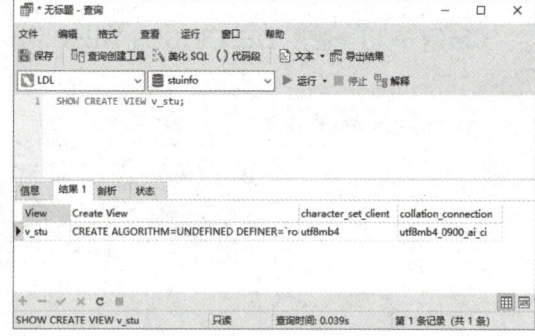

图 6-15　示例 6-6 运行结果

> 说明：WHERE 子句中也可以使用 LIKE 模糊查询。

【示例 6-7】使用 SELECT 语句查询 views 表中的信息。运行结果如图 6-16 所示。

```
SELECT * FROM information_schema.views WHERE TABLE_NAME LIKE 'v\_%';
```

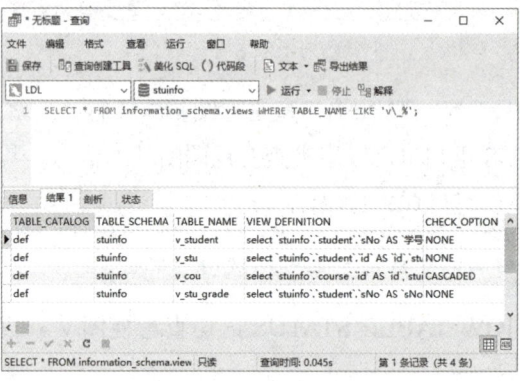

图 6-16　示例 6-7 运行结果

6.4　修改视图

6.4.1　使用 Navicat 对话方式修改视图

可以通过 Navicat 对话方式查看并修改学生管理数据库（stuInfo）中的视图，以修改视图 v_student 为例，其操作步骤如下。

1）打开 Navicat 控制台，依次展开 LDL→stuinfo→视图，在 v_student 上单击鼠标右键，选择"设计视图"命令（或者单击工具栏上的"设计视图"按钮），打开视图设计窗口，单击"视图创建工具"按钮，显示如图 6-17 所示的"视图创建工具"对话框。

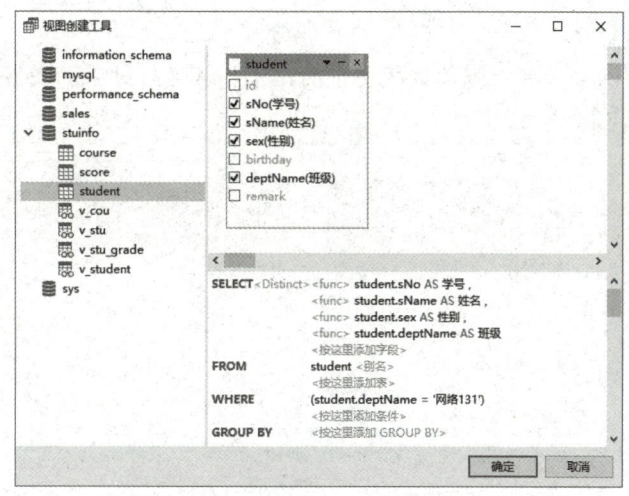

图 6-17 "视图创建工具"对话框

2)在"视图创建工具"对话框中,可以根据需要对视图进行修改,最后单击"确定"按钮即可。

6.4.2

6.4.2 使用 CREATE OR REPLACE VIEW 语句修改视图

使用 CREATE OR REPLACE VIEW 语句可以修改视图。如果视图已经存在,则对视图进行修改;如果不存在,则创建视图。其语法格式如下。

```
CREATE OR REPLACE
    [ALGORITHM = {UNDEFIEND|MERGE|TEMPTABLE}]
    VIEW <视图名>[(<字段名>[,…n])]
    AS <SELECT 语句>
    [WITH [CASCADED|LOCAL] CHECK OPTION];
```

 说明:以上所有参数与创建视图的参数一样。

【示例 6-8】 修改视图 v_stu,列出所有 1995 年 9 月 1 日及之后出生的女生名单。
运行结果如图 6-18 所示。

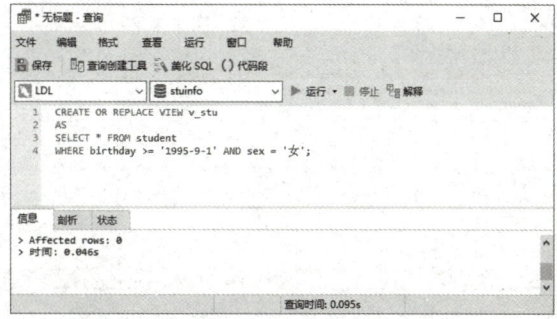

图 6-18 示例 6-8 运行结果——修改视图

```
CREATE OR REPLACE VIEW v_stu
AS
SELECT * FROM student
```

```
WHERE birthday >= '1995-9-1' AND sex = '女';
```

说明：执行成功以后，可以查询该视图中的记录。其运行结果如图 6-19 所示。

```
SELECT * FROM v_stu;
```

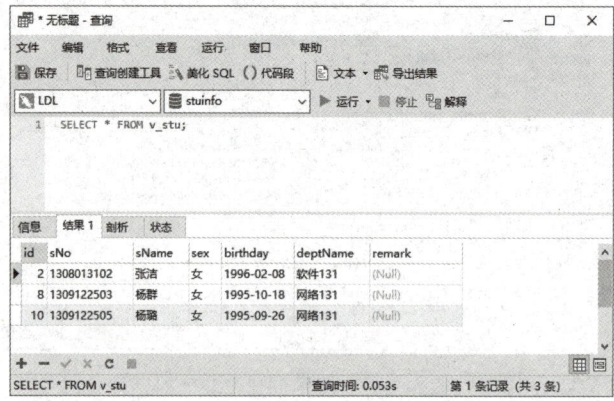

图 6-19　示例 6-8 运行结果——查询视图

6.4.3　使用 ALTER VIEW 语句修改视图

使用 ALTER VIEW 语句修改视图的语法格式如下。

```
ALTER
    [ALGORITHM = {UNDEFIEND|MERGE|TEMPTABLE}]
    VIEW <视图名>[(<字段名 1>[,…,字段名 n])]
    AS <SELECT 语句>
    [WITH [CASCADED|LOCAL] CHECK OPTION];
```

6.4.3

说明：以上所有参数与创建视图的参数一样。

【示例 6-9】　修改视图 v_stu_grade，列出"网络 131"班学生的学号、姓名、班级、课程编号、课程名称、成绩。运行结果如图 6-20 所示。

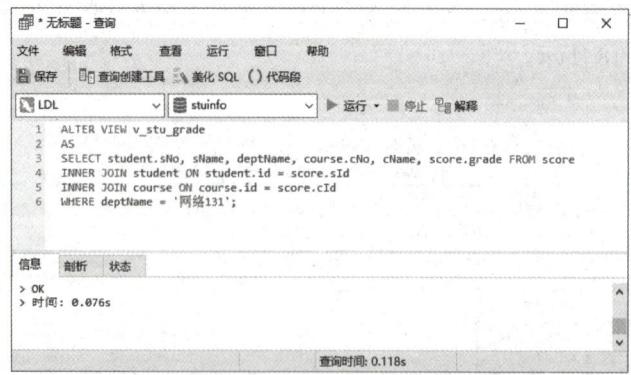

图 6-20　示例 6-9 运行结果——修改视图

```
ALTER VIEW v_stu_grade
AS
SELECT student.sNo, sName, deptName, course.cNo, cName, score.grade FROM score
INNER JOIN student ON student.id = score.sId
```

```
INNER JOIN course ON course.id = score.cId
WHERE deptName = '网络131';
```

说明：执行成功以后，可以查询该视图中的记录。其运行结果如图 6-21 所示。

```
SELECT * FROM v_stu_grade;
```

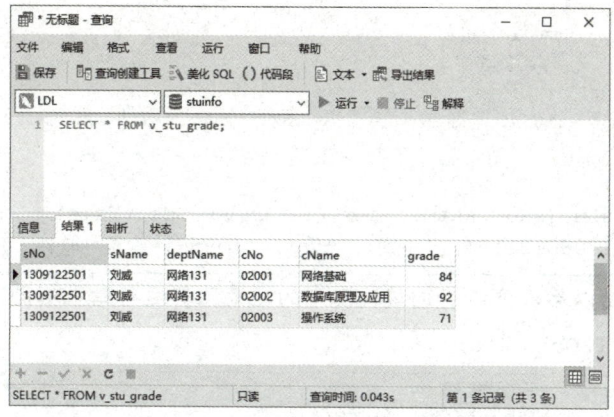

图 6-21　示例 6-9 运行结果——查询视图

6.5 更新视图

通过视图除了可以查询表中数据以外，还可以通过视图更新（插入/修改/删除）表中的数据。因为视图是一个虚拟表，其中没有数据。通过视图更新数据时，都是转换到基本表来更新。更新视图的语法与更新数据表的语法相同。

更新视图时，只能更新权限范围内的数据，如超出范围，就不能更新。以下几种情况是不能更新视图的。

- 视图中包含由 COUNT()、SUM()、AVG()、MAX()、MIN()等函数生成的列。
- 视图中包含 DISTINCT、GROUP BY、HAVING 等关键字。
- 视图中包含由常量或者通过计算生成的列。
- 视图中包含由子查询生成的列。

除了上述情况不能更新视图以外，WITH CHECK OPTION 选项也将决定视图能否更新。若创建视图时指定了该选项，那么对视图的插入和更新操作需要保证插入或修改的数据符合视图定义的范围（WHERE 子句规定的），对于不符合视图定义的记录，将拒绝插入或修改（基表）；若无 WITH CHECK OPTION 选项，则不符合视图定义的记录可以插入或更新（基表），但不会出现在视图的记录集中。

6.5.1

6.5.1　通过视图向表中插入数据

通过视图向表中插入数据需要使用 INSERT 语句，其语法格式与直接向表中插入数据的语法格式相同。

【示例 6-10】　通过视图 v_stu 插入一条新的学生记录。运行结果如图 6-22 所示。

```
INSERT v_stu (sNo, sName, sex, birthday, deptName)
VALUES ('13308013110', '王娟', '女', '1996-5-3', '软件131');
```

说明：执行成功以后，可以查询该视图中的记录。其运行结果如图 6-23 所示。

```
SELECT * FROM v_stu;
```

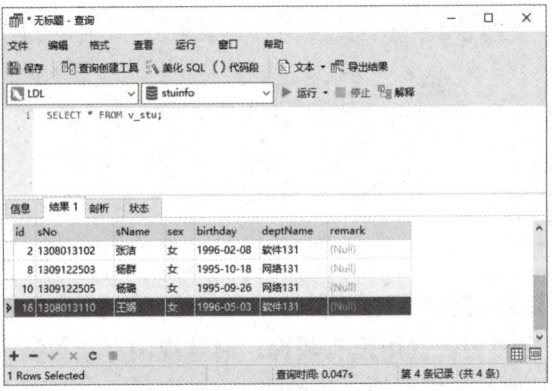

图 6-23　示例 6-10 运行结果——查询视图

【示例 6-11】　通过视图 v_cou 插入一条新的课程记录。运行结果如图 6-24 所示。

```
INSERT v_cou (cNo, cName, credit)
VALUES ('01004', '微机原理', 6);
```

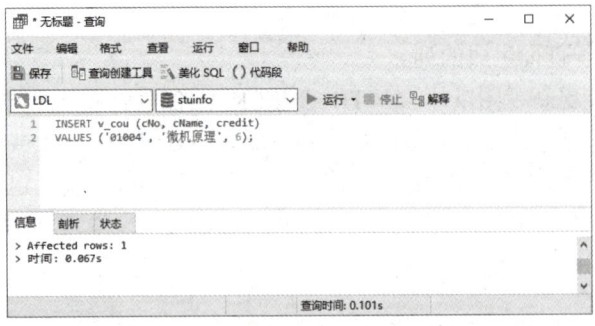

图 6-24　示例 6-11 运行结果——插入数据

说明：执行成功以后，可以查询该视图中的记录。其运行结果如图 6-25 所示。

```
SELECT * FROM v_cou;
```

第 6 章 视图的创建和使用

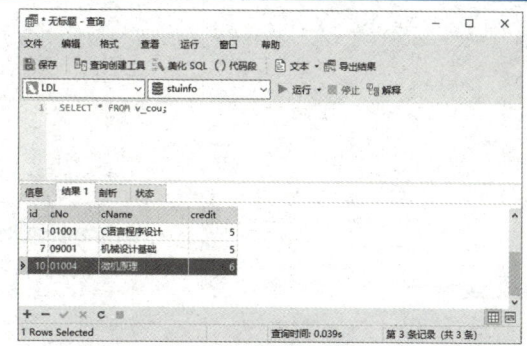

图 6-25 示例 6-11 运行结果——查询视图

【**示例 6-12**】 通过视图 v_cou 插入一条学分（credit）为 4 的课程记录。运行结果如图 6-26 所示。

```
INSERT v_cou (cNo, cName, credit)
VALUES ('01005', '软件测试', 4);
```

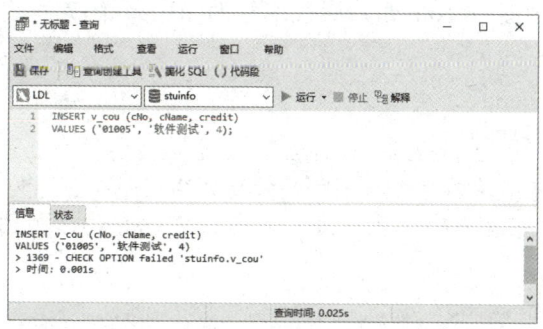

图 6-26 示例 6-12 运行结果——插入视图失败

说明：若在创建视图时指定了 WITH CHECK OPTION 选项，则插入的记录必须符合视图定义时指定的范围条件，否则不允许插入。该 SQL 语句运行时发生错误，拒绝该课程记录的插入，其原因就在于创建视图时指定了 WITH CHECK OPTION 选项，但本次插入的课程记录不符合视图定义时指定的条件范围（credit > 4）。

6.5.2 通过视图修改表中数据

通过视图修改表中数据需要使用 UPDATE 语句，其语法格式与直接修改表中数据的语法格式相同。

【**示例 6-13**】 通过视图 v_stu 把学号为 1308013110 的学生的班级修改为"网络 131"。运行结果如图 6-27 所示。

```
UPDATE v_stu
SET deptName = '网络131'
WHERE sNo = '1308013110';
```

6.5.2

说明：通过视图修改表中数据时，修改后的数据必须符合视图定义时指定的条件范围，只有符合条件的数据才可以修改；同时，若在创建视图时指定了 WITH CHECK OPTION 选项，修改后的数据也要符合视图定义时指定的条件范围，否则不允许修改。执行成功以后，可以查询该视图中的记录。其运行结果如图 6-28 所示。

```
SELECT * FROM v_stu;
```

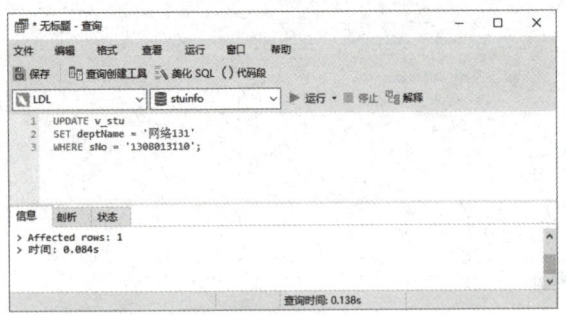
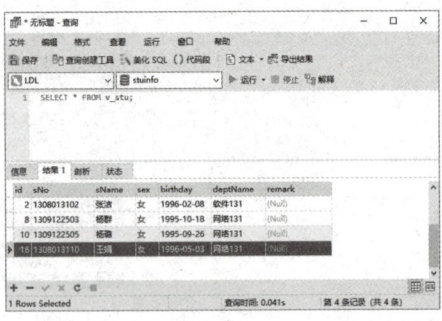

图 6-27　示例 6-13 运行结果——修改数据　　　图 6-28　示例 6-13 运行结果——查询视图

6.5.3　通过视图删除表中数据

通过视图删除表中数据需要使用 DELETE 语句，其语法格式与直接删除表中数据的语法格式相同。

【**示例 6-14**】　通过视图 v_cou 删除课程编号为 01004 的课程记录。运行结果如图 6-29 所示。

6.5.3

```
DELETE FROM v_cou
WHERE cNo = '01004';
```

说明：通过视图删除表中数据，被删除的数据必须符合视图定义时指定的范围条件，只有符合条件的数据才可以删除。执行成功以后，可以查询该视图中的记录。其运行结果如图 6-30 所示。

```
SELECT * FROM v_cou;
```

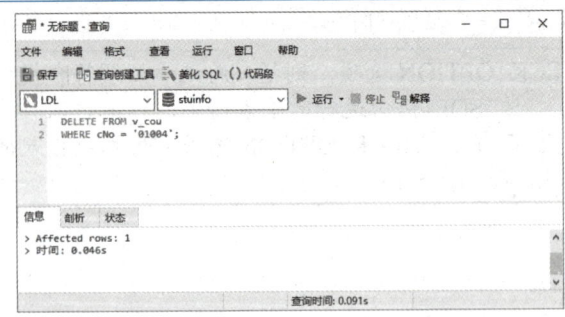
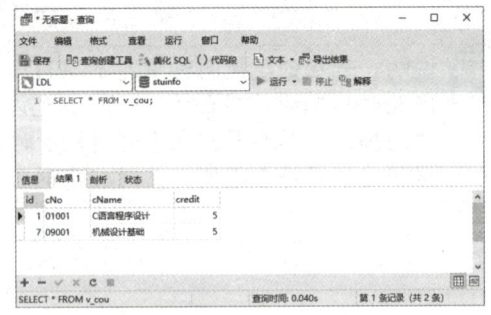

图 6-29　示例 6-14 运行结果——删除数据　　　图 6-30　示例 6-14 运行结果——查询视图

6.6　删除视图

6.6.1　使用 Navicat 对话方式删除视图

以删除学生管理数据库（stuInfo）中的视图 v_student 为例，使用 Navicat 对话方式的操作步骤如下。

1）打开 Navicat 控制台，依次展开 LDL→stuinfo→"视图"，在 v_student 上单击鼠标右键，选择"删除视图"命令（或者单击工具栏上的"删除视

6.6.2

图"按钮)。

2)在弹出的"确认删除"提示对话框中,单击"删除"按钮即完成对当前视图的删除。

6.6.2 使用 DROP VIEW 语句删除视图

删除视图使用 DROP VIEW 语句,其语法格式如下。

```
DROP VIEW [IF EXISTS] <视图名1> [,视图名2,…];
```

【示例 6-15】 删除视图 v_stu。运行结果如图 6-31 所示。

```
DROP VIEW v_stu;
```

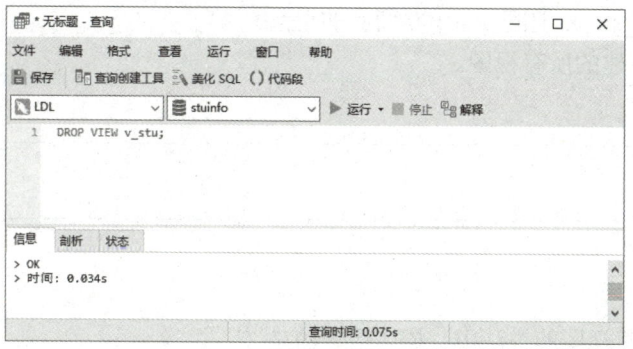

图 6-31 示例 6-15 运行结果

> 说明:删除视图后,可以通过在 LDL→stuinfo→"视图"中查看或者查询 information_schema 数据库中的 views 表,来确认以上视图的删除是否成功。

6.7 同步实训:在商品销售系统数据库中创建视图

一、实训目的

1. 理解视图的概念和优点。
2. 掌握创建视图的方法。
3. 掌握查询视图的方法。
4. 掌握修改视图的方法。
5. 掌握删除视图的方法。
6. 掌握更新视图的方法和限制。

二、实训内容

1. 在 sales 数据库中创建视图 v_seller:列出销售员的编号、姓名、性别、地址。

2. 在 sales 数据库中创建视图 v_stocks:列出库存量小于 500 的商品记录,要求使用 WITH CHECK OPTION 选项。

3. 在 sales 数据库中创建视图 v_sale_total:利用 orderDetail 表和 product 表列出每一种商品的销售数量和销售总额。

4. 在视图 v_seller 中查询所有男销售员的信息。

5. 在视图 v_sale_total 中查询销售数量大于 500 的商品记录。
6. 向视图 v_seller 中插入如下记录：
    S10   刘文明   男   金梅花园 302 号
7. 通过视图 v_stocks 插入如下两条记录：
    P01100   白猫洗洁精 500g   1   3.2   1175
    P02100   恒顺香醋 500g   2   6.5   439
8. 通过视图 v_seller 把 S10 销售员的地址更改为"蓝钻小区 176 号"。
9. 通过视图 v_stocks 把 P02100 商品的库存量更改为 1392。
10. 通过视图 v_seller 删除 S10 销售员的记录。
11. 通过视图 v_stocks 删除 P02100 商品的记录。
12. 删除以上创建的所有视图。

6.8 习题

一、选择题

1. 下面关于创建视图的说法中，描述错误的是（　　）。
    A．可以创建在单表上
    B．可以创建在两张表的基础上
    C．可以创建在两张或两张以上的表的基础上
    D．视图只能创建在单表上
2. 下面选项中，用于删除视图的语句是（　　）。
    A．DROP VIEW 语句   B．DELETE VIEW 语句
    C．ALERT VIEW 语句   D．UPDATE VIEW 语句
3. 更新视图中的数据，新数据保存在（　　）中。
    A．视图   B．基本表   C．视图名称   D．索引
4. 通过视图删除数据，使用的语句是（　　）。
    A．DROP   B．DELETE   C．REMOVE   D．CLEAR
5. 用户对视图执行操作的权限中，不具备的权限是（　　）。
    A．SELECT   B．INSERT   C．EXEC   D．UPDATE
6. 在视图上不能完成的操作是（　　）。
    A．更新视图数据   B．查询
    C．在视图上定义新的基本表   D．在视图上定义新视图
7. 下列不是数据库对象的是（　　）。
    A．数据模型   B．视图   C．表   D．索引
8. 下列关于视图的说法错误的是（　　）。
    A．视图是一种虚拟表   B．视图中也存有数据
    C．视图也可由视图派生出来   D．视图是保存在数据库中的 SELECT 查询
9. 创建视图的语句是（　　）。

A. CREATE TABLE　　　　　　　　B. CREATE VIEW
C. ALTER INDEX　　　　　　　　 D. BUILD VIEW

10. 下列选项中，用于在视图中查询数据的命令是（　　）。

A. PRINT　　　B. OUTPUT　　　C. SHOW　　　D. SELECT

11. 下列关于视图优点的描述中，不正确的是（　　）。

A. 实现了逻辑数据独立性

B. 提高安全性

C. 将常用查询定义成视图，从而简化查询

D. 通过视图可以节省数据存储空间

12. 下列查看视图的基本信息的语句中，正确的是（　　）。

A. SHOW TABLE STATUS LIKE '视图名';

B. SHOW TABLE STATUS = '视图名';

C. SHOW VIEW STATUS = '视图名';

D. SHOW VIEW STATUS LIKE '视图名';

13. 查看视图的前提是有（　　）的权限。

A. DISPLAY VIEW　　　　　　　B. SEE VIEW
C. CREATE VIEW　　　　　　　 D. SHOW VIEW

14. 下列查询视图 v_stu 中数据的语句中，正确的是（　　）。

A. SELECT * FROM VIEW v_stu;

B. SELECT * VIEW v_stu;

C. SELECT * FROM v_stu;

D. SELECT * FROM v_stu AS VIEW;

15. 下列关于视图的说法中错误的是（　　）。

A. 视图是数据库对象

B. 视图是一个虚拟的表

C. 创建视图时的 WITH CHECK OPTION 选项，可以更好地保证数据的安全性

D. 创建视图时，WITH CHECK OPTION 选项是必需的

二、判断题

1. 查询视图和查询表的语句是不一样的。　　　　　　　　　　　　　　　　（　　）
2. 视图是数据库中用来存储数据的另一种形式的表。　　　　　　　　　　　（　　）
3. CREATE OR REPLACE VIEW 语句，可以创建或修改视图。　　　　　　　 （　　）
4. 使用 ALTER VIEW 语句可以对已有的视图进行修改。　　　　　　　　　 （　　）
5. 通过视图可以插入数据、修改数据，但不能删除数据。　　　　　　　　　（　　）

第 7 章 MySQL 编程基础

本章学习要点：
- SQL 概述
- 系统变量、用户变量
- 运算符
- 数学函数
- 字符串函数
- 日期时间函数
- 系统信息函数
- 加密函数

SQL 是关系型数据库环境下的标准查询和程序设计语言。本章主要讲述使用 SQL 进行 MySQL 的基础编程，例如变量、运算符、内部函数等。

7.1 SQL 概述

SQL（Structured Query Language，结构化查询语言）是关系型数据库环境下的标准查询和程序设计语言。主要包括以下三部分。

7.1

- 数据定义语言（Data Definition Language，DDL）：定义数据结构和关系（CREATE、ALTER、DROP 语句）。
- 数据操作语言（Data Manipulation Language，DML）：对数据进行增删改查等操作（INSERT、UPDATE、DELETE、SELECT 语句）。
- 数据控制语言（Data Control Language，DCL）：对数据存取权限控制（GRANT、REVOKE 语句）。

1. 标识符命名规则

标识符用来命名一些对象，如数据库、表、列、变量等，以便在脚本中的其他地方引用。MySQL 标识符里的合法字符如下。
- 不加引号的标识符必须是由系统字符集中的字母、数字，以及 "_" 和 "$" 字符组成。
- 不加引号的标识符不允许完全由数字字符构成（因为这样难以和数值进行区分）。
- 第一个字符可以是满足以上条件的任何一个字符（包括数字）。

 说明：
- MySQL 关键词、列名、索引名、变量名、常量名、函数名、存储过程名等不区分大小写，但数据库名、表名、视图名则跟操作系统有关（Windows 不区分，UNIX 区分）。
- 以特殊字符@@、@开头的标识符一般用于系统变量和用户变量。
- 不符合规则的符号如果需要用于标识符，可以用反引号（``）括起来后使用。

由于 MySQL 标识符命名规则有些烦琐，因此推荐使用万能命名规则：标识符由字母、数字或下画线（_）组成，且第一个字符必须是字母或下画线。

2．注释

注释相当于代码的解释和说明，注释有两种形式。
- 单行注释：#，或者是两个减号（--）加上一个空格。
- 多行注释：/* */。

7.2

7.2 变量

变量是程序运行中可以改变值（状态）的命名存储区。变量存储数据值，并可在语句之间传递数据值。

MySQL 变量分为系统变量、用户变量和局部变量（仅在函数、存储过程、触发器等中使用）。

7.2.1 系统变量

MySQL 系统变量是由 MySQL 系统本身创建，用于记录系统的各种设定值，可以直接使用。MySQL 常用系统变量如表 7-1 所示。
- 系统变量在 MySQL 服务器启动时被创建并初始化为默认值。
- 用户只能使用系统预定义的系统变量，不能创建系统变量。
- 多数系统变量名称以@@开头（为了兼容其他系统，也有部分系统变量使用时需要省略@@）。
- 输出系统变量使用 SELECT 语句，其语法格式如下。

```
SELECT <系统变量名>[,…];
```

表 7-1 MySQL 常用系统变量

序 号	系统变量名	描 述
1	@@VERSION	当前 MySQL 版本
2	@@HOSTNAME	主机名
3	CURRENT_USER	当前用户
4	@@BASEDIR、 @@DATADIR	MySQL 系统文件夹、数据文件夹
5	CURRENT_DATE、 CURRENT_TIME、 CURRENT_TIMESTAMP	当前日期、时间、时间戳
6	@@CHARACTER_SET_CLIENT、 @@CHARACTER_SET_CONNECTION、 @@CHARACTER_SET_RESULTS	当前客户端、连接、结果的字符集
7	@@AUTOCOMMIT	自动提交事务，默认为 1
8	@@MAX_CONNECTIONS	返回 MySQL 允许的最大同时连接数
9	@@CONNECT_TIMEOUT	连接超时值

【示例 7-1】 系统变量的使用（1）。运行结果如图 7-1 所示。

```
SELECT @@VERSION, @@HOSTNAME, CURRENT_USER;
```

【示例 7-2】 系统变量的使用（2）。运行结果如图 7-2 所示。

```
SELECT @@BASEDIR, @@DATADIR;
```

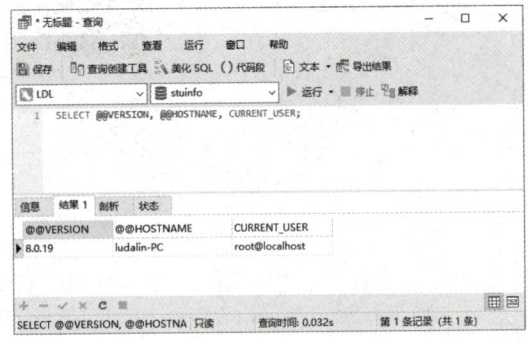

图 7-1　示例 7-1 运行结果

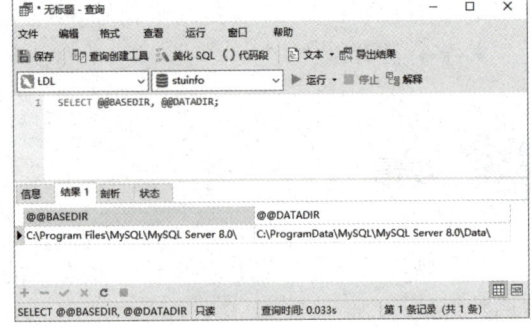

图 7-2　示例 7-2 运行结果

【示例 7-3】 系统变量的使用（3）。运行结果如图 7-3 所示。

```
SELECT CURRENT_DATE, CURRENT_TIME, CURRENT_TIMESTAMP;
```

图 7-3　示例 7-3 运行结果

7.2.2　用户变量

MySQL 用户变量是由用户创建、其作用域限制在用户连接（会话）中的变量。不同用户会话中的用户变量相互不受影响，用户变量必须以@开头。其语法格式如下：

```
SET <@用户变量名> = <表达式>[,…];
```

 说明：

- 用户变量通过 SET 语句以初始化的方式创建，用户变量的类型也是通过初始化自动分配的（即用户变量无须使用 DECLARE 语句进行定义）。
- <@用户变量名>必须以@开头，并符合标识符的命名规则。
- 用户变量定义并初始化或者赋值后，可以在需要时使用（引用）用户变量。
- 输出用户变量使用 SELECT 语句，其语法格式如下。

```
SELECT <@用户变量名>[,…];
```

【示例 7-4】 定义并初始化一个用户变量，然后输出该用户变量。运行结果如图 7-4 所示。

```
SET @myVar = 'MySQL';
SELECT @myVar;
```

【示例 7-5】 把学号为 1308013101 的学生的所在班级信息保存到一个用户变量中，然后查询这个班级的所有学生名单。运行结果如图 7-5 所示。

```
SET @myVar = (SELECT deptName FROM student WHERE sNo='1308013101');
SELECT * FROM student WHERE deptName=@myVar;
```

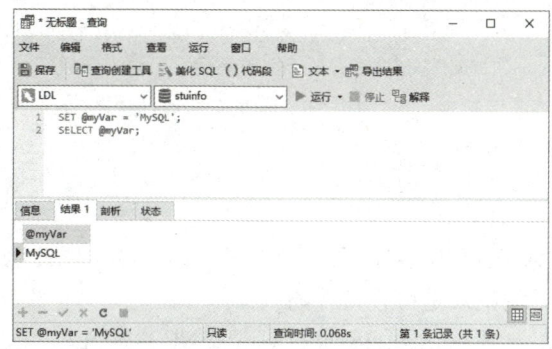

图 7-4　示例 7-4 运行结果

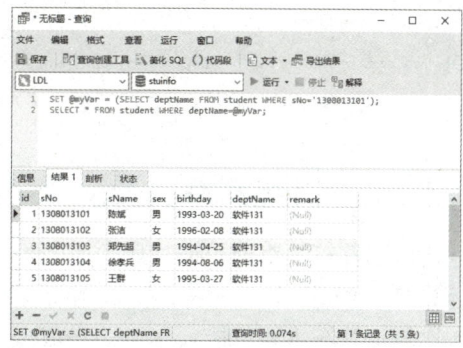

图 7-5　示例 7-5 运行结果

7.2.3　局部变量

MySQL 局部变量存在于函数、存储过程和触发器等中，是由用户创建且必须使用 DECLARE 语句定义后才能使用的变量。该部分内容将在第 8 章中详细介绍。

7.3　运算符

运算符是进行计算和操作的符号。MySQL 常用的运算符有三种：算术运算符、比较运算符和逻辑运算符。

7.3.1　算术运算符

算术运算符是 MySQL 中最常用的一类运算符。算术运算符主要包括+、-、*、/、DIV、% 或 MOD。

- /和 DIV 表示两个数相除求商，其中 DIV 是整除。
- %或 MOD 表示两个数相除求余数。
- 算术运算符可以用于任何数字类型（整型、实数型）数据的运算。
- +、- 还可以用于日期时间型数据的运算。

【示例 7-6】 算术运算符的使用。运行结果如图 7-6 所示。

```
SELECT 5+2, 5-2, 5*2, 5/2, 5 DIV 2, 5%2, 5 MOD 2;
```

【示例 7-7】 查询成绩表（soce），并显示减去了 5 分以后的成绩。运行结果如图 7-7 所示。

```
SELECT *, grade-5 AS 'newGrade' FROM score;
```

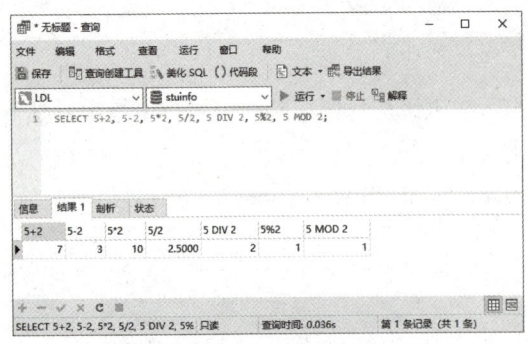

图 7-6　示例 7-6 运行结果

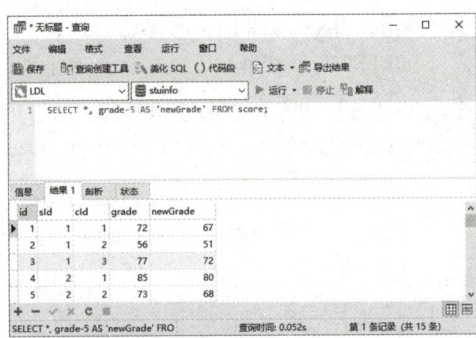

图 7-7　示例 7-7 运行结果

7.3.2　比较运算符

比较运算符是查询数据时最常用的一类运算符。SELECT 语句中的条件语句经常要使用比较运算符。通过比较运算符，可以判断表中的哪些记录是符合条件的。

比较运算符主要包括=、<=>、!=或<>、>、>=、<、<=、IS NULL、IS NOT NULL、IN、NOT IN、LIKE、NOT LIKE、BETWEEN AND。

- 比较运算符用来进行比较运算，比较两个表达式是否满足某种关系。
- 比较运算符可以用于数值型数据、字符串数据的比较。比较字符串时不区分大小写。
- 比较运算符可以应用于 WHERE 子句中作为查询条件，也可以应用于流程控制语句（分支语句、循环语句）中作为分支、循环的条件。
- 比较运算返回的结果是逻辑值，有三种可能：1、0、NULL。
- NULL 值与任何数据（包括 NULL）的任何算术、比较运算（除<=>运算外），均返回 NULL。为避免不可预期的结果，与 NULL 值比较（相等或者不等）时，建议使用 IS NULL 或者 IS NOT NULL 进行判断。

【示例 7-8】　查询成绩表（soce），显示成绩小于 60 分的记录。运行结果如图 7-8 所示。

```
SELECT * FROM score
WHERE grade < 60;
```

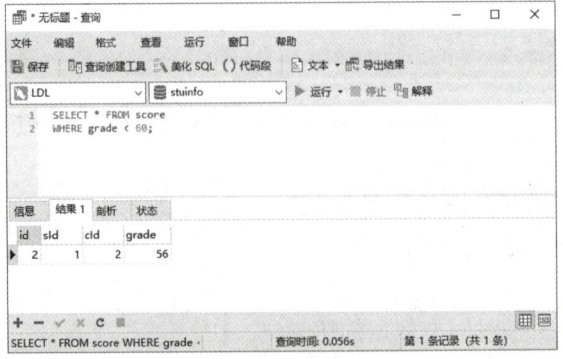

图 7-8　示例 7-8 运行结果

7.3.3　逻辑运算符

逻辑运算符用来判断表达式的真假。如果表达式是真，结果返回 1。如果表达式是假，结果返回 0。

逻辑运算符将多个逻辑量连接起来，构成更加复杂的条件。逻辑运算符主要包括 AND 或 &&、OR 或||、NOT 或!、XOR。

【示例 7-9】 查询学生表（student），显示"网络 131"班级的所有男生信息。运行结果如图 7-9 所示。

```
SELECT * FROM student
WHERE deptName='网络131' AND sex='男';
```

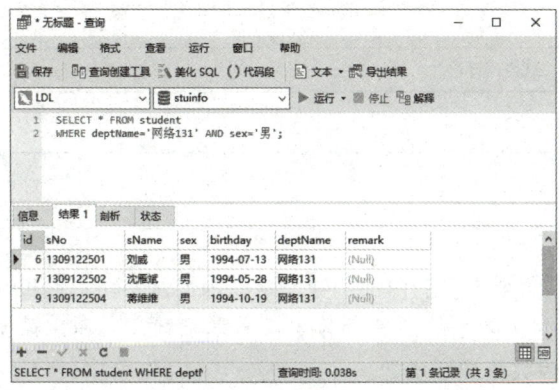

图 7-9 示例 7-9 运行结果

7.3.4 位运算符

位运算符是对二进制数进行计算的运算符。对十进制数进行位运算时会先将操作数变成二进制数，再进行位运算，然后将计算结果从二进制数变回十进制数。

位运算符主要包括&（按位与）、|（按位或）、~（按位取反）、^（按位异或）、<<（按位左移）、>>（按位右移）。

7.3.5 运算符的优先级

MySQL 表达式中如果有多个运算符，则优先级高的运算符先运算；如果优先级相同，则按照从左到右的顺序进行运算。如果有小括号，则先计算括号中的内容。MySQL 运算符的优先级如表 7-2 所示。

表 7-2 MySQL 运算符的优先级

优 先 级	运 算 符
1	!
2	~
3	^
4	*、/、DIV、%、MOD
5	+、-
6	<<、>>
7	&

(续)

优先级	运算符
8	|
9	=、<=>、<、<=、>、>=、!=、<>、IS NULL、LIKE
10	BETWEEN AND、CASE、WHEN、THEN、ELSE
11	NOT
12	&&、AND
13	||、OR、XOR
14	:=（赋值运算符）

7.4 内部函数

MySQL 数据库提供了很丰富的内部函数，这些内部函数可以帮助用户更加方便地处理表中的数据。常用的内部函数包括数学函数、字符串函数、日期时间函数、系统信息函数和加密函数。

7.4.1

7.4.1 数学函数

常见数学函数及其说明见表 7-3。

表 7-3 常见数学函数

序号	函数	说明
1	ABS(x)	返回 x 的绝对值
2	CEIL(x)、CEILING(x)	返回大于或等于 x 的最小整数
3	FLOOR(x)	返回小于或等于 x 的最大整数
4	RAND()	返回[0, 1]之间的随机数
5	RAND(x)	返回[0, 1]之间的随机数，如果 x 的值不变，则每次返回的随机数都是相同的
6	PI()	返回圆周率
7	TRUNCATE(x, y)	返回 x 保留到小数点后 y 位的值，直接截断，不进行四舍五入
8	ROUND(x)	将 x 四舍五入为整数
9	ROUND(x, y)	返回 x 保留到小数点后 y 位的值，但截断时要进行四舍五入
10	POW(x, y)、POWER(x, y)	返回 x 的 y 次方（x^y）
11	SQRT(x)	返回 x 的平方根
12	EXP(x)	返回 e 的 x 次方（e^x）
13	MOD(x, y)	返回 x 除以 y 的余数
14	LOG(x)	返回自然对数（以 e 为底的对数）
15	LOG10(x)	返回以 10 为底的对数（$\log_{10} x$）
16	RADIANS(x)	将角度转换为弧度
17	DEGREES(x)	将弧度转换为角度

（续）

序 号	函　　数	说　　明
18	SIN(x)	求正弦值
19	ASIN(x)	求反正弦值
20	COS(x)	求余弦值
21	ACOS(x)	求反余弦值
22	TAN(x)	求正切值
23	ATAN(x)	求反正切值
24	COT(x)	求余切值

【示例 7-10】 数学函数的使用（1）。运行结果如图 7-10 所示。

```
SELECT PI(), TRUNCATE(3.69,1), ROUND(3.69,1), ROUND(3.69);
```

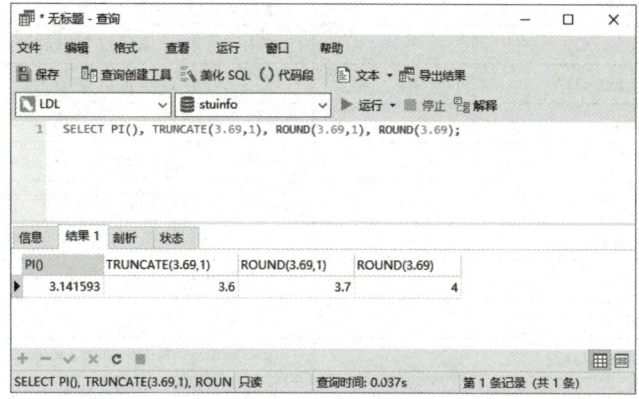

图 7-10　示例 7-10 运行结果

【示例 7-11】 数学函数的使用（2）。运行结果如图 7-11 所示。

```
SELECT SQRT(25), POW(2,5), CEIL(3.1), FLOOR(3.9);
```

7.4.2

7.4.2　字符串函数

常见字符串函数及其说明见表 7-4。

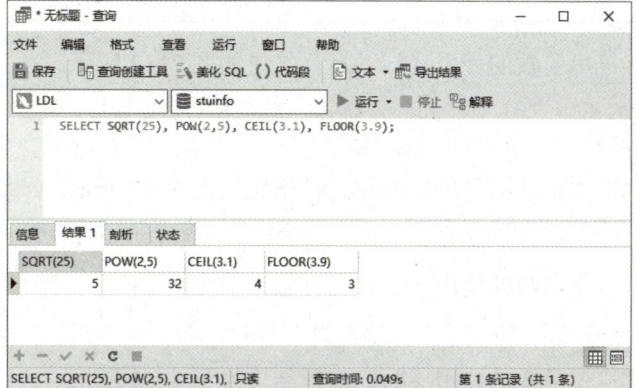

图 7-11　示例 7-11 运行结果

表 7-4 常见字符串函数

序号	函数	说明
1	ORD(s)、CHAR(n)	字符与 ASCII 码之间的相互转换
2	CHAR_LENGTH(s)	返回字符串 s 的字符数,一个多字节字符算一个字符
3	LENGTH(s)	返回字符串 s 的字节长度,utf8 中,一个汉字算 3 字节
4	CONCAT(s1, s2, …)	将字符串 s1、s2 等多个字符串合并为一个字符串
5	CONCAT_WS(x, s1, s2, …)	同 CONCAT(s1, s2, …)函数,但是要使用连接符 x 来连接每个字符串
6	INSERT(s1, n, len, s2)	使用字符串 s2 替换 s1 中的第 n 个位置开始的长度为 len 的字符串,s1 中的第 1 个字符的位置为 1
7	UPPER(s)、UCASE(s)	将字符串 s 的所有字母都变成大写字母
8	LOWER(s)、LCASE(s)	将字符串 s 的所有字母都变成小写字母
9	LEFT(s, n)	返回字符串 s 的前 n 个字符
10	RIGHT(s, n)	返回字符串 s 的后 n 个字符
11	LPAD(s1, len, s2)	使用字符串 s2 填充 s1 的开始处,使字符串的长度达到 len
12	RPAD(s1, len, s2)	使用字符串 s2 填充 s1 的结尾处,使字符串的长度达到 len
13	LTRIM(s)	去除字符串 s 开始处的空格
14	RTRIM(s)	去除字符串 s 结尾处的空格
15	TRIM(s)	去除字符串 s 开始和结尾处的空格
16	TRIM(s1 FROM s)	去除字符串 s 开始和结尾处的字符串 s1
17	REPEAT(s, n)	将字符串 s 重复 n 次
18	SPACE(n)	返回 n 个空格
19	REPLACE(s, s1, s2)	用字符串 s2 替代字符串 s 中的字符串 s1
20	STRCMP(s1, s2)	比较字符串 s1 和 s2,如果 s1 大于 s2,则返回 1;如果 s1 等于 s2,则返回 0;如果 s1 小于 s2,则返回-1
21	SUBSTRING(s, n, len)、MID(s, n, len)	获取从字符串 s 中的第 n 个位置开始的长度为 len 的字符串
22	LOCATE(s1, s)、POSITION(s1 IN s)	返回字符串 s1 在 s 中的开始位置
23	INSTR(s, s1)	返回字符串 s1 在 s 中的开始位置
24	REVERSE(s)	将字符串 s 的顺序反过来
25	ELT(n, s1, s2, …)	返回在字符串 s1、s2 等多个字符串中的第 n 个字符串
26	FIELD(s, s1, s2, …)	返回在字符串 s1、s2 等多个字符串中的第 1 个与字符串 s 匹配的字符串的位置
27	FIND_IN_SET(s1, s)	返回在字符串 s 中与 s1 匹配的字符串的位置,s 是一个包含了若干个用逗号隔开的字符串

【示例 7-12】 字符串函数的使用(1)。运行结果如图 7-12 所示。

```
SELECT CHAR_LENGTH('MySQL'), CHAR_LENGTH('数据库'),
LENGTH('MySQL'), LENGTH('数据库');
```

【示例 7-13】 字符串函数的使用(2)。运行结果如图 7-13 所示。

```
SELECT CONCAT(sNo,sName), CONCAT_WS('-',sNo,sName) FROM student;
```

【示例 7-14】 字符串函数的使用(3)。运行结果如图 7-14 所示。

```
SELECT INSERT('abcdef',4,2,'XYZ'), REPLACE('abcdef','de','XYZ');
```

【示例 7-15】 字符串函数的使用(4)。运行结果如图 7-15 所示。

```
SELECT SUBSTRING('abcdef',4,2), LOCATE('de','abcdef');
```

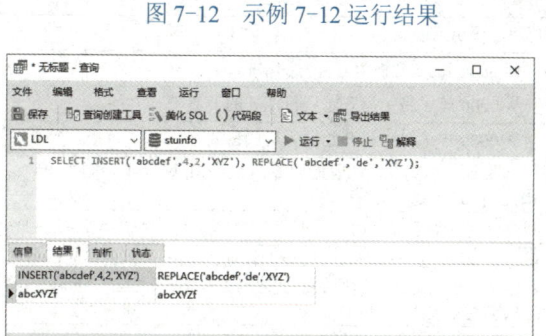

图 7-12　示例 7-12 运行结果

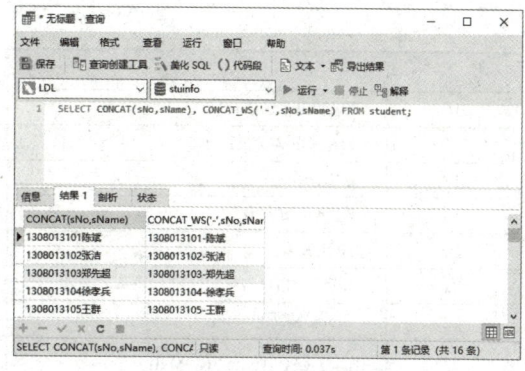

图 7-13　示例 7-13 运行结果

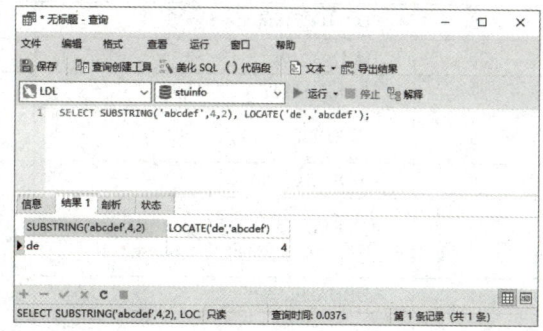

图 7-14　示例 7-14 运行结果　　　　图 7-15　示例 7-15 运行结果

7.4.3　日期时间函数

常见日期时间函数及其说明见表 7-5。

7.4.3

表 7-5　常见日期时间函数

序　号	函　　数	说　　明
1	CURDATE()、CURRENT_DATE()	返回当前日期
2	CURTIME()、CURRENT_TIME()	返回当前时间
3	NOW()、CURRENT_TIMESTAMP()、LOCALTIME()、SYSDATE()、LOCALTIMESTAMP()	返回当前日期和时间
4	UNIX_TIMESTAMP()	以 UNIX 时间戳的形式返回当前时间
5	UNIX_TIMESTAMP(d)	将普通格式的时间 d 以 UNIX 时间戳的形式返回
6	FROM_UNIXTIME(d)	把 UNIX 时间戳的时间 d 转换为普通格式的时间
7	UTC_DATE()	返回 UTC 日期
8	UTC_TIME()	返回 UTC 时间
9	MONTH(d)	返回日期 d 中的月份值（1~12）
10	MONTHNAME(d)	返回日期 d 中的月份名称（例如 January、February 等）
11	DAYNAME(d)	返回日期 d 是星期几（例如 Monday、Tuesday 等）
12	DAYOFWEEK(d)	返回日期 d 是星期几（星期日至星期六分别用 1~7 表示）
13	WEEKDAY(d)	返回日期 d 是星期几（星期一至星期日分别用 0~6 表示）
14	WEEK(d)	返回日期 d 是本年的第几个星期（1~53），星期日是一个星期的第 1 天
15	WEEKOFYEAR(d)	返回日期 d 是本年的第几个星期（1~53），星期一是一个星期的第 1 天

（续）

序号	函数	说明
16	DAYOFYEAR(d)	返回日期 d 是本年的第几天
17	DAYOFMONTH(d)	返回日期 d 是本月的第几天
18	YEAR(d)	返回日期 d 中的年份值
19	QUARTER(d)	返回日期 d 是本年的第几季度（1~4）
20	HOUR(t)	返回时间 t 中的小时值
21	MINUTE(t)	返回时间 t 中的分钟值
22	SECOND(t)	返回时间 t 中的秒钟值
23	EXTRACT(type FROM d)	从日期 d 中获取指定的值，type 指定返回值的类型，例如 YEAR、HOUR 等
24	TIME_TO_SEC(t)	将时间 t 转换为秒
25	SEC_TO_TIME(s)	将以秒为时间的 s 转换为时分秒的格式
26	TO_DAYS(d)	返回从 0000 年 1 月 1 日开始到日期 d 的天数
27	FROM_DAYS(n)	返回从 0000 年 1 月 1 日开始 n 天后的日期
28	DATEDIFF(d1, d2)	返回日期 d1 与 d2 之间相隔的天数，如果 d1 对于 d2，则为正数；如果 d1 小于 d2，则为负数
29	ADDDATE(d, n)	返回由日期 d 加上 n 天后的日期
30	ADDDATE(d, INTERVAL expr type)、DATE_ADD(d, INTERVAL expr type)	返回由日期 d 加上一个时间段后的日期，expr 表示的是时间段长度的表达式，该表达式与后面的日期间隔类型 type 对应，MySQL 的日期间隔类型见表 7-6
31	SUBDATE(d, n)	返回由日期 d 减去 n 天后的日期
32	SUBDATE(d, INTERVAL expr type)	返回由日期 d 减去一个时间段后的日期，expr 表示的是时间段长度的表达式，该表达式与后面的日期间隔类型 type 对应，MySQL 的日期间隔类型见表 7-6
33	ADDTIME(t, n)	返回由时间 t 加上 n 秒后的时间
34	SUBTIME(t, n)	返回由时间 t 减去 n 秒后的时间
35	DATE_FORMAT(d, f)	按照表达式 f 的格式要求显示日期 d，MySQL 的日期时间格式见表 7-7
36	TIME_FORMAT(t, f)	按照表达式 f 的格式要求显示时间 t，MySQL 的日期时间格式见表 7-7

MySQL 的日期间隔类型如表 7-6 所示。

表 7-6　MySQL 的日期间隔类型

序号	类型	含义	expr 表达式的形式
1	YEAR	年	YY
2	MONTH	月	MM
3	DAY	日	DD
4	HOUR	时	hh
5	MINUTE	分	mm
6	SECOND	秒	ss
7	YEAR_MONTH	年和月	YY 和 MM 之间用任意符号隔开
8	DAY_HOUR	日和时	DD 和 hh 之间用任意符号隔开
9	DAY_MINUTE	日和分	DD 和 mm 之间用任意符号隔开
10	DAY_SECOND	日和秒	DD 和 ss 之间用任意符号隔开
11	HOUR_MINUTE	时和分	hh 和 mm 之间用任意符号隔开
12	HOUR_SECOND	时和秒	hh 和 ss 之间用任意符号隔开
13	MINUTE_SECOND	分和秒	mm 和 ss 之间用任意符号隔开

MySQL 的日期时间格式如表 7-7 所示。

表 7-7 MySQL 的日期时间格式

序 号	符 号	含 义	取 值 示 例
1	%Y	以 4 位数字表示年份	2017、2018 等
2	%y	以 2 位数字表示年份	17、18 等
3	%m	以 2 位数字表示月份	01～12
4	%c	以数字表示月份	1～12
5	%M	月份的英文名	January、February、…
6	%b	月份的英文缩写	Jan、Feb、…
7	%U	以 2 位数字表示年中的第几个星期，其中星期日是一个星期的第 1 天	01～53
8	%u	以 2 位数字表示年中的第几个星期，其中星期一是一个星期的第 1 天	01～53
9	%j	以 3 位数字表示年中的第几天	001～366
10	%d	以 2 位数字表示月中的几号	01～31
11	%e	以数字表示月中的几号	1～31
12	%D	以英文后缀表示月中的几号	1st、2nd、…
13	%w	以数字的形式表示星期几	0～6，分别表示星期日至星期六
14	%W	星期几的英文名	Monday～Sunday
15	%a	星期几的英文缩写	Mon～Sun
16	%T	24 小时制的时间形式	00:00:00～23:59:59
17	%r	12 小时制的时间形式	12:00:00AM～11:59:59PM
18	%p	上午（AM）或下午（PM）	AM 或 PM
19	%k	以数字表示 24 小时	0～23
20	%l	以数字表示 12 小时	1～12
21	%H	以 2 位数字表示 24 小时	00～23
22	%h、%I	以 2 位数字表示 12 小时	01～12
23	%i	以 2 位数字表示分	00～59
24	%S、%s	以 2 位数字表示秒	00～59
25	%%	标识符%	%

【示例 7-16】 日期时间函数的使用（1）。运行结果如图 7-16 所示。
```
SELECT CURDATE(), CURTIME(), NOW(),UNIX_TIMESTAMP();
```

【示例 7-17】 日期时间函数的使用（2）。运行结果如图 7-17 所示。

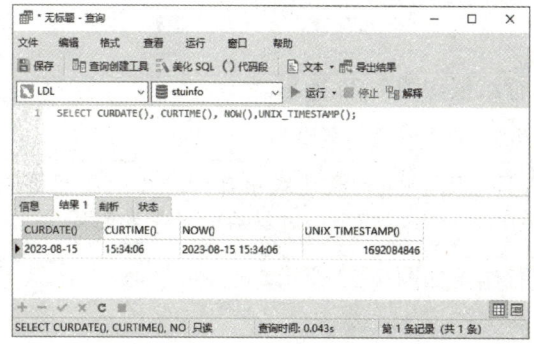

图 7-16 示例 7-16 运行结果

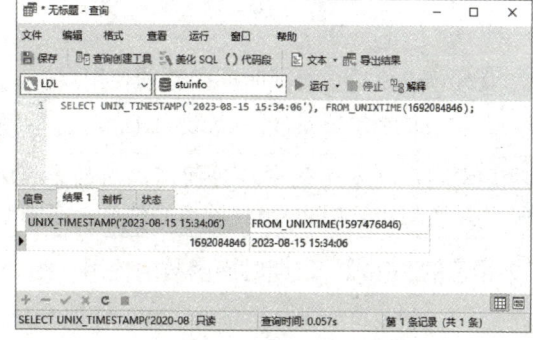

图 7-17 示例 7-17 运行结果

```
SELECT UNIX_TIMESTAMP('2023-08-15 15:34:06'), FROM_UNIXTIME(1692084846);
```

【示例7-18】 日期时间函数的使用（3）。运行结果如图7-18所示。
```
SELECT NOW(),
YEAR(NOW()), MONTH(NOW()), DAY(NOW()), DAYNAME(NOW());
```

【示例7-19】 日期时间函数的使用（4）。运行结果如图7-19所示。
```
SELECT NOW(),
HOUR(NOW()), MINUTE(NOW()), SECOND(NOW()), WEEKDAY(NOW());
```

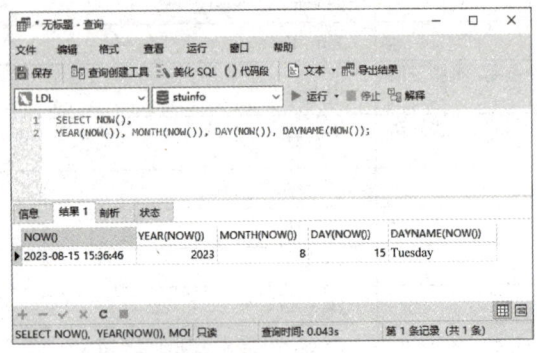

图7-18　示例7-18运行结果

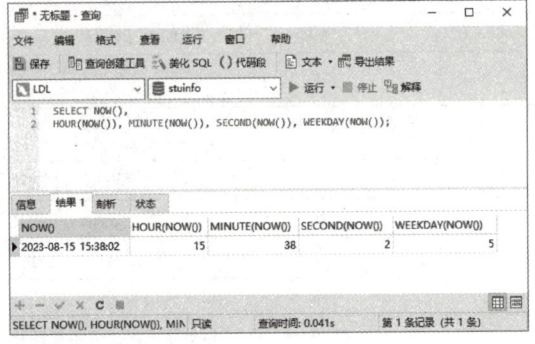

图7-19　示例7-19运行结果

【示例7-20】 日期时间函数的使用（5）。运行结果如图7-20所示。
```
SELECT TIME_TO_SEC('01:05:08'), SEC_TO_TIME(3908);
```

【示例7-21】 日期时间函数的使用（6）。运行结果如图7-21所示。
```
SELECT NOW(), DATEDIFF(NOW(),'2023-07-01'), ADDDATE(NOW(),15);
```

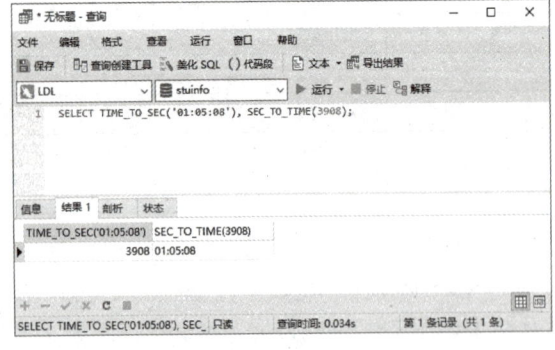

图7-20　示例7-20运行结果

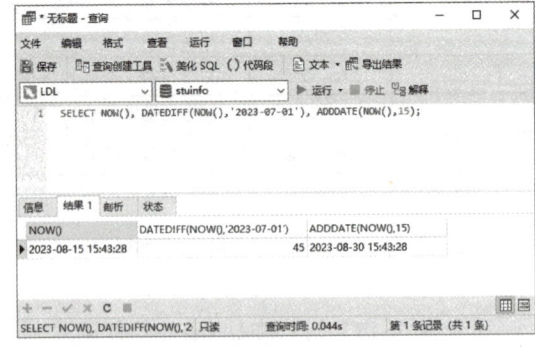

图7-21　示例7-21运行结果

【示例7-22】 日期时间函数的使用（7）。运行结果如图7-22所示。
```
SELECT NOW(), ADDDATE(NOW(),INTERVAL '1 4' DAY_HOUR);
```

说明：在本示例中，时间间隔用的是DAY_HOUR，expr表达式中日和时之间用空格隔开，ADDDATE()函数返回的结果是当前日期时间一天零四个小时以后的日期和时间。

【示例7-23】 日期时间函数的使用（8）。运行结果如图7-23所示。
```
SELECT NOW(), DATE_FORMAT(NOW(),'%b %D %Y %r %W');
```

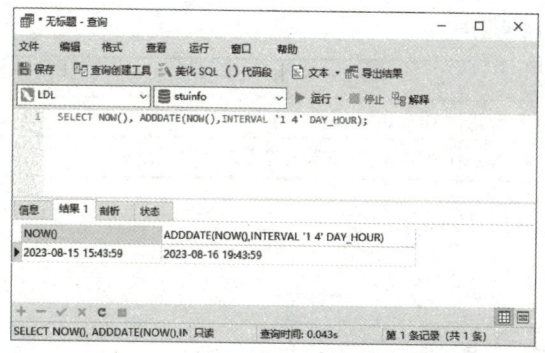

图 7-22 示例 7-22 运行结果

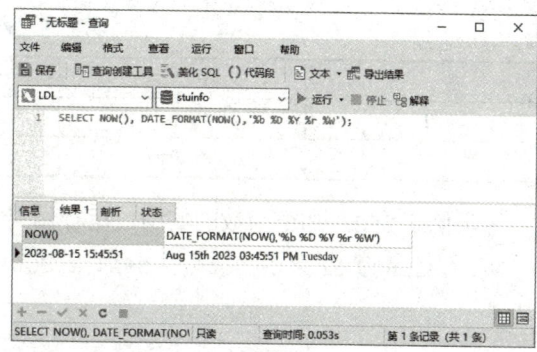

图 7-23 示例 7-23 运行结果

7.4.4 系统信息函数

常见系统信息函数及其说明见表 7-8。

表 7-8 常见系统信息函数

序号	函数	说明
1	VERSION()	返回数据库的版本号
2	CONNECTION_ID()	返回服务器的连接数
3	DATABASE()	返回当前数据库名
4	USER()、SYSTEM_USER()、SESSION_USER()、CURRENT_USER()	返回当前用户
5	CHARSET(str)	返回字符串 str 的字符集
6	COLLATION(str)	返回字符串 str 的字符排列方式
7	LAST_INSERT_ID()	返回最近生成的 AUTO_INCREMENT 值

【示例 7-24】 系统信息函数的使用（1）。运行结果如图 7-24 所示。

```
SELECT VERSION(), CONNECTION_ID(), DATABASE(), USER();
```

【示例 7-25】 系统信息函数的使用（2）。运行结果如图 7-25 所示。

```
SELECT CHARSET('MySQL');
```

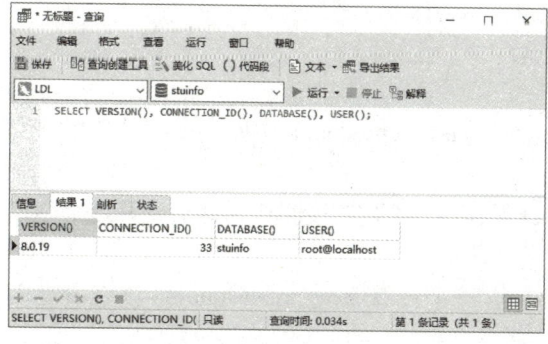

图 7-24 示例 7-24 运行结果

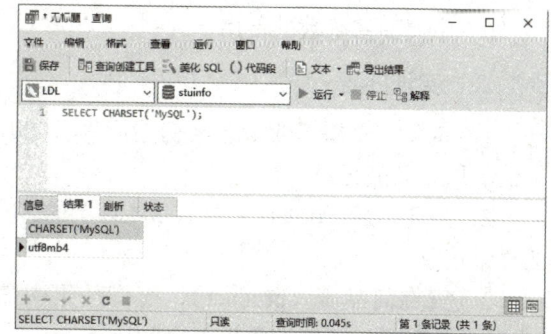

图 7-25 示例 7-25 运行结果

7.4.5 加密函数

常见加密函数及其说明见表 7-9。

表 7-9 常见加密函数

序号	函数	说明
1	MD5(str)	对字符串 str 进行 MD5 加密
2	SHA(str)	对字符串 str 进行 SHA 加密，该加密算法比 MD5 更加安全

【示例 7-26】加密函数的使用。运行结果如图 7-26 所示。

```
SELECT MD5('MySQL'), SHA('MySQL');
```

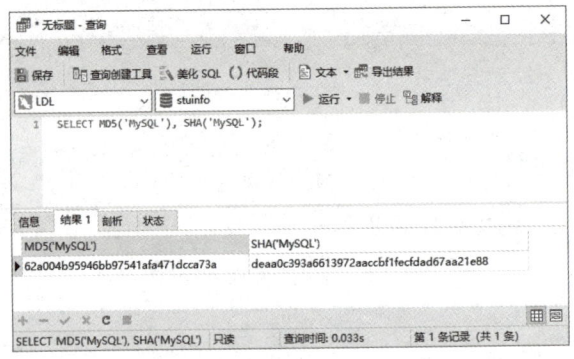

图 7-26　示例 7-26 运行结果

7.5 同步实训：在商品销售系统数据库中使用运算符和内部函数

一、实训目的

1. 掌握用户变量的创建与使用。
2. 掌握算术运算符、比较运算符、逻辑运算符的使用。
3. 掌握数学函数的使用。
4. 掌握字符串函数的使用。
5. 掌握日期时间函数的使用。
6. 掌握加密函数的使用。

二、实训内容

1. 定义一个用户变量，其初始值为 1000，查询商品表（product）中库存量超过该用户变量值的所有商品记录。

2. 把订单表（orders）中 10004 订单的客户 ID 保存到一个用户变量中，然后查询这个客户的详细信息。

3. 查询商品表（product），查询结果中需要包含一个计算字段 totalMoney，该字段是由"商品单价"乘以"库存量"得来的。

4. 查询商品表（product），把查询结果中的"商品编号"与"商品名称"作为一个字段进行输出，两者之间以符号"+"隔开。

5. 查询销售员表（seller），把查询结果中"联系电话"的后 4 位字符以"****"的形式进行输出。

6. 查询销售员表（seller），提取销售员姓名中的"姓"和"名"，并以两个字段进行输出。

7. 查询销售员表（seller），提取销售员出生日期中的"年""月""日"，并以三个字段进行输出。

8. 查询订单表（orders），把查询结果中的"订单日期"以"2018-05-16 03:44:12 PM Wednesday"的格式进行输出。

9. 查询商品表（product），把查询结果中的"库存量"通过 MD5() 函数加密后进行输出。

7.6 习题

一、选择题

1. 下列标识符可以作为用户变量名的是（　　）。
   A．[@Myvar]　　B．Myvar　　C．@Myvar　　D．@My var
2. MySQL 提供的多行注释符号是（　　）。
   A．/* */　　B．-- --　　C．{ }　　D．# #
3. 要输出系统变量的值，使用的语句是（　　）。
   A．PRINT　　B．DISPLAY　　C．SELECT　　D．SHOW
4. 用户变量必须以（　　）开头。
   A．@@　　B．@　　C．#　　D．*
5. 语句 SELECT TRUNCATE(3.14159,4); 的执行结果是（　　）。
   A．3.142　　B．3.141　　C．3.1415　　D．3.1416
6. 语句 SELECT ROUND(7.55,1), ROUND(7.55); 的执行结果是（　　）。
   A．7.5，7　　B．7.6，7　　C．7,5，8　　D．7.6，8
7. 语句 SELECT SQRT(9), POW(8,2); 的执行结果是（　　）。
   A．3，256　　B．81，64　　C．3，64　　D．81，256
8. 语句 SELECT FLOOR(3.14) , CEIL (3.14); 的执行结果是（　　）。
   A．3，3　　B．4，4　　C．3，4　　D．4，3
9. 语句 SELECT FLOOR(-3.14) , CEIL (-3.14); 的执行结果是（　　）。
   A．-3，-3　　B．-4，-4　　C．-3，-4　　D．-4，-3
10. 语句 SELECT CHAR_LENGTH('I LOVE YOU'), LENGTH('我爱你'); 的执行结果是（　　）。
    A．10，3　　B．8，9　　C．10，9　　D．8，3
11. 语句 SELECT CONCAT('-','abc'), CONCAT_WS('-','abc','xyz'); 的执行结果是（　　）。
    A．-abc，abc-xyz　　B．abc-abc，xyz-abc
    C．abc-，-abcxyz　　D．-abc-，abcxyz-
12. 语句 SELECT INSERT('ABCDEFG',3,2,'XYZ'), REPLACE('123456789','6','ABC'); 的执行结果是（　　）。
    A．ABCXYZFG，12345ABC789　　B．ABXYZEFG，12345ABC789

C．ABCXYZEFG，123456ABC789　　D．ABXYZEFG，12345ABC9

13．语句 SELECT SUBSTRING('ABCDEFG',3,3), LOCATE('AB','TABLE'); 的执行结果是（　　）。

　　A．CDE，1　　　B．DEF，1　　　C．CDE，2　　　D．DEF，2

14．语句 SELECT DATEDIFF('2020-2-15','2020-2-25'); 的执行结果是（　　）。

　　A．10　　　　　B．-10　　　　　C．11　　　　　D．-11

15．以下语句的执行结果是（　　）。

```
SET @myDay='2020-6-1 12:30:35';
SELECT MONTH(@myDay), SECOND(@myDay);
```

　　A．6，30　　　B．5，30　　　C．5，35　　　D．6，35

二、判断题

1．MySQL 中常用的内部函数包括：数学函数、字符串函数、日期时间函数等。　（　　）

2．对于所有用户来说，系统变量只能读取不能修改。　（　　）

3．CURRENT_TIMESTAMP()、SYSDATE()、NOW()这三个函数都可以用来获取当前的日期时间。　（　　）

4．MySQL 中的单行注释只能以#开头。　（　　）

5．MySQL 中系统变量必须以@@开头，否则就不是系统变量。　（　　）

第 8 章　存储过程和存储函数

本章学习要点：

- 存储过程和存储函数的概念及优点
- 存储过程的创建和调用执行
- 存储过程的修改和删除
- 存储函数的创建和调用执行
- 存储函数的修改和删除
- 流程控制语句
- 游标的操作和使用

　　MySQL 的存储过程和存储函数是保存在数据库服务器上、可以用来执行特定工作的一组 SQL 代码的程序段。存储过程和存储函数可以包含针对数据库操作的 SQL 语句，还可以在其内部进行流程控制，而且其执行速度快，在数据库应用开发中使用广泛。本章主要讲述存储过程和存储函数的概述、存储过程和存储函数的创建和执行，以及局部变量、流程控制语句和游标的使用。

8.1　存储过程和存储函数概述

1. 存储过程和存储函数的概念

MySQL 的存储过程和存储函数的语法非常接近，但也是有区别的，它们的主要区别如下。

8.1

- 存储过程的参数有 IN、OUT、INOUT 三种类型；而存储函数只有 IN 类型。
- 存储过程声明时不需要返回类型；而存储函数声明时需要描述返回类型，且存储函数体中必须包含一条通过 RETURN 返回值的语句。
- 存储过程中的语句功能更强大，可以实现很复杂的业务逻辑；而存储函数则有很多限制，也就是说，存储函数实现的功能针对性比较强。
- 存储过程可以调用存储函数；而存储函数不能调用存储过程。
- 存储过程一般是作为一个独立的部分来执行的（使用 CALL 语句调用）；而存储函数可以作为查询语句的一部分来使用。

2. 存储过程和存储函数的优点

- 存储过程和存储函数允许标准组件式编程，提高了 SQL 语句的重用性、共享性和可移植性。
- 存储过程和存储函数是在 MySQL 服务器上执行的，执行速度快、网络通信流量小。

- 存储过程和存储函数可以作为一种安全机制来利用，其权限可以与数据表的权限不同，保证数据的安全性。

8.2 存储过程

8.2.1 局部变量

在存储过程或存储函数中，可以定义和使用变量。定义变量使用 DECLARE 语句，定义在存储过程或存储函数中的变量称为局部变量，其作用范围是本存储过程或存储函数，定义后就可以给变量赋值。

8.2.1

1. 定义变量

使用 DECLARE 语句可以定义变量。其语法格式如下。

```
DECLARE <变量名> [,…] <数据类型> [DEFAULT 默认值];
```

说明：可以同时定义多个变量，变量名之间用逗号隔开；也可以设置变量的默认值，如果没有设置，则默认值为 NULL。

例如：定义一个名为 myVar 的变量，INT 类型，默认值为 10。

```
DECLARE myVar INT DEFAULT 10;
```

2. 给变量赋值

1）使用 SET 语句可以给变量赋值。其语法格式如下。

```
SET <变量名1> = <赋值表达式1> [, <变量名2> = <赋值表达式2> ,…];
```

说明：可以同时为多个变量赋值，各个变量的赋值语句之间用逗号隔开。

例如：给变量 myVar 赋值为 30。

```
SET myVar = 30;
```

2）使用 SELECT…INTO 语句可以给变量赋值。其语法格式如下。

```
SELECT <字段名1> [, 字段名2…] INTO <变量名1> [, 变量名2…]
    FROM <表名> WHERE <查询条件>;
```

例如：在学生表（student）中查询出学号为 1308013101 的学生所在的班级，并把它赋给变量 myVar。

```
DECLARE myVar VARCHAR(30);
SELECT deptName INTO myVar FROM student WHERE sNo='1308013101';
```

8.2.2 使用 CREATE PROCEDURE 语句创建存储过程

创建存储过程使用 CREATE PROCEDURE 语句，创建不带参数的存储过程的语法格式如下。

8.2.2

```
CREATE PROCEDURE <存储过程名> ( )
    [characteristic…]
    <存储过程体>
```

说明：
- characteristic 参数指定存储过程的特性，其主要取值及说明如下。
    - [NOT] DETERMINISTIC：指定 DETERMINISTIC 的优化器是否开启，默认选项为 NOT DETERMINISTIC。
    - CONTAINS SQL | NO SQL | READS SQL DATA | MODIFIES SQL DATA：指定子程序使用 SQL 语句的限制。CONTAINS SQL 表示子程序包含 SQL 语句，但不包含读和写数据的语句；NO SQL 表示子程序中不包含 SQL 语句；READS SQL DATA 表示子程序中包含读数据的语句；MODIFIES SQL DATA 表示子程序中包含写数据的语句。默认为 CONTAINS SQL。
    - SQL SECURITY {DEFINER | INVOKER}：指定谁有权限来执行。DEFINER 表示只有定义者自己才能执行；INVOKER 表示调用者可以执行。默认为 DEFINER。
    - COMMENT 'string'：注释信息。
- <存储过程体>是 SQL 代码的内容，可以用 BEGIN…END 来标志 SQL 代码的开始和结束。

另外，由于 MySQL 中默认的结束符为分号（;），而存储过程中的 SQL 语句也以分号（;）为结束符，若通过命令行程序来创建存储过程，为了避免冲突，则需要临时使用 delimiter 命令修改会话的命令结束符，等存储过程执行结束以后，再把结束符修改为分号（;）。例如，先使用"delimiter //"将 MySQL 的结束符设置为"//"，再使用"delimiter ;"将结束符设置为分号";"。其语法框架如下。

```
mysql> delimiter //
mysql>CREATE PROCEDURE <存储过程名> ( )
    -> BEGIN
    ->      # 内部各种语句,可以使用分号（;）作为命令结束符
    ->      ……
    ->      ……
    -> END //
mysql> delimiter ;
```

【示例 8-1】 创建一个不带参数的存储过程 up_softwareStudent，查询出"软件 131"班级中的所有学生记录。

```
CREATE PROCEDURE up_softwareStudent( )
BEGIN
    SELECT * FROM student WHERE deptName = '软件131';
END
```

以上语句需要输入并执行。

1）打开 Navicat 控制台，依次展开 LDL→stuinfo，打开 stuinfo 数据库，单击工具栏上的"查询"→"新建查询"，打开一个查询窗口，在该窗口中输入以上 SQL 语句，单击工具栏上的"运行"按钮执行该语句。运行结果如图 8-1 所示。

2）代码执行完毕后，没有提示任何出错信息就表示存储过程已经创建成功，以后就可以调用这个存储过程，即执行存储过程中的 SQL 语句。该存储过程可以在 LDL→stuinfo→"函数"列表中进行查看，如图 8-2 所示。

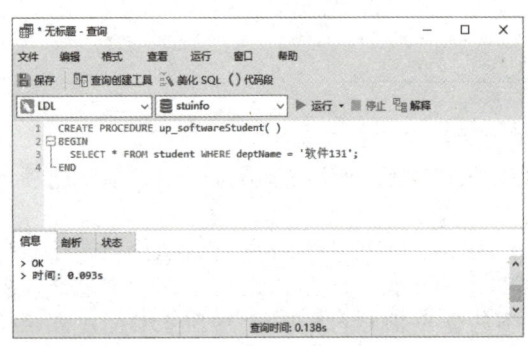

图 8-1 示例 8-1 运行结果

图 8-2 示例 8-1 运行结果

8.2.3 创建带输入参数、输出参数的存储过程

创建带输入参数、输出参数的存储过程的语法格式如下。

```
CREATE PROCEDURE <存储过程名> ([参数1[,参数2[,…[,参数n]]]])
    [characteristic…]
    <存储过程体>
```

8.2.3

> **说明：**
> - <参数>的格式为：[IN | OUT | INOUT]<参数名><类型>。
>   - IN 表示输入参数；OUT 表示输出参数；INOUT 表示既可以是输入参数，也可以是输出参数。
>   - <参数名>表示存储过程的参数名称。
>   - <类型>表示存储过程的参数类型，可以是 MySQL 数据库的任意数据类型。

【示例 8-2】 创建一个带输入参数的存储过程 up_deptStudentInfo，通过一个给定的班级，查询出该班级中的所有学生记录。运行结果如图 8-3 所示。

```
CREATE PROCEDURE up_deptStudentInfo(IN stuDeptName VARCHAR(30))
BEGIN
    SELECT * FROM student WHERE deptName = stuDeptName;
END
```

【示例 8-3】 创建一个带输入参数和输出参数的存储过程 up_scoreGradeInfo，通过一个给定的学号，查询出该学生选修课程的数量及平均分，并通过输出参数返回。运行结果如图 8-4 所示。

```
CREATE PROCEDURE up_scoreGradeInfo(IN stuNo CHAR(10),
                    OUT countNum INT, OUT avgGrade FLOAT)
BEGIN
    SELECT COUNT(*),AVG(grade) INTO countNum,avgGrade FROM score
    INNER JOIN student ON student.id=score.sId WHERE sNo = stuNo;
END
```

8.2.4 调用执行存储过程

存储过程是存储在服务器端的 SQL 语句的集合，使用这些定义好的存储过程必须通过调用的方式来实现。存储过程被调用后，数据库系统将执行存

8.2.4

储过程中的语句。执行存储过程需要拥有 EXECUTE 权限。

图 8-3　示例 8-2 运行结果

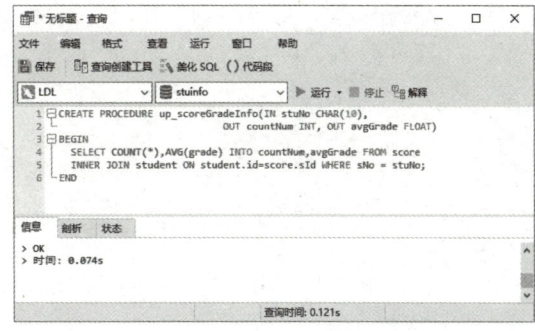

图 8-4　示例 8-3 运行结果

调用存储过程使用 CALL 语句，其语法格式如下。

CALL <存储过程名>([<实际参数值 1>[，实际参数值 2…]]);

【示例 8-4】　调用示例 8-2 中的存储过程 up_deptStudentInfo。运行结果如图 8-5 所示。

```
CALL up_deptStudentInfo('网络131');
```

【示例 8-5】　调用示例 8-3 中的存储过程 up_scoreGradeInfo。运行结果如图 8-6 所示。

```
CALL up_scoreGradeInfo('1308013101',@countNum,@avgGrade);
SELECT @countNum AS '选修课程数', @avgGrade AS '平均分';
```

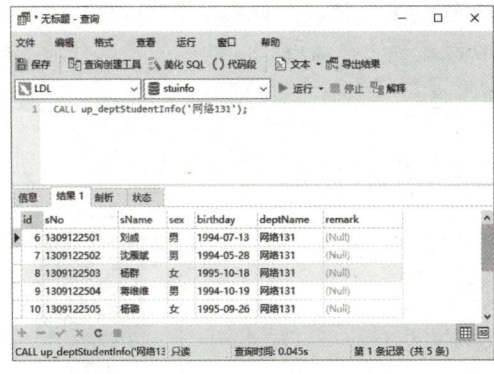

图 8-5　示例 8-4 运行结果

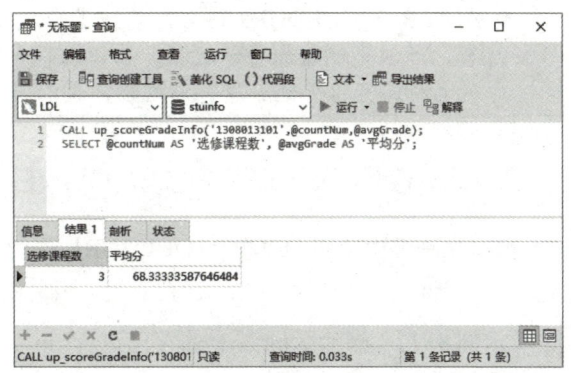

图 8-6　示例 8-5 运行结果

8.2.5　使用 ALTER PROCEDURE 语句修改存储过程

修改存储过程使用 ALTER PROCEDURE 语句，其语法格式如下。

```
ALTER PROCEDURE <存储过程名> [characteristic…]
characteristic：
    {CONTAINS SQL|NO SQL|READS SQL DATA|MODIFIES SQL DATA}|
    SQL SECURITY {DEFINER|INVOKER}|
    COMMENT 'string';
```

8.2.5

说明：characteristic 参数的取值及说明与创建存储过程中的参数一样。

【示例 8-6】　修改示例 8-2 中存储过程 up_deptStudentInfo 的定义，将访问数据权限更改为

READS SQL DATA。运行结果如图 8-7 所示。

```
ALTER PROCEDURE up_deptStudentInfo
READS SQL DATA;
```

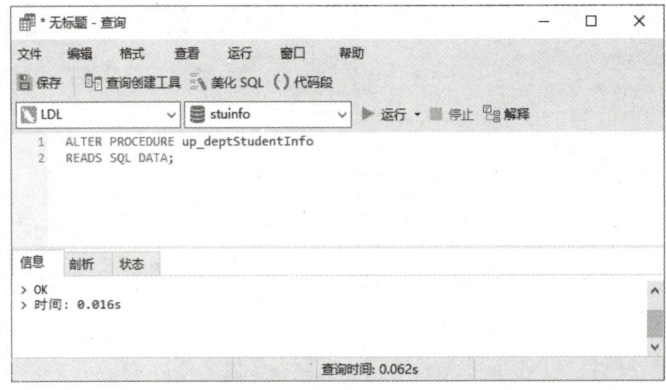

图 8-7　示例 8-6 运行结果

> **说明：**
> - 以上语句成功执行以后，通过查询 information_schema 数据库下的 routines 表，可以发现存储过程 up_deptStudentInfo 的访问数据权限（SQL_DATA_ACCESS）已经更改为 READS SQL DATA。
> - ALTER PROCEDURE 语句只能用于修改存储过程的某些特征。如果要修改存储过程的内容，可以先删除原存储过程，再以相同的命名创建新的存储过程；如果要修改存储过程的名称，可以先删除原存储过程，再以不同的命名创建新的存储过程。

8.2.6　使用 DROP PROCEDURE 语句删除存储过程

删除存储过程使用 DROP PROCEDURE 语句，其语法格式如下。

```
DROP PROCEDURE [IF EXISTS] <存储过程名>;
```

8.2.6

【示例 8-7】　删除示例 8-1 的存储过程 up_softwareStudent。运行结果如图 8-8 所示。

```
DROP PROCEDURE up_softwareStudent;
```

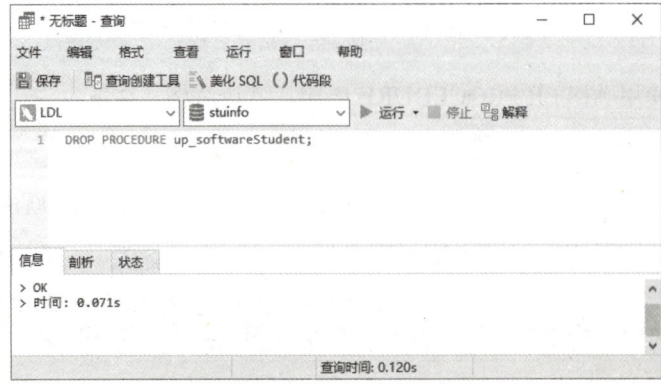

图 8-8　示例 8-7 运行结果

说明:删除后,可以通过在 LDL→stuinfo→"函数"的列表中查看、或者查询 information_schema 数据库中的 routines 表,来确认以上存储过程的删除是否成功。

8.3 存储函数

8.3.1 使用 CREATE FUNCTION 语句创建存储函数

存储函数即用户自定义函数,创建存储函数使用 CREATE FUNCTION 语句,其语法格式如下。

8.3.1

```
CREATE FUNCTION <存储函数名>([参数1[,参数2[,…[,参数n]]]])
    RETURNS <数据类型>
    [characteristic…]
    <存储函数体>
```

说明:
- <参数>的格式为:<参数名><类型>。
- characteristic 参数指定函数的特性,其取值与存储过程中参数的取值一样。
- <存储函数体>是 SQL 代码的内容,可以用 BEGIN…END 来标志 SQL 代码的开始和结束。函数体中必须包含通过 RETURN 返回值的语句,该返回值的数据类型由之前的"RETURNS <数据类型>"指定。

【示例 8-8】 创建一个存储函数 func_getStudentName,通过一个给定的学号,返回该学生的姓名。运行结果如图 8-9 所示。

```
CREATE FUNCTION func_getStudentName(stuNo CHAR(10))
RETURNS VARCHAR(20)
DETERMINISTIC
BEGIN
    DECLARE stuName VARCHAR(20);
    SELECT sName INTO stuName FROM student WHERE student.sNo = stuNo;
    RETURN stuName;
END
```

【示例 8-9】 创建一个存储函数 func_getGradeBySNoCNo,通过给定的学号和课程号,返回该学生指定课程的成绩。运行结果如图 8-10 所示。

```
CREATE FUNCTION func_getGradeBySNoCNo(stuNo CHAR(10),couNo CHAR(5))
RETURNS TINYINT
DETERMINISTIC
BEGIN
    DECLARE stuScore TINYINT;
    SELECT grade INTO stuScore FROM score
        INNER JOIN student ON score.sId=student.id
        INNER JOIN course ON score.cId=course.id
        WHERE student.sNo=stuNo AND course.cNo=couNo;
    RETURN stuScore;
END
```

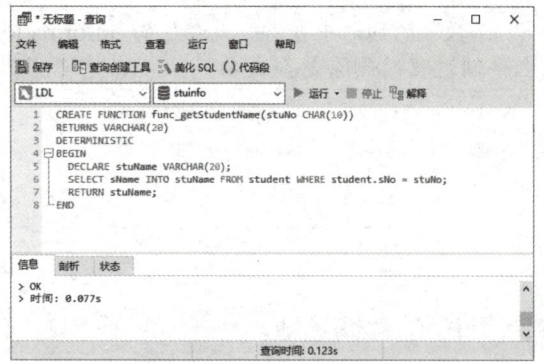
图 8-9　示例 8-8 运行结果

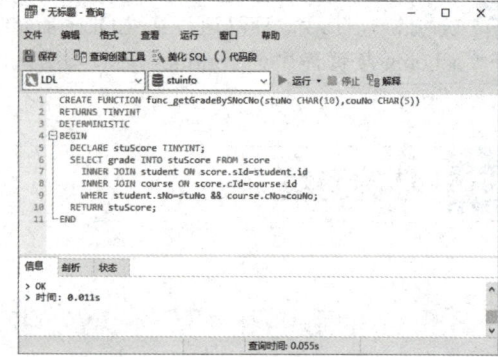
图 8-10　示例 8-9 运行结果

【示例 8-10】　创建一个存储函数 func_getStuNoNameById，通过一个给定的学生 Id，返回该学生的"学号-姓名"。运行结果如图 8-11 所示。

```
CREATE FUNCTION func_getStuNoNameById(stuId INT UNSIGNED)
RETURNS VARCHAR(30)
DETERMINISTIC
BEGIN
    DECLARE stuNo_Name VARCHAR(30);
    SELECT CONCAT_WS('-',sNo,sName) INTO stuNo_Name FROM student
        WHERE student.id = stuId;
    RETURN stuNo_Name;
END
```

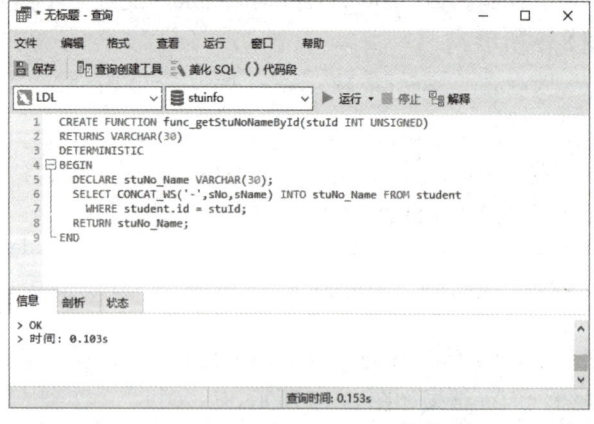

图 8-11　示例 8-10 运行结果

8.3.2　调用执行存储函数

用户自己定义的存储函数与 MySQL 的内部函数是一个性质的，其区别在于：存储函数是用户自己定义的，而内部函数是 MySQL 的开发者定义的。调用存储函数与使用 MySQL 的内部函数的方法是一样的。执行存储函数需要拥有 EXECUTE 权限。

【示例 8-11】　调用示例 8-8 的存储函数 func_getStudentName，返回学号为 1308013101 的学生的姓名。运行结果如图 8-12 所示。

```
SELECT func_getStudentName('1308013101');
```

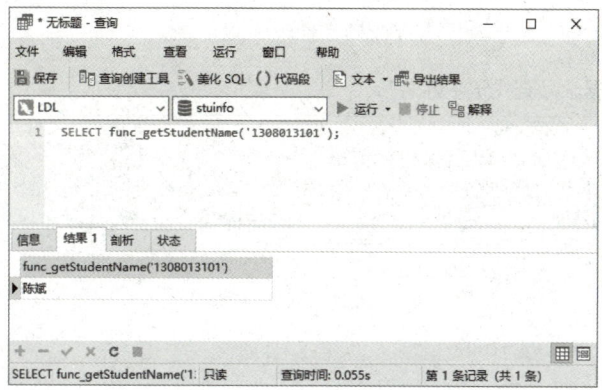

图 8-12　示例 8-11 运行结果

【**示例 8-12**】　调用示例 8-9 的存储函数 func_getGradeBySNoCNo，返回学号为 1308013101 的学生的 01001 课程的成绩。运行结果如图 8-13 所示。

```
SELECT func_getGradeBySNoCNo('1308013101', '01001') AS '成绩';
```

【**示例 8-13**】　调用示例 8-10 的存储函数 func_getStuNoNameById，在成绩表（score）中查询成绩大于或等于 90 分的学生成绩情况。运行结果如图 8-14 所示。

```
SELECT func_getStuNoNameById(sId), cId, grade FROM score
WHERE grade>=90;
```

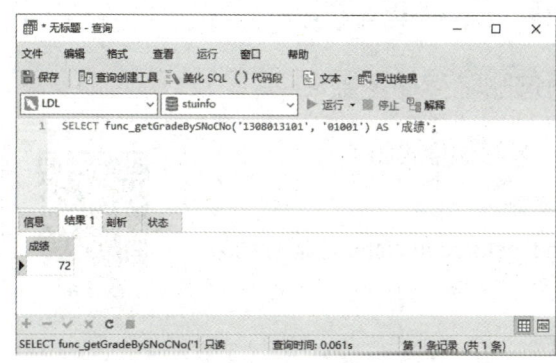

图 8-13　示例 8-12 运行结果

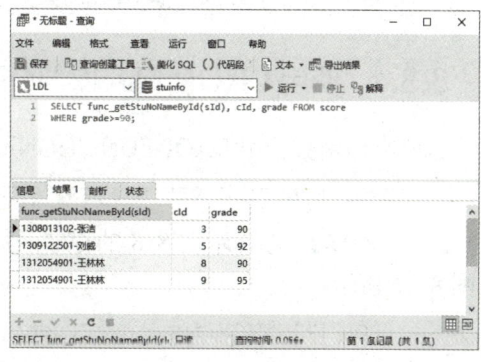

图 8-14　示例 8-13 运行结果

8.3.3　使用 ALTER FUNCTION 语句修改存储函数

修改存储函数使用 ALTER FUNCTION 语句，其语法格式如下。

```
ALTER FUNCTION <函数名> [characteristic…]
characteristic:
    {CONTAINS SQL|NO SQL|READS SQL DATA|MODIFIES SQL DATA}
    |SQL SECURITY {DEFINER|INVOKER}
    |COMMENT 'string';
```

8.3.3

　说明：characteristic 参数的取值及说明与创建存储函数中的参数一样。

【**示例 8-14**】　修改示例 8-8 的存储函数 func_getStudentName 的定义，将访问数据权限更改为 READS SQL DATA，并加上注释信息"根据学号查找学生姓名"。运行结果如图 8-15 所示。

```
ALTER FUNCTION func_getStudentName
READS SQL DATA
COMMENT '根据学号查找学生姓名';
```

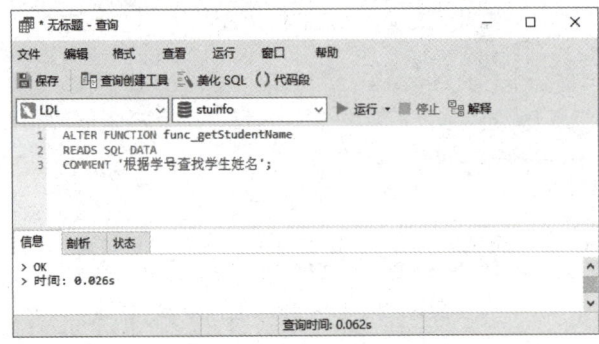

图 8-15　示例 8-14 运行结果

说明：
- 以上语句成功执行以后，通过查询 information_schema 数据库下的 routines 表，可以发现存储函数 func_getStudentName 的访问数据权限（SQL_DATA_ACCESS）已经更改为 READS SQL DATA，注释信息（ROUTINE_COMMENT）已经更改为"根据学号查找学生姓名"。
- 与 ALTER PROCEDURE 语句只能修改存储过程的某些特征一样，ALTER FUNCTION 语句只能用于修改存储函数的某些特征。

8.3.4　使用 DROP FUNCTION 语句删除存储函数

删除存储函数使用 DROP FUNCTION 语句，其语法格式如下。

```
DROP FUNCTION [IF EXISTS] <存储函数名>;
```

【示例 8-15】删除示例 8-8 的存储函数 func_getStudentName。运行结果如图 8-16 所示。

```
DROP FUNCTION func_getStudentName;
```

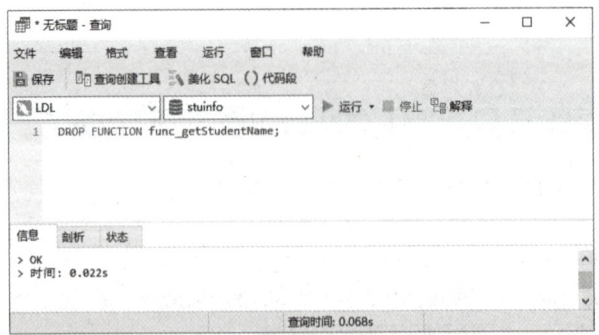

图 8-16　示例 8-15 运行结果

说明：删除后，可以通过在 LDL→stuinfo→"函数"的列表中查看或者查询 information_schema 数据库中的 routines 表，来确认以上存储函数的删除是否成功。

8.4 流程控制语句

流程控制语句是指控制程序执行流程的语句,主要指分支语句、循环语句等。

8.4.1 IF 语句

IF 语句用来进行条件判断,根据不同的条件执行不同的语句。其语法格式如下。

8.4.1

```
IF <条件表达式 1> THEN <语句块 1>
    [ELSEIF <条件表达式 2> THEN <语句块 2>]
    ...
    [ELSE <语句块 n>]
END IF;
```

说明:
- 如果条件表达式 1 成立,则执行语句块 1 中的代码;否则判断条件表达式 2 是否成立,如果成立,则执行语句块 2 中的代码;依此类推;如果所有条件表达式都不成立,则执行 ELSE 子句中语句块 n 中的代码。
- ELSEIF 和 ELSE 子句都是可选的。
- 在 ELSEIF 子句中只能有一个条件表达式成立或者都不成立,各个条件表达式之间是互为排斥的关系。

【示例 8-16】 创建一个存储过程 up_scoreStateInfo,通过给定的学号和课程号,查询出该学生指定课程的成绩,如果成绩合格,则返回 1,否则返回 0。如果未查询到成绩,则返回-1。运行结果如图 8-17 所示。

```
CREATE PROCEDURE up_scoreStateInfo(IN stuNo CHAR(10),
                    IN couNo CHAR(5),OUT stateScore INT)
BEGIN
    DECLARE stuScore INT;
    SELECT grade INTO stuScore FROM score
        INNER JOIN student ON student.id=score.sId
        INNER JOIN course ON course.id=score.cId
        WHERE sNo=stuNo AND cNo=couNo;
    IF stuScore IS NULL THEN
        SET stateScore=-1;
    ELSE stuScore >= 60 THEN
        SET stateScore = 1;
    ELSE
        SET stateScore = 0;
    END IF;
END
```

【示例 8-17】 调用示例 8-16 的存储过程 up_scoreStateInfo,获取学号为 1308013101 的学生的 01001 课程的成绩情况(0/1)。运行结果如图 8-18 所示。

```
CALL up_scoreStateInfo('1308013101', '01001', @stateScore);
SELECT @stateScore;
```

【示例 8-18】 创建一个存储过程 up_scoreRankInfo,通过给定的学号和课程号,查询出该学生指定课程的成绩,并把成绩转换为等级制进行返回。运行结果如图 8-19 所示。

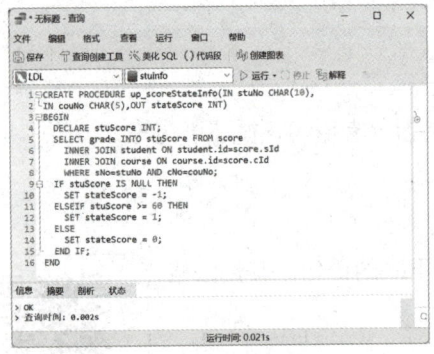

图 8-17 示例 8-16 运行结果

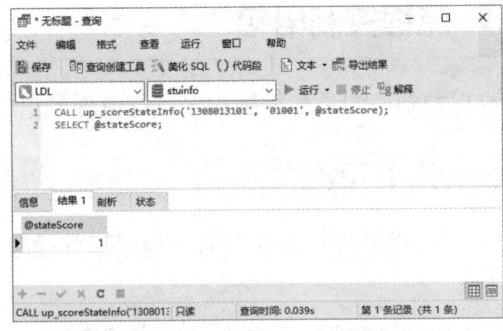

图 8-18 示例 8-17 运行结果

```
CREATE PROCEDURE up_scoreRankInfo(IN stuNo CHAR(10), IN couNo CHAR(5),
                OUT rankScore VARCHAR(10))
BEGIN
    DECLARE stuScore INT;
    SELECT grade INTO stuScore FROM score
        INNER JOIN student ON student.id=score.sId
        INNER JOIN course ON course.id=score.cId
        WHERE sNo=stuNo AND cNo=couNo;
    IF stuScore IS NULL THEN
        SET rankScore=-1;
    ELSEIF stuScore >= 90 THEN
        SET rankScore = '优秀';
    ELSEIF stuScore >= 80 THEN
        SET rankScore = '良好';
    ELSEIF stuScore >= 70 THEN
        SET rankScore = '中等';
    ELSEIF stuScore >= 60 THEN
        SET rankScore = '及格';
    ELSE
        SET rankScore = '不及格';
    END IF;
END
```

【示例 8-19】 调用示例 8-18 的存储过程 up_scoreRankInfo，获取学号为 1308013101 的学生的 01001 课程的成绩等级。运行结果如图 8-20 所示。

```
CALL up_scoreRankInfo('1308013101', '01001', @rankScore);
SELECT @rankScore AS '成绩等级';
```

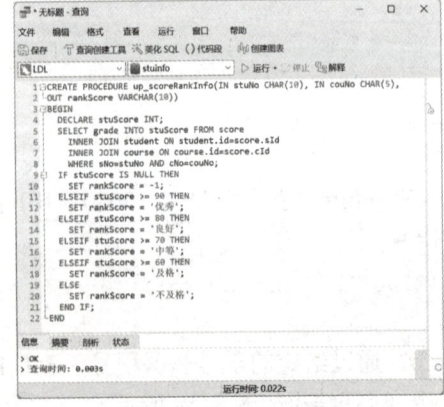

图 8-19 示例 8-18 运行结果

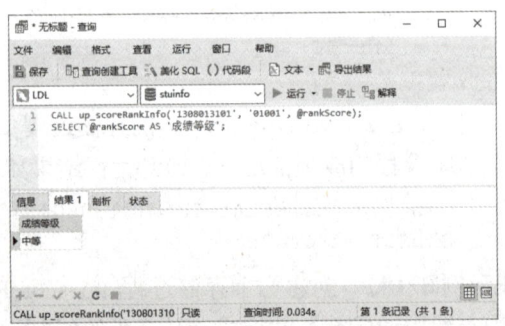

图 8-20 示例 8-19 运行结果

8.4.2 CASE 语句

CASE 语句也可以用来进行条件判断，且可以实现比 IF 语句更复杂的条件判断。

1）简单 CASE 语句的语法格式如下。

```
CASE <表达式名称>
    WHEN < 表达式值 1 > THEN < 结果 1 >
    [WHEN < 表达式值 2 > THEN < 结果 2 >]
    …
    [ELSE < 结果 n > ]
END [CASE];
```

8.4.2

说明：先计算 CASE 后的表达式名称；然后将其与各分支 WHEN 后的表达式值逐个匹配，若存在匹配的表达式值，则返回相应分支 THEN 后的结果；若所有的表达式值均不匹配，但存在 ELSE 分支，则返回 ELSE 分支的结果；若所有表达式值均不匹配且无 ELSE 分支，那么 CASE 语句不执行任何分支语句，返回 NULL。

2）搜索 CASE 语句的语法格式如下。

```
CASE
    WHEN <条件表达式 1> THEN <结果 1>
    [WHEN <条件表达式 2> THEN <结果 2>]
    …
    [ELSE <结果 n>]
END [CASE];
```

说明：按照指定顺序对每个分支 WHEN 后的条件表达式进行计算，返回第一个条件表达式的值为 TRUE 的分支的结果；如果所有分支的条件表达式均为 FALSE，但存在 ELSE 分支，则返回 ELSE 分支的结果；如果所有分支的条件表达式均为 FALSE 且不存在 ELSE，则 CASE 语句返回 NULL。

【示例 8-20】 创建一个存储过程 up_scoreRankInfo1，通过给定的学号和课程号，查询出该学生指定课程的成绩，并把成绩转换为等级制进行返回（使用 CASE 语句实现）。运行结果如图 8-21 所示。

```
CREATE PROCEDURE up_scoreRankInfo1(IN stuNo CHAR(10), IN couNo CHAR(5),
                    OUT rankScore VARCHAR(10))
BEGIN
    DECLARE stuScore INT;
    SELECT grade INTO stuScore FROM score
        INNER JOIN student ON student.id=score.sId
        INNER JOIN course ON course.id=score.cId
        WHERE sNo=stuNo AND cNo=couNo;
    CASE
        WHEN stuScore >= 90 THEN SET rankScore = '优秀';
        WHEN stuScore >= 80 THEN SET rankScore = '良好';
        WHEN stuScore >= 70 THEN SET rankScore = '中等';
        WHEN stuScore >= 60 THEN SET rankScore = '及格';
        ELSE SET rankScore = '不及格';
```

```
        END CASE;
    END
```

【示例 8-21】 调用示例 8-20 的存储过程 up_scoreRankInfo1，获取学号为 1308013101 学生的 01002 课程的成绩等级。运行结果如图 8-22 所示。

```
CALL up_scoreRankInfo1('1308013101', '01002', @rankScore);
SELECT @rankScore AS '成绩等级';
```

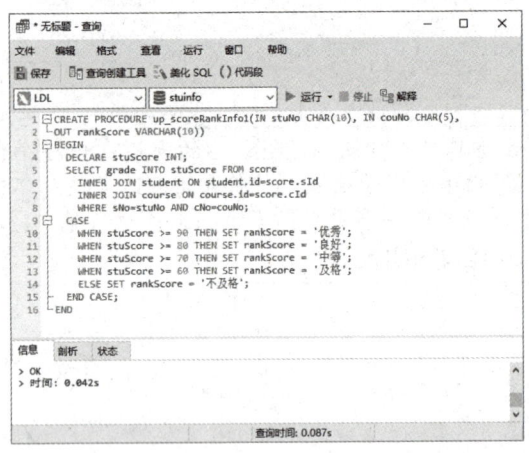
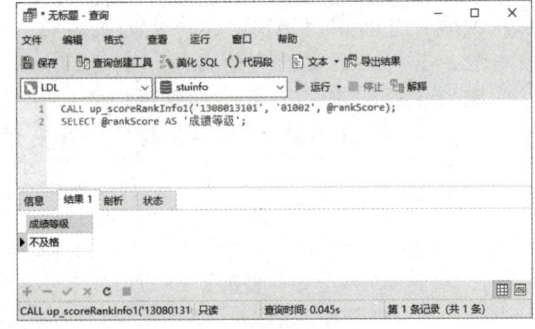

图 8-21　示例 8-20 运行结果　　　　　　图 8-22　示例 8-21 运行结果

另外，CASE 语句也可以直接用于 SELECT 语句中，用来完成复杂的查询。请看以下两个示例。

【示例 8-22】 查询成绩表（score），输出学号、姓名、课程名称、成绩和成绩等级。运行结果如图 8-23 所示。

```
SELECT sNo '学号', sName '姓名', cName AS '课程名称', grade AS '成绩',
    CASE
        WHEN grade>=90 THEN '优秀'
        WHEN grade>=80 THEN '良好'
        WHEN grade>=70 THEN '中等'
        WHEN grade>=60 THEN '及格'
        ELSE '不及格'
    END AS '成绩等级'
FROM score
INNER JOIN student ON student.id=score.sId
INNER JOIN course ON course.id=score.cId;
```

【示例 8-23】 查询学生表（student），输出学号、姓名、性别和班级，要求将性别"男"替换为"♂"、性别"女"替换为"♀"。运行结果如图 8-24 所示。

```
SELECT sNo '学号', sName AS '姓名',
CASE sex
    WHEN '男' THEN '♂'
    WHEN '女' THEN '♀'
    ELSE '未知'
END AS '性别', deptName AS '班级'
FROM student;
```

第 8 章 存储过程和存储函数

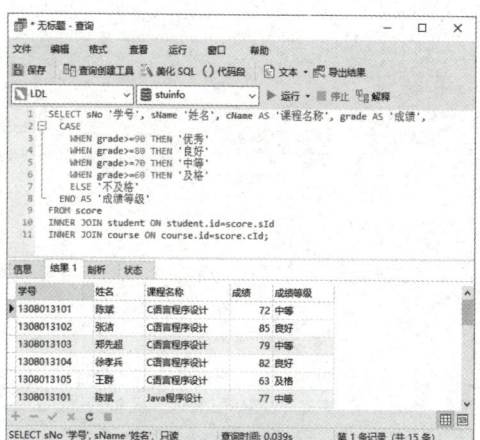

图 8-23 示例 8-22 运行结果

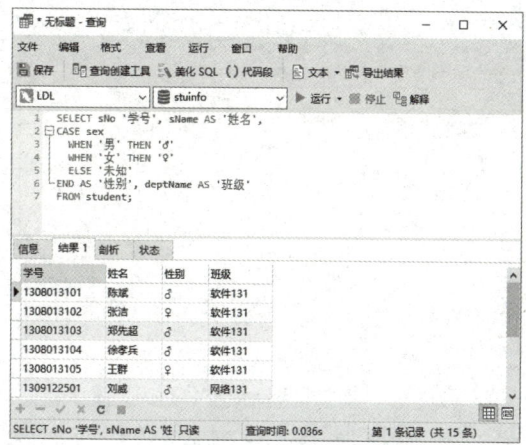

图 8-24 示例 8-23 运行结果

8.4.3 WHILE 语句

WHILE 语句是有条件控制的循环语句，当满足条件时，执行循环体内的语句。其语法格式如下：

```
[label:] WHILE <条件表达式> DO
    <语句块>
END WHILE [label];
```

8.4.3

说明：
- WHILE 语句在条件表达式成立时，重复执行语句块，直到条件表达式的值为逻辑"假"时，结束循环体的执行。
- label 参数表示循环开始和结束的标志，这两个标志必须相同，而且都可以省略。

【示例 8-24】 创建一个存储函数 func_sum，用来计算 1+2+3+…+n 的值。运行结果如图 8-25 所示。

```
CREATE FUNCTION func_sum(n INT)
RETURNS INT
DETERMINISTIC
BEGIN
    DECLARE i, sum INT;
    SET i=1, sum=0;
    WHILE i<=n DO
        SET sum=sum+i;
        SET i=i+1;
    END WHILE;
    RETURN sum;
END
```

【示例 8-25】 调用示例 8-24 的存储函数 func_sum，返回 1+2+3+…+100 的值。运行结果如图 8-26 所示。

```
SELECT func_sum(100);
```

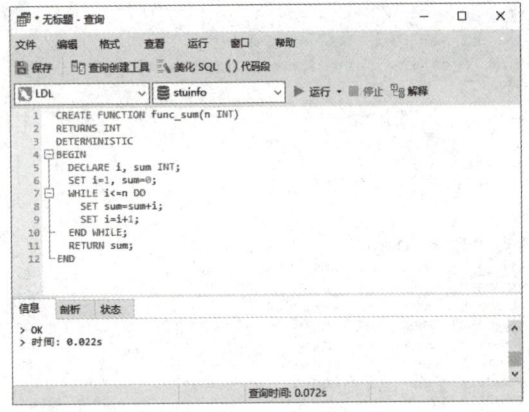

图 8-25 示例 8-24 运行结果

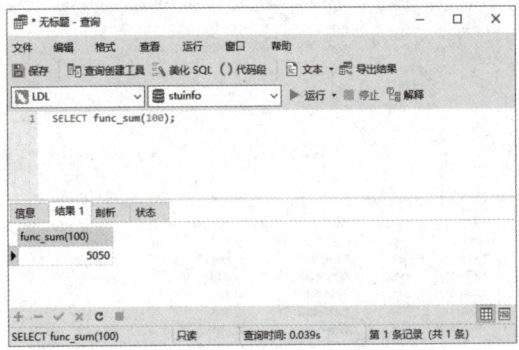

图 8-26 示例 8-25 运行结果

8.4.4 REPEAT 语句

REPEAT 语句也是有条件控制的循环语句，当满足特定条件时，会终止循环，跳出循环体。其语法格式如下：

```
[label:] REPEAT
    <语句块>
    UNTIL <条件表达式>
END REPEAT [label];
```

8.4.4

说明：
- REPEAT 语句是重复执行语句块，直到条件表达式的值为逻辑"真"时，结束循环体的执行。
- label 参数表示循环开始和结束的标志，这两个标志必须相同，而且都可以省略。

【示例 8-26】创建一个存储函数 func_sum1，用来计算 1+2+3+…+n 的值（使用 REPEAT 语句实现）。运行结果如图 8-27 所示。

```
CREATE FUNCTION func_sum1(n INT)
RETURNS INT
DETERMINISTIC
BEGIN
    DECLARE i, sum INT;
    SET i=1, sum=0;
    REPEAT
        SET sum=sum+i;
        SET i=i+1;
        UNTIL i>n
    END REPEAT;
    RETURN sum;
END
```

【示例 8-27】调用示例 8-26 的存储函数 func_sum1，返回 1+2+3+…+100 的值。运行结果如图 8-28 所示。

```
SELECT func_sum1(100);
```

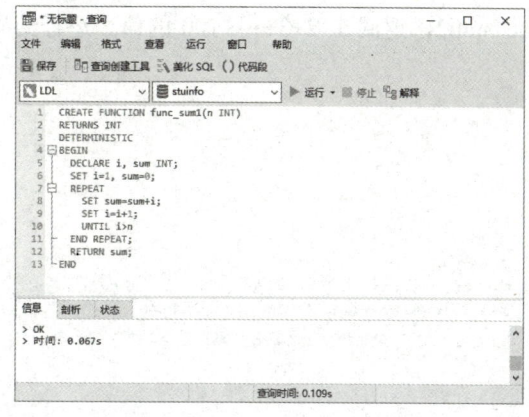

图 8-27 示例 8-26 运行结果

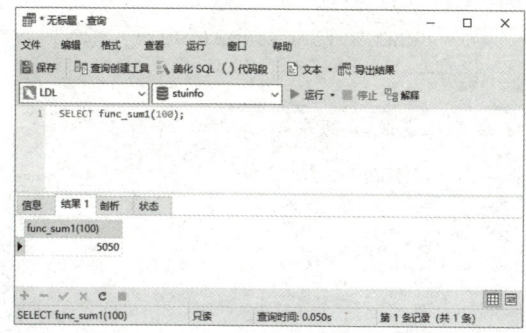

图 8-28 示例 8-27 运行结果

8.4.5 LOOP 语句和 LEAVE 语句

LOOP 语句可以使某些特定的语句重复执行，实现一个简单的循环。但是 LOOP 语句本身没有终止循环的语句，必须配合 LEAVE 语句使用才更有意义，否则是一个死循环。其语法格式如下。

```
[label:] LOOP
    <语句块>
    [LEAVE label]
END LOOP [label];
```

说明：
- LOOP 语句是重复执行语句块，直到遇到 LEAVE 语句时，结束循环体的执行。
- LEAVE 语句可用于从循环体内跳出，即结束当前循环。LEAVE 语句可以结束 WHILE、REPEAT、LOOP 结构语句的执行。

【示例 8-28】 创建一个存储函数 func_sum2，用来计算 $1+2+3+\cdots+n$ 的值（使用 LOOP 语句和 LEAVE 语句实现）。运行结果如图 8-29 所示。

```
CREATE FUNCTION func_sum2(n INT)
RETURNS INT
DETERMINISTIC
BEGIN
    DECLARE i, sum INT;
    SET i=1, sum=0;
    num: LOOP
        SET sum=sum+i;
        SET i=i+1;
        IF i>n THEN
            LEAVE num;
        END IF;
    END LOOP num;
    RETURN sum;
END
```

【示例 8-29】 调用示例 8-28 的存储函数 func_sum2，返回 1+2+3+…+100 的值。运行结果如图 8-30 所示。

```
SELECT func_sum2(100);
```

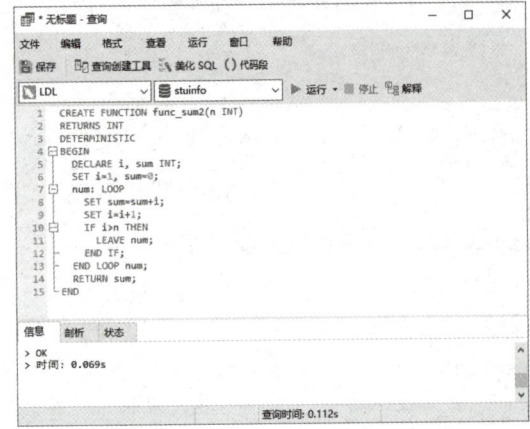

图 8-29　示例 8-28 运行结果

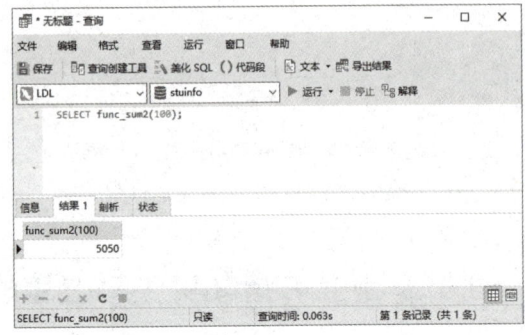

图 8-30　示例 8-29 运行结果

8.4.6　ITERATE 语句

ITERATE 语句可用于跳过本次循环中尚未执行的语句，即 ITERATE 语句后面的任何语句不再执行，重新开始新一轮的循环。其语法格式如下：

8.4.6

```
ITERATE label;
```

【示例 8-30】 创建一个存储函数 func_sum3，用来计算 1~n 中能同时被 3 和 7 整除的数之外的整数的和（使用 WHILE 语句和 ITERATE 语句来实现）。运行结果如图 8-31 所示。

```
CREATE FUNCTION func_sum3(n INT)
RETURNS INT
DETERMINISTIC
BEGIN
    DECLARE i, sum INT;
    SET i=1, sum=0;
    num: WHILE i<=n DO
        IF i%3=0 AND i%7=0 THEN
            SET i=i+1;
            ITERATE num;
        END IF;
        SET sum=sum+i;
        SET i=i+1;
    END WHILE num;
    RETURN sum;
END
```

【示例 8-31】 调用示例 8-30 的存储函数 func_sum3，返回 1~100 中能同时被 3 和 7 整除的数之外的整数的和。运行结果如图 8-32 所示。

```
SELECT func_sum3(100);
```

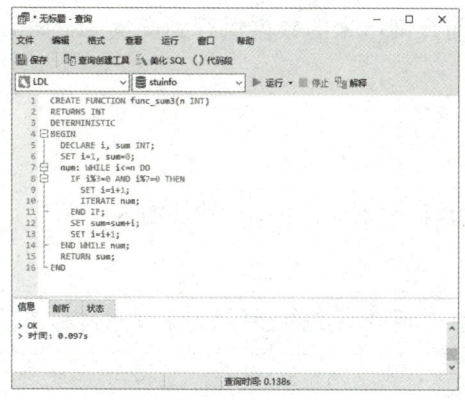

图 8-31　示例 8-30 运行结果

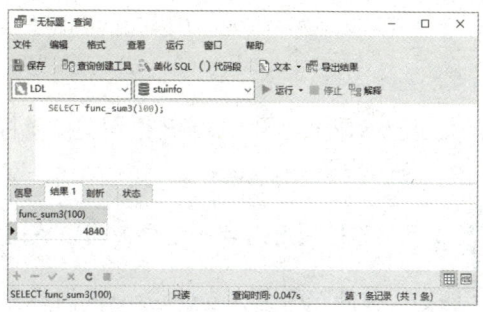

图 8-32　示例 8-31 运行结果

8.5　游标

游标是一种可以对查询结果集进行按行处理的数据结构。在存储过程中，可以把查询结果保存到游标中，并可对结果集中的数据逐行地进行处理。游标中的数据保存在内存中，从其中提取数据的速度要比从数据表中直接提取数据的速度快得多。

8.5.1

8.5.1　游标的操作

游标的操作包括声明游标、打开游标、读取游标和关闭游标。

1．声明游标

声明游标是指使用 DECLARE 语句声明并创建一个游标。其语法格式如下。

```
DECLARE <游标名称> CURSOR FOR <select 语句>;
```

例如：声明一个名为 myCursor 的游标，从学生表（student）中查询出 sName 和 deptName 字段的值。

```
DECLARE myCursor CURSOR FOR SELECT sName, deptName FROM student;
```

2．打开游标

打开游标是指使用 OPEN 语句打开已经声明但尚未打开的游标，并执行游标中定义的查询语句以填充数据。其语法格式如下。

```
OPEN <游标名称>;
```

例如：打开一个名为 myCursor 的游标。

```
OPEN myCursor;
```

3．读取游标

读取游标是指使用 FETCH 语句从打开的游标中逐行读取数据，以进行相关的处理。其语法格式如下。

```
FETCH <游标名称> INTO <变量名 1> [, <变量名 2>…];
```

例如：将游标 myCursor 中通过 SELECT 语句查询出来的数据保存到变量 stuName 和 stuDeptName 中。

```
FETCH myCursor INTO stuName, stuDeptName;
```

4. 关闭游标

关闭游标是指使用 CLOSE 语句关闭游标以释放数据结果集。其语法格式如下。

```
CLOSE <游标名称>;
```

 说明：游标使用完后一定要关闭，关闭之后就不能再使用 FETCH 语句来使用游标了。

例如：关闭一个名为 myCursor 的游标。

```
CLOSE myCursor;
```

8.5.2 游标的使用

由于游标具有可以逐行处理数据、提取数据快等特点，因此在实际应用中给用户带来很大的方便。游标一般需要结合存储过程或者存储函数进行使用，下面通过两个例子来进行介绍。

8.5.2

【示例 8-32】创建一个存储过程 up_setCourseGrade，通过游标操作来更新某课程号的课程成绩。在原有成绩的基础上加 5 分，100 分封顶；如果修改后的成绩为 55~59 分，则将成绩修改为 60 分。

```
CREATE PROCEDURE up_setCourseGrade(IN courseNo CHAR(5))
BEGIN
    DECLARE stuGrade INT DEFAULT 0;
    DECLARE scoreId INT UNSIGNED DEFAULT 0;
    #遍历数据结束标志
    DECLARE done INT DEFAULT FALSE;
    #声明游标
    DECLARE curGrade CURSOR FOR
        SELECT grade, score.id FROM score
        INNER JOIN course ON course.id=score.cId
        WHERE cNo=courseNo;
    #将结束标志绑定到游标
    DECLARE CONTINUE HANDLER FOR NOT FOUND SET done = TRUE;
    #打开游标
    OPEN curGrade;
    #开始循环
    read_loop:LOOP
        #读取游标
        FETCH curGrade INTO stuGrade, scoreId;
        #如果读取结束，则跳出循环
        IF done THEN
            LEAVE read_loop;
        END IF;
        SET stuGrade =stuGrade +5;
        IF (stuGrade>100) THEN
            SET stuGrade =100;
        END IF;
        IF (stuGrade>=55 AND stuGrade<=59) THEN
            SET stuGrade = 60;
```

```
            END IF;
            #更新成绩的值
            UPDATE score SET grade=stuGrade WHERE id= scoreId;
        END LOOP;
        #关闭游标
        CLOSE curGrade;
    END
```

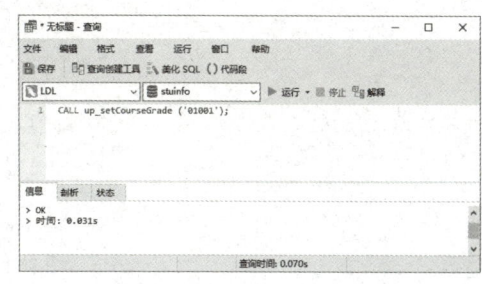

【示例 8-33】 调用示例 8-32 的存储过程 up_setCourseGrade，更新 01001 课程的成绩。运行结果如图 8-33 所示。

```
    CALL up_setCourseGrade ('01001');
```

 说明：在调用前后，可以通过查看 01001 课程的成绩变化情况，来验证该存储过程的功能。

图 8-33　示例 8-33 运行结果

【示例 8-34】 创建一个存储过程 up_getStuAvgGrade，通过游标操作来计算某学号的学生的平均成绩并返回。

```
    CREATE PROCEDURE up_getStuAvgGrade(IN stuNo CHAR(10), OUT avgGrade FLOAT)
    BEGIN
        DECLARE stuGrade, sum, n INT DEFAULT 0;
        #遍历数据结束标志
        DECLARE done INT DEFAULT FALSE;
        #声明游标
        DECLARE curGrade CURSOR FOR
            SELECT grade FROM score INNER JOIN student ON student.id=score.sId
            WHERE sNo=stuNo;
        #将结束标志绑定到游标
        DECLARE CONTINUE HANDLER FOR NOT FOUND SET done = TRUE;
        #打开游标
        OPEN curGrade;
        #开始循环
        read_loop:LOOP
            #读取游标
            FETCH curGrade INTO stuGrade;
            #如果读取结束，则跳出循环
            IF done THEN
                LEAVE read_loop;
            END IF;
            SET sum=sum+stuGrade;
            SET n=n+1;
        END LOOP;
        #关闭游标
        CLOSE curGrade;
        #给输出参数赋值
        IF n>0 THEN
            SET avgGrade=sum/n;
        ELSE
            SET avgGrade=-1;
        END IF;
    END
```

【示例 8-35】 调用示例 8-34 的存储过程 up_getStuAvgGrade，获取学号为 1308013101 的学生的平均成绩。运行结果如图 8-34 所示。

```
CALL up_getStuAvgGrade ('1308013101',@avgGrade);
SELECT @avgGrade AS '平均分';
```

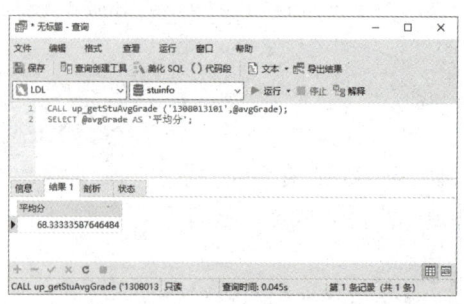

图 8-34　示例 8-35 运行结果

8.6 同步实训：在商品销售系统数据库中创建存储过程和存储函数

一、实训目的

1．熟悉存储过程和存储函数的概念与优点。
2．掌握创建存储过程的方法。
3．掌握调用存储过程的方法。
4．掌握创建存储函数的方法。
5．掌握调用存储函数的方法。
6．掌握流程控制语句的使用。

二、实训内容

1．创建一个带输入参数的存储过程 proc_1：查询出库存量最少的 n 条商品信息；然后调用执行该存储过程。

2．创建一个带输入参数的存储过程 proc_2：通过给定的日期，查询出所有在该日期之前出生的销售员信息；然后调用执行该存储过程。

3．创建一个带输入参数的存储过程 proc_3：通过给定的客户编号，查询出该客户订购的商品情况，要求字段包括：客户编号、客户名称、订购日期、商品名称、订购数量、订购金额；然后调用执行该存储过程。

4．创建一个带输入参数和输出参数的存储过程 proc_4：通过给定的销售员编号，查询出该销售员销售的商品总量及总金额，并通过输出参数进行返回；然后调用执行该存储过程。

5．创建一个带输入参数和输出参数的存储过程 proc_5：通过一个给定的商品编号，查询出该商品的库存情况，如果库存量大于 500，则返回 1，否则返回 0；然后调用执行该存储过程。

6．创建一个存储函数 func_1，通过给定的销售员编号，返回该销售员的销售业绩情况（销售总额>=5000：优秀；销售总额>=3000：良好；销售总额>=1000：一般；销售总额<1000：较差）。

8.7 习题

一、选择题

1．以下关于 MySQL 的存储过程的表述，错误的是（　　）。

A. MySQL 存储过程只能输出一个整数
B. MySQL 存储过程分系统存储过程和用户自定义存储过程
C. 使用用户存储过程的原因是基于安全性、性能、模块化的考虑
D. 输出参数使用 OUT 关键词说明

2. MySQL 的存储过程保存在（　　）。
  A. 浏览器　　　B. 客户端　　　C. 服务器　　　D. SESSION

3. 在 MySQL 服务器上，存储过程是一组预先定义并_____的 SQL 语句，可以用_____定义存储过程。（　　）
  A. 编写、CREATE PROCEDURE　　　B. 编译、CREATE PROCEDURE
  C. 解释、ALTER PROCEDURE　　　D. 编写、ALTER PROCEDURE

4. MySQL 存储过程使用（　　）命令执行。
  A. DO　　　B. CALL　　　C. GO　　　D. SHOW

5. 有如下存储过程：
```
CREATE PROCEDURE up_studentInfo( )
BEGIN
    SELECT * FROM student WHERE birthday < '1998-1-1';
END
```
下面选项中，能对上述存储过程实现正确调用的是（　　）。
  A. SELECT up_studentInfo;   B. CALL up_studentInfo( );
  C. CALL up_studentInfo;   D. SELECT up_studentInfo( );

6. 有如下存储过程：
```
DELIMITER //
CREATE PROCEDURE countProc1(IN s_gender VARCHAR(1),OUT num INT)
BEGIN
    SELECT COUNT(*) INTO num FROM student WHERE gender = s_gender;
END //
DELIMITER ;
```
下面选项中，能对上述存储过程实现正确调用的是（　　）。
  A. CALL countProc1(in '女', out @num);
  B. SELECT countProc1('女', @num);
  C. DECLARE countProc1('女', out @num);
  D. CALL countProc1('女', @num);

7. 阅读下面 SQL 代码片段：
```
DECLARE val INT;
IF val IS NULL THEN
    SELECT 'val IS NULL';
ELSE
    SELECT 'val IS NOT NULL';
END IF;
```
下面关于运行结果的描述中，正确的是（　　）。
  A. 输出 val IS NULL   B. 输出 val IS NOT NULL
  C. 语法错误   D. 运行时出现异常

8. 下面选项中，用于定义存储过程中变量的关键字是（　　）。
   A. DELIMITER   B. DECLARE
   C. SET DELIMITER   D. SET DECLARE
9. 下面选项中，用于读取游标的关键字是（　　）。
   A. READ   B. GET   C. FETCH   D. CATCH
10. 下列用于声明存储过程 myProc 的语句中，正确的是（　　）。
    A. CREATE PROCEDURE myProc() BEGIN SELECT * FROM student; END;
    B. CREATE PROCEDURE myProc() { SELECT * FROM student; }
    C. CREATE PROCEDURE myProc[] BEGIN SELECT * FROM student; END;
    D. CREATE PROCEDURE myProc{ SELECT * FROM student; };
11. 下面选项中，用于表示存储过程输出参数的是（　　）。
    A. IN   B. INOUT   C. OUT   D. INPUT
12. 下面选项中，用于在删除存储过程时检测存储过程是否存在的关键字是（　　）。
    A. IF EXISTS   B. HAS EXISTS
    C. AS EXISTS   D. IS EXISTS
13. 下面选项中，用于修改存储过程的关键字是（　　）。
    A. DECLARE   B. UPDATE   C. ALTER   D. ALERT
14. 下列用于删除存储过程的 SQL 语句中，正确的是（　　）。
    A. DROP PROC countProc1;
    B. DELETE PROC countProc1;
    C. DROP PROCEDURE countProc1;
    D. DELETE PROCEDURE countProc1;
15. 下面声明名为 cursor_student 的游标的语句中，语法格式正确的是（　　）。
    A. CURSOR cursor_student OF SELECT s_name, s_gender FROM student;
    B. CURSOR cursor_student FOR SELECT s_name, s_gender FROM student;
    C. DECLARE cursor_student CURSOR FOR SELECT s_name, s_gender FROM student;
    D. DECLARE cursor_student CURSOR OF SELECT s_name, s_gender FROM student;

二、判断题

1. 目前，MySQL 还不提供对已存在的存储过程代码的修改，如果必须要修改存储过程代码，则先删除它，再重新编码创建一个新的存储过程。（　　）
2. 在 MySQL 的存储过程中，参数的类型分为三种：输入参数、输出参数和输入输出参数，定义存储过程时必须使用参数。（　　）
3. 在 MySQL 中，除了可以使用 SET 语句为变量赋值外，还可以通过 SELECT…INTO 为一个或多个变量赋值。（　　）
4. 声明完游标后就可以使用了，在使用之前首先要打开游标。（　　）
5. 在编写存储过程时，查询语句可能会返回多条记录，如果数据量非常大，则需要使用游标来逐条读取查询结果集中的记录。（　　）

第 9 章　触发器

本章学习要点：
- 触发器的概念
- 触发器中的 NEW 和 OLD 关键字
- 创建插入触发器
- 创建更新触发器
- 创建删除触发器
- 删除触发器

触发器是一种特殊的存储过程，主要通过事件进行触发而自动执行。触发器可以在向数据表中插入、修改或删除数据时进行检查，以保证数据的完整性和一致性。本章主要讲述触发器的概念，以及触发器的创建、使用和管理。

9.1　触发器概述

触发器是一种特殊的存储过程，且不同于一般的存储过程。触发器主要是通过事件进行触发而被执行的，而一般的存储过程则是通过存储过程名称被直接调用的。

9.1

触发器是一个功能强大的工具，与表紧密连接，可以看作是表结构定义的一部分。触发器虽然基于一个表创建，但可以操作多个表。当用户修改（INSERT、UPDATE 或 DELETE）指定表中的数据时，该表中的相应的触发器就会自动执行。

9.2　创建触发器

9.2.1　使用 CREATE TRIGGER 语句创建触发器

创建触发器使用 CREATE TRIGGER 语句，其语法格式如下。

```
CREATE TRIGGER <触发器名>
BEFORE|AFTER
INSERT|UPDATE|DELETE
ON <表> FOR EACH ROW
    <触发器过程体>
```

9.2

说明：
- BEFORE | AFTER：触发器触发的时机。BEFORE 表示前触发；AFTER 表示后触发。
- INSERT | UPDATE | DELETE：触发器触发的事件。
- FOR EACH ROW：对于触发事件影响的每一行，都要激活触发器动作。
- 触发器过程体：是事件发生时触发器需要执行的任务。触发器过程体中不能返回任何结果给客户端（即不允许使用 SELECT 等语句显示数据）。
- 同一张表、同一触发事件、同一触发时机只能创建一个触发器。
- 触发器执行的先后顺序为 BEFORE 触发器、表操作（INSERT、UPDATE、DELETE）、AFTER 触发器。

9.2.2 触发器中的 NEW 和 OLD 关键字

MySQL 的触发器无任何输入参数和输出参数，其内部使用的参数就是新旧两条记录 NEW 和 OLD 的字段，用来完成数据表之间的触发操作，来保证数据库的一致性和完整性。NEW 表示新插入的数据，OLD 表示原来的数据：
- 当使用 INSERT 语句的时候，插入的那一条数据相对于插入数据后的表来说就是 NEW。
- 当使用 DELETE 语句的时候，删除的那一条数据相对于删除数据后的表来说就是 OLD。
- 当使用 UPDATE 语句的时候，修改前的那一条数据相对于修改数据后的表来说就是 OLD；修改后的那一条数据相对于修改数据后的表来说就是 NEW。

另外，在触发器 BEFORE 中可以在对 NEW 进行赋值和取值；而在 AFTER 中只能对 NEW 进行取值，不能赋值。

访问触发器中 NEW 和 OLD 的语法格式如下。

```
NEW.column_name
OLD.column_name
```

9.2.3 创建插入触发器

创建插入触发器使用 INSERT 关键字，即当指定的数据表发生数据插入操作时，自动触发并执行指定的任务；可设置在插入前触发还是在插入后触发，分别使用 BEFORE 和 AFTER 关键字。

【示例 9-1】 创建一个由 INSERT 触发的前触发器 tr_insertStudent，在学生表（student）中插入一行数据之前，检查性别是否为"男"或者"女"，如果不是，则设置为"男"。

```
CREATE TRIGGER tr_insertStudent
BEFORE INSERT
ON student
FOR EACH ROW
BEGIN
    IF NEW.sex!='男' AND NEW.sex!='女' THEN
        SET NEW.sex='男';
    END IF;
END
```

以上语句需要输入并执行。

1)打开 Navicat 控制台,依次展开 LDL→stuinfo,打开 stuInfo 数据库,单击工具栏上的"查询"→"新建查询",打开一个查询窗口,在该窗口中输入以上 SQL 语句,单击工具栏上的"运行"按钮执行该语句。运行结果如图 9-1 所示。

2)代码执行完毕后,没有提示任何出错信息就表示触发器已经创建成功。在 LDL→stuinfo 列表中的 student 上单击鼠标右键,选择"设计表"命令,在打开的表结构设计窗口中单击"触发器"选项卡,则可以查看到该触发器,如图 9-2 所示。

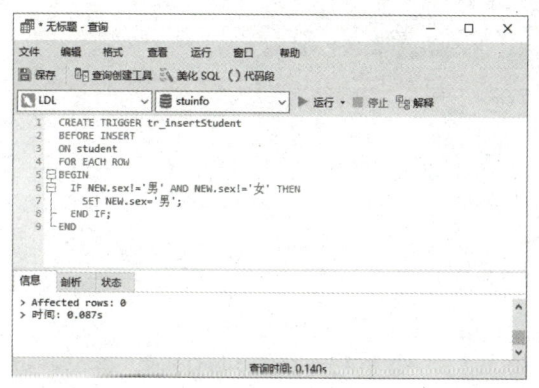

图 9-1 示例 9-1 运行结果——创建触发器

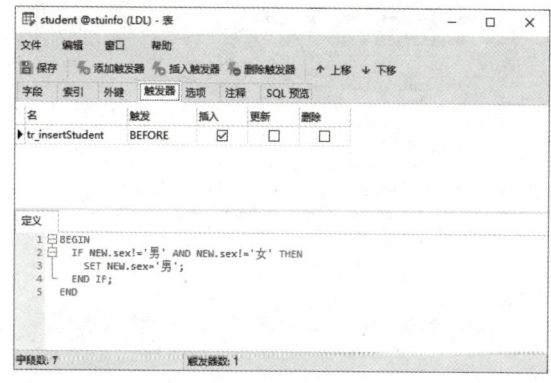

图 9-2 示例 9-1 运行结果——查看触发器

3)触发器创建以后,也可以使用 SHOW TRIGGERS 语句来显示指定数据库中的触发器信息。其语法格式如下:

```
SHOW TRIGGERS [FROM|IN] database_name
[LIKE expr|WHERE expr];
```

例如:

```
SHOW TRIGGERS FROM stuInfo WHERE `table` = 'student';
```

【示例 9-2】 向学生表(student)中插入一条学生记录,验证示例 9-1 中的触发器 tr_insertStudent。运行结果如图 9-3 所示。

```
INSERT student(sNo, sName, sex, birthday, deptName)
VALUES('1308013115', '张小明', 'X', '1993-06-25', '软件 131');
SELECT * FROM student WHERE sNo='1308013115';
```

说明:在向学生表中插入学生记录时,触发触发器 tr_insertStudent,由于性别为"X",不是"男"或"女",把性别设置为"男"后再插入到学生表中。

9.2.4 创建更新触发器

创建更新触发器使用 UPDATE 关键字,即当指定的数据表发生数据更新操作时,自动触发并执行指定的任务;可设置在更新前触发还是在更新后触发,分别使用 BEFORE 和 AFTER 关键字。

【示例 9-3】 创建一个由 UPDATE 触发的后触发器 tr_updateStuScore,一旦在成绩表(score)中修改了某一学生的某一课程的成绩之后,把修改时间、学号、课程编号、修改前成绩、修改后成绩保存到数据表 trigger_log 中。运行结果如图 9-4 所示。

```
CREATE TRIGGER tr_updateStuScore
```

```
    AFTER UPDATE
    ON score
    FOR EACH ROW
    BEGIN
        INSERT trigger_log(exec_time, sId, cId, oldGrade, newGrade)
        VALUES(NOW(), NEW.sId, NEW.cId, OLD.grade, NEW.grade);
    END
```

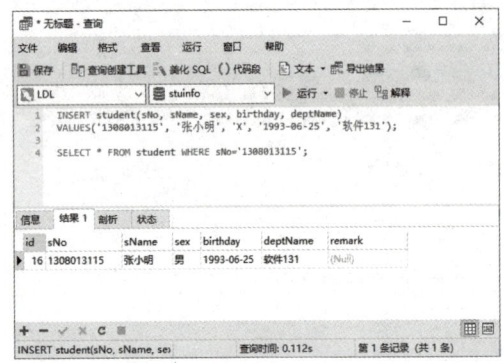

图 9-3　示例 9-2 运行结果

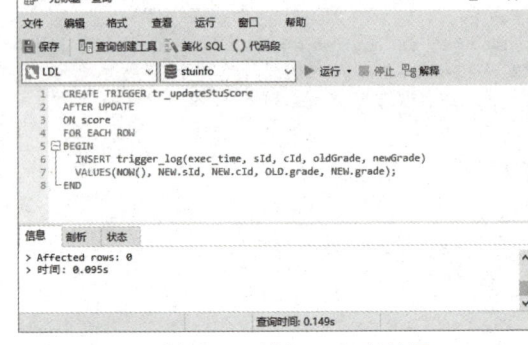

图 9-4　示例 9-3 运行结果

【**示例 9-4**】　修改成绩表（score）中的一条学生的课程成绩，验证示例 9-3 中的触发器 tr_updateStuScore。运行结果如图 9-5 所示。

```
    -- 如果trigger_log表不存在，则首先需要创建
    CREATE TABLE IF NOT EXISTS trigger_log(
      id INT UNSIGNED NOT NULL AUTO_INCREMENT,
      exec_time DATETIME,
      sId INT UNSIGNED,
      cId INT UNSIGNED,
      oldGrade TINYINT,
      newGrade TINYINT,
      PRIMARY KEY (id)
    ) ENGINE=InnoDB DEFAULT CHARSET=utf8mb4;

    UPDATE score SET grade=92 WHERE sId=6 AND cId=4;

    SELECT * FROM trigger_log;
```

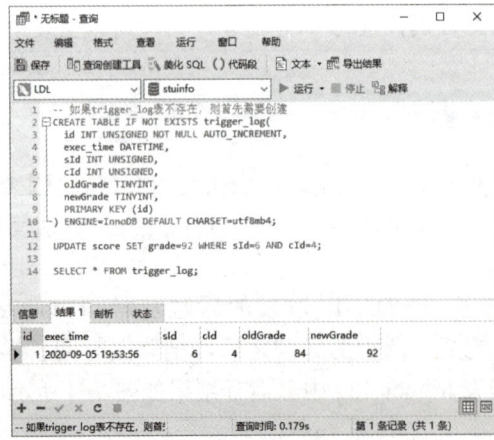

图 9-5　示例 9-4 运行结果

> **说明：** 在修改成绩表中某一学生的某一课程成绩时，触发触发器 tr_updateStuScore，通过 OLD.grade 获取修改前的课程成绩，通过 NEW.grade 获取修改后的课程成绩。

9.2.5 创建删除触发器

创建删除触发器使用 DELETE 关键字，即当指定的数据表发生数据删除操作时，自动触发并执行指定的任务；可设置在删除前触发还是在删除后触发，分别使用 BEFORE 和 AFTER 关键字。

【示例 9-5】 创建一个由 DELETE 触发的前触发器 tr_deleteStudent，一旦要在学生表（student）中删除一行数据，则在删除之前先删除该学生的所有成绩记录。运行结果如图 9-6 所示。

```
CREATE TRIGGER tr_deleteStudent
BEFORE DELETE
ON student
FOR EACH ROW
BEGIN
    DELETE FROM score WHERE sId = OLD.id;
END
```

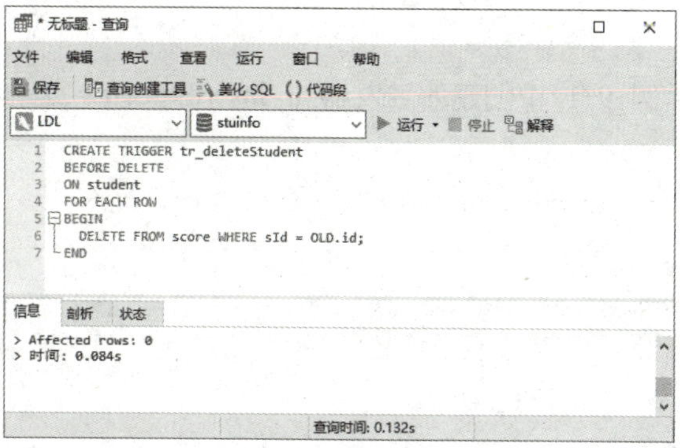

图 9-6 示例 9-5 运行结果

【示例 9-6】 删除学生表（student）中的一条学生记录，验证示例 9-5 中的触发器 tr_deleteStudent。运行结果如图 9-7 所示。

```
DELETE FROM student where id=1;

SELECT * FROM student WHERE id=1;
SELECT * FROM score WHERE sId=1;
```

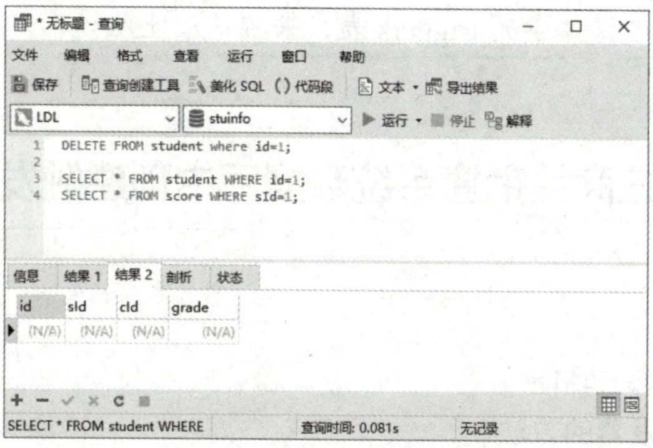

图 9-7 示例 9-6 运行结果

说明： 在删除学生表（student）中某一学生的记录时触发触发器 tr_deleteStudent，首先在成绩表（score）中删除该学生的成绩记录，然后在学生表（student）中删除该学生的记录。

9.3 修改触发器

MySQL 中没有类似 ALTER TRIGGER 的语句，因此不能像修改其他数据库对象（例如表、视图和存储过程）那样修改触发器。

如果要修改触发器，可以先删除原触发器，再以相同的名称和新的代码重新创建。

9.4 删除触发器

删除触发器使用 DROP TRIGGER 语句，其语法格式如下。

```
DROP TRIGGER <触发器名>;
```

9.4

【示例 9-7】 删除示例 9-1 中创建的触发器 tr_insertStudent。运行结果如图 9-8 所示。

```
DROP TRIGGER tr_insertStudent;
```

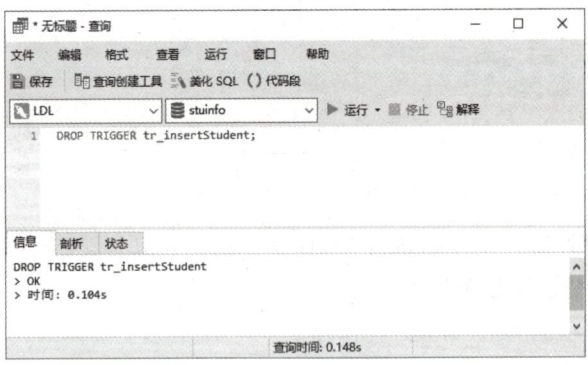

图 9-8 示例 9-7 运行结果

 说明： 删除后，可以通过在学生表（student）的表结构设计窗口中查看或者查询 information_schema 数据库中的 triggers 表，来确认以上触发器的删除是否成功。

9.5 同步实训：在商品销售系统数据库中创建触发器

一、实训目的

1. 熟悉触发器的概念与功能。
2. 掌握创建插入触发器的方法。
3. 掌握创建更新触发器的方法。

4. 掌握创建删除触发器的方法。

5. 掌握删除触发器的方法。

二、实训内容

1. 创建一个由 INSERT 触发的前触发器 tr_insertSeller，一旦要在销售员表（seller）中插入一行数据，则在插入之前先检查雇佣日期是否为 NULL，若为 NULL，则设置为今日，然后验证该触发器。

2. 创建一个由 UPDATE 触发的后触发器 tr_updateProduct，一旦要在商品表（product）中修改某一商品的价格，则在修改之后先把修改时间、当前登录用户、商品编号、修改前价格、修改后价格保存到数据表 update_log 中，然后验证该触发器。

3. 创建一个由 DELETE 触发的前触发器 tr_deleteSeller，一旦要在销售员表（seller）中删除一行数据，则在删除之前先删除该销售员的所有订单信息，然后验证该触发器。

9.6 习题

一、选择题

1. 当对表进行下列哪项操作时触发器不会自动执行？（　　）

  A．SELECT B．INSERT C．UPDATE D．DELETE

2. 设某数据库在非工作时间（每天 8:00 以前、18:00 以后，周六和周日）不允许授权用户在职工表中插入数据。下列方法中能够实现此需求且最为合理的是（　　）。

  A．创建存储过程   B．创建后触发型触发器

  C．创建存储函数   D．创建前触发型触发器

3. 下列关于 MySQL 中前触发器的说法，正确的是（　　）。

  A．在前触发器执行之后，再执行引发触发器执行的数据操作语句

  B．创建前触发器使用的选项是 FOR

  C．在一个表上只能定义一个前触发器

  D．在一个表上针对同一个数据操作只能定义一个前触发器

4. 设在 MySQL 中有如下定义触发器的语句：

```
CREATE TRIGGER tr_updateStuScore
AFTER UPDATE
ON score
FOR EACH ROW
    ...
```

下列关于该触发器作用的说法，正确的是（　　）。

  A．在 score 表上定义了一个由数据更改操作引发的前触发器

  B．在 score 表上定义了一个由数据更改操作引发的后触发器

  C．在 score 表上定义了一个由数据增、删、改操作引发的后触发器

  D．在 score 表上定义了一个由数据增、删、改操作引发的前触发器

5. 以下对触发器的叙述中,不正确的是(   )。
   A. 触发器可以传递参数
   B. 触发器是 SQL 语句的集合
   C. 用户不能调用触发器
   D. 可以通过触发器来强制实现数据的完整性和一致性
6. 创建触发器的命令是(   )。
   A. CREATE TABLE   B. CREATE TRIGGER
   C. CREATE ENGINE   D. CREATE VIEW
7. 删除触发器的命令是(   )。
   A. ALTER   B. DELETE   C. DROP   D. REMOVE
8. 查看指定数据库中已存在的触发器语句、状态等信息,使用(   )。
   A. ALTER TRIGGERS   B. SELECT TRIGGERS
   C. DISPLAY TRIGGERS   D. SHOW TRIGGERS
9. 表示前触发使用的关键字是(   )。
   A. FRONT   B. AFTER   C. AHEAD   D. BEFORE
10. 下列是数据库对象的有哪些?(   )(可多选)
    A. 视图   B. 触发器   C. 索引   D. 存储过程

二、判断题

1. 可以在同一张表上创建多个触发器。   (   )
2. 触发器可以调用将数据返回客户端的存储程序。   (   )
3. 触发器触发的事件包括:INSERT、UPDATE、DELETE、CREATE TABLE。   (   )
4. 修改触发器的命令是 ALTER TRIGGER。   (   )
5. 触发器既可以自动触发,也可以手动调用执行。   (   )

第 10 章 MySQL 安全性管理

本章学习要点:
- 数据库安全性的概念
- 创建用户
- 修改用户密码
- 删除用户
- 权限类型
- 授予用户权限
- 撤销用户权限
- 查看用户权限

数据库的安全性是指保护数据库,防止不合法的使用所造成数据泄露、更改或破坏。数据的安全性对于数据库应用程序来说是至关重要的。本章主要讲述 MySQL 是怎样来维护数据库中数据的安全性的。

10.1 数据库安全性概述

1. 数据库安全性的概念

数据库的安全性是指保护数据库,防止不合法的使用所造成数据泄露、更改或破坏。

10.1

数据库的一大特点是数据可以共享,但是,数据库系统中的数据共享不能是无条件的共享。例如:银行储蓄数据、客户档案、市场营销策略、新产品资料等就不能无条件地进行共享。

因此,数据库中数据的共享应该是在数据库管理系统统一的严格控制之下的共享,即只允许合法用户访问其权限范围内的数据。

数据库系统的安全性是衡量数据库系统的主要性能指标之一。

影响数据库安全性的因素主要有非授权用户对数据库的恶意存取和破坏、数据库中重要或敏感的数据被泄露、安全环境的脆弱性等。

2. 数据库安全性与计算机系统安全性的关系

计算机系统安全性是指为计算机系统建立和采取的各种安全保护措施,以保护计算机系统中的硬件、软件及数据,防止因偶然或恶意的原因使计算机系统遭到破坏、数据遭到更改或泄露等。

安全性问题不是数据库系统独有的,所有计算机系统都有这个问题。只是在数据库系统中大量数据集中存放,而且为许多最终用户直接共享,从而安全性问题更为突出。

数据库安全性是计算机系统安全性的一部分,数据库系统不仅要利用计算机系统的安全性措施保证自己的安全性,同时还需要专门的手段和方法使安全性能更好。

3. 数据安全性与数据完整性的关系

数据完整性是指为了防止数据库中存在不符合语义的数据，防止错误信息的输入和输出，即所谓垃圾数据的进出所造成的无效操作和错误结果。

数据安全性是保护数据库防止恶意的破坏和非法的存取。

总的来说，数据库安全性措施的防范对象是非法用户和非法操作；数据库完整性措施的防范对象是不合语义的数据。

4. 实现数据库安全性的常用技术

（1）用户标识和鉴别

由系统提供一定的方式让用户标识自己的名字或身份，每次用户要求进入系统时，由系统进行核对，通过鉴定后才能提供系统的使用权。

（2）存取控制

通过用户权限定义和合法权检查确保只有合法权限的用户访问数据库，所有未被授权的人员无法存取数据。

（3）视图机制

为不同的用户定义视图，通过视图机制把要保密的数据对无权存取的用户隐藏起来，从而自动地对数据提供一定程度的安全保护。

（4）审计

建立审计日志，把用户对数据库的所有操作自动记录下来放入审计日志中，DBA 可以利用审计跟踪的信息，重现导致数据库现有状况的一系列事件，找出非法存取数据的人、时间和内容等。

（5）数据加密

对存储和传输的数据进行加密处理，从而使得不知道解密算法的人无法获知数据的内容。

10.2 用户管理

MySQL 用户主要包括普通用户和 root 用户，这两种用户的权限是不一样的。root 用户是超级管理员，拥有所有的权限。root 用户的权限包括创建用户、删除用户和修改普通用户的密码等管理权限；而普通用户只拥有创建该用户时被赋予的权限。

安装 MySQL 服务器时会自动安装一个名为 mysql 的数据库，mysql 数据库中存储的都是权限表。用户登录以后，MySQL 会根据这些权限表的内容为每个用户赋予相应的权限。这些权限表中最重要的是 user 表，MySQL 用户的信息都存储在 user 表中。

MySQL 用户是通过"用户名+主机名"进行标识的，在后续章节中会有详细介绍。

10.2.1

10.2.1 使用 Navicat 对话方式创建用户

以创建一个名为 test1、密码为 12345678、主机名为 localhost 的新用户为例，使用 Navicat

对话方式创建用户的步骤如下。

1）打开 Navicat 控制台，双击 LDL 连接对象，打开该连接。单击"用户"按钮，如图 10-1 所示。

2）单击工具栏上的"新建用户"按钮，则打开一个创建用户对话框，如图 10-2 所示。

- 用户名：test1
- 主机：localhost
- 密码：12345678
- 确认密码：12345678

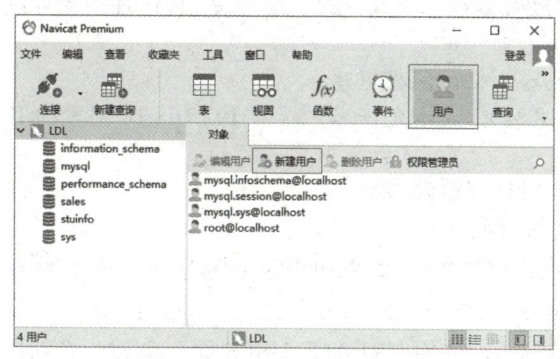

图 10-1　新建用户

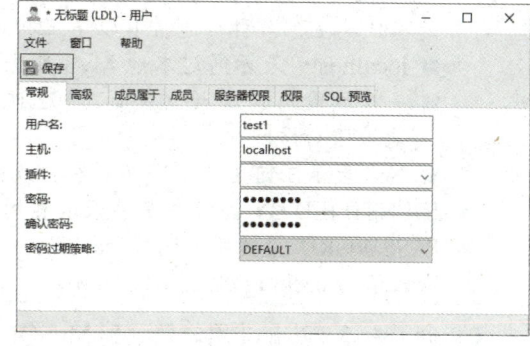

图 10-2　创建用户对话框

3）完成以上输入后，单击"保存"按钮，即完成新用户的创建。该用户可以在"用户"列表中进行查看，如图 10-3 所示。

4）新用户创建好以后，可以新建一个连接，通过"新建连接"对话框中的"测试连接"按钮，测试该新用户是否连接成功。

5）若要修改该用户的密码，则在用户列表中的 test1@localhost 上单击鼠标右键，选择"编辑用户"命令（或者单击工具栏上的"编辑用户"按钮），打开一个修改用户对话框，如图 10-4 所示。

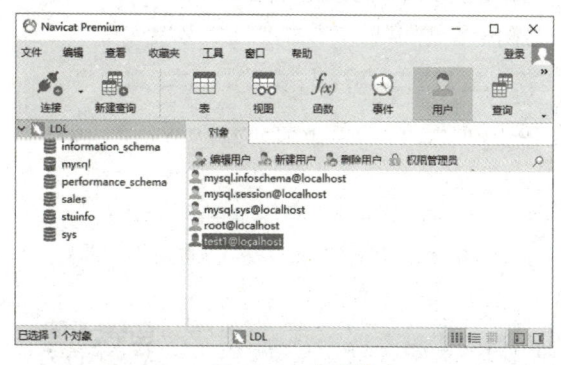

图 10-3　查看用户

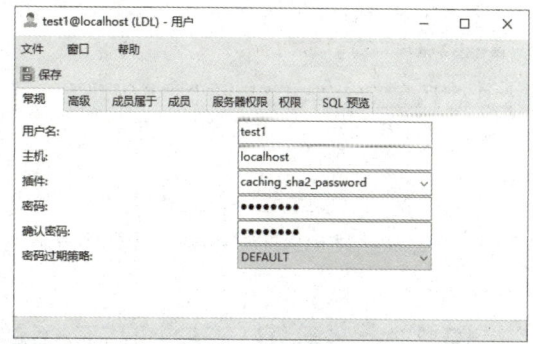

图 10-4　修改用户对话框

6）假设新密码为 87654321，修改完成后，单击"保存"按钮即可。

7）若要删除该用户，则在用户列表中的 test1@localhost 上单击鼠标右键，选择"删除用户"命令（或者单击工具栏上的"删除用户"按钮）。

8）在弹出的"确认删除"提示对话框中，单击"删除"按钮，即完成对当前用户的删除。

10.2.2 使用 CREATE USER 语句创建用户

使用 CREATE USER 语句创建新用户，必须拥有 CREATE USER 权限。CREATE USER 语句的语法格式如下。

```
CREATE USER <用户名@主机名>
[IDENTIFIED BY [WITH PASSWORD] '密码'];
```

说明：
- "用户名"参数是指用来连接数据库服务器使用的用户名。
- "主机名"参数是指允许用来连接数据库服务器的客户端地址，可以是 IP 地址，也可以是客户端主机名称，通常有以下三种情况。
  - localhost：表示通过本地 MySQL 服务器主机访问数据库。
  - 一个网段的 IP 地址（例如，192.168.18.%）：表示允许客户端以 192.168.18 网段的 IP 地址进行访问。
  - %：表示任何主机，即不对客户端的主机做任何限制。
- IDENTIFIED BY 关键字是用来设置用户的密码。
- PASSWORD 关键字可选择 caching_sha2_password、mysql_native_password 中的一种，默认值为 caching_sha2_password。

【示例 10-1】 以 root 用户登录到 MySQL 控制台，使用 CREATE USER 语句创建一个新用户 test2，密码为 12345678，主机名为 localhost。运行结果如图 10-5 所示。

```
CREATE USER 'test2'@'localhost' IDENTIFIED BY '12345678';
```

说明：成功执行以后，退出客户端，使用新用户名 test2 身份进行登录，登录成功后的界面如图 10-6 所示。

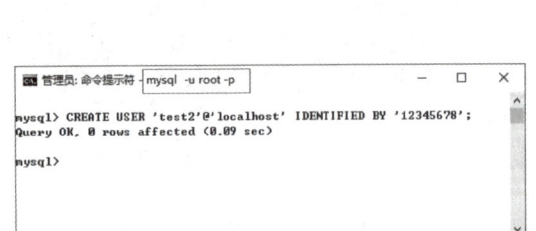

图 10-5 使用 CREATE USER 语句创建新用户

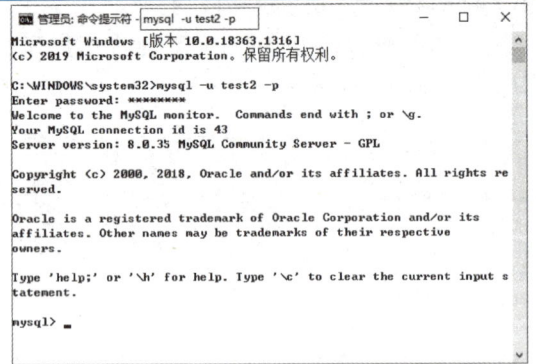

图 10-6 新用户 test2 登录到 MySQL 控制台

10.2.3 使用 ALTER USER 语句修改用户密码

使用 ALTER USER 语句修改用户，必须拥有 ALTER USER 权限。ALTER USER 语句的语法格式如下。

```
ALTER USER <用户名@主机名>
[IDENTIFIED BY [WITH PASSWORD] '密码'];
```

说明：MySQL 5.7 之前的版本不支持该语法格式。

【示例 10-2】 以 root 用户身份登录到 MySQL 控制台，把 test2 用户的密码更改为 87654321。运行结果如图 10-7 所示。

```
ALTER USER 'test2'@'localhost' IDENTIFIED BY '87654321';
```

图 10-7　使用 ALTER USER 语句修改用户密码

10.2.4　使用 SET PASSWORD 语句修改用户密码

修改用户密码也可以使用 SET PASSWORD 语句，其语法格式如下。

```
SET PASSWORD [FOR <用户名@主机名>] = '密码';
```

 说明：
- 如果省略[FOR <用户名@主机名>]，则表示修改自身密码。
- 如果是 MySQL 5.7 之前的版本，则密码需要使用 PASSWORD 函数进行转换，表示为：PASSWORD('密码')。

【示例 10-3】 使用 SET PASSWORD 语句实现示例 10-2 的功能。运行结果如图 10-8 所示。

```
SET PASSWORD FOR 'test2'@'localhost' = '87654321';
```

图 10-8　使用 SET PASSWORD 语句修改用户密码

10.2.5　使用 DROP USER 语句删除用户

使用 DROP USER 语句删除用户，必须拥有 DROP USER 权限。DROP USER 语句的语法格式如下。

```
DROP USER <用户名@主机名> [,…];
```

【示例 10-4】 以 root 用户身份登录到 MySQL 控制台，删除 test2 用户。运行结果如图 10-9 所示。

```
DROP USER 'test2'@'localhost';
```

 说明：删除后，可以通过在 Navicat 控制台中的"用户"列表中查看，来确认以上用户的删除是否成功。

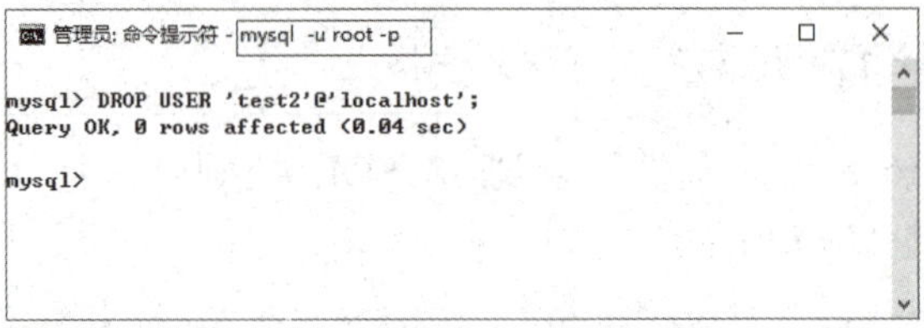

图 10-9　使用 DROP USER 语句删除用户

10.3 权限管理

新创建的用户仅有少数权限，比如可以登录 MySQL 服务器，但不具备访问数据的权限，还需要给用户指定权限用户才能访问数据库的数据资源。

在学习本节内容之前，首先创建好 test1 和 test2 用户。

10.3.1 权限类型

权限管理主要是对登录到数据库的用户进行权限验证，MySQL 服务器中有很多种类的权限，这些权限都存储在 mysql 数据库下的权限表中。

MySQL 的权限类型见表 10-1。

表 10-1　MySQL 的权限类型

序　号	权 限 名 称	说　明
1	SELECT	查询表数据
2	INSERT	插入表数据
3	UPDATE	更新表数据
4	REFERENCES	建立外键关系
5	DELETE	删除表数据
6	CREATE	创建数据库或表结构
7	DROP	删除数据库或表结构
8	ALTER	修改数据库或表结构
9	INDEX	创建和删除索引
10	CREATE VIEW	创建视图
11	SHOW VIEW	查看视图
12	GRANT OPTION	授权和撤销权限
13	CREATE TEMPORARY TABLES	创建临时表
14	LOCK TABLES	锁定表
15	CREATE ROUTINE	创建存储过程或存储函数
16	ALTER ROUTINE	修改存储过程或存储函数
17	EXECUTE	执行存储过程或存储函数
18	TRIGGER	触发器
19	EVENT	事件
20	CREATE USER	创建用户

(续)

序号	权限名称	说明
21	SHOW DATABASES	查看数据库
22	PROCESS	查看 MySQL 中的进程信息
23	SHUTDOWN	关闭 MySQL 服务器
24	FILE	读写磁盘文件
25	RELOAD	重新加载权限表
26	SUPER	超级权限
27	REPLICATION SLAVE	复制
28	REPLICATION CLIENT	复制

10.3.2 使用 Navicat 对话方式授予/撤销用户权限

以授予 test1 用户对 stuInfo 数据库中学生表（student）的查询、插入、修改、删除权限为例，介绍使用 Navicat 对话方式授予/撤销用户权限的步骤。

1）打开 Navicat 控制台，双击 LDL 连接对象，打开该连接。单击"用户"按钮，在用户列表中的"test1@localhost"上单击鼠标右键，选择"编辑用户"命令（或者单击工具栏上的"编辑用户"按钮），则打开一个修改用户对话框，选择"权限"选项卡，如图 10-10 所示。

10.3.2（1）

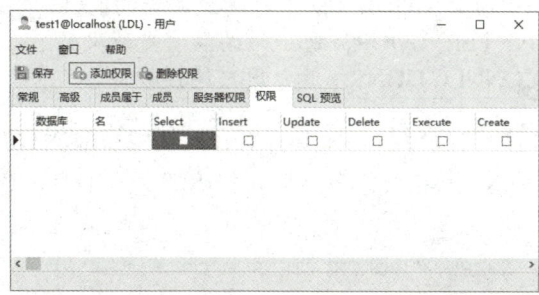

图 10-10 修改用户对话框（"权限"选项卡）

10.3.2（2）

2）单击工具栏上的"添加权限"按钮，显示"添加权限"对话框，如图 10-11 所示。

3）展开 stuInfo 数据库，勾选 student 数据表，在权限列表中勾选 Select、Insert、Update、Delete，如图 10-12 所示，单击"确定"按钮后返回。

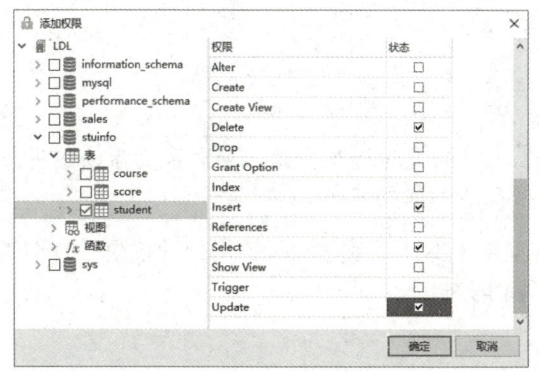

图 10-11 "添加权限"对话框

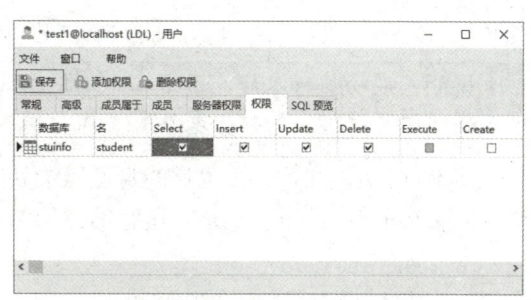

图 10-12 修改用户对话框——授予用户权限

4）在以上对话框中，可以把已勾选的权限取消选择，即撤销该权限；也可以勾选其他权限；还可以通过工具栏上的"删除权限"按钮，把已添加的权限删除。

5）最后单击工具栏上的"保存"按钮。

10.3.3 使用 GRANT 语句授予用户权限

10.3.3

授予用户权限使用 GRANT 语句，其语法格式如下。

```
GRANT <权限> [(列名列表)] ON <数据库.数据表>
TO <用户名@主机名>
[WITH with_option [with option]…];
```

说明：
- "权限"参数表示权限的类型。可以是 select、delete、update、insert、create、drop、alter 等中的任意一种或几种；如果是全部权限，可以使用 all privileges，简写为 all。
- "列名列表"参数表示权限作用于哪些列上（多个列用逗号隔开），没有该参数时表示作用于整个表上。
- 如果是对所有数据库的数据表的权限，"数据库.数据表"则使用"*.*"。
- WITH 关键字后面带有一个或多个 with_option 参数，这个参数有 5 个选项，详细介绍如下。
  - GRANT OPTION：被授权的用户可以将这些权限赋予别的用户。
  - MAX_CONNECTIONS_PER_HOUR：每小时的最大连接次数。
  - MAX_QUERIES_PER_HOUR：每小时的最大查询次数。
  - MAX_UPDATES_PER_HOUR：每小时的最大更新次数。
  - MAX_USER_CONNECTIONS：最大用户连接数。

【示例 10-5】 以 root 用户登录到 MySQL 控制台，使用 GRANT 语句授予 test2 用户对所有数据库中数据表的查询、插入、修改、删除权限，要求加上 WITH GRANT OPTION 子句。运行结果如图 10-13 所示。

```
GRANT SELECT, INSERT, UPDATE, DELETE ON *.*
TO 'test2'@'localhost'
WITH GRANT OPTION;
```

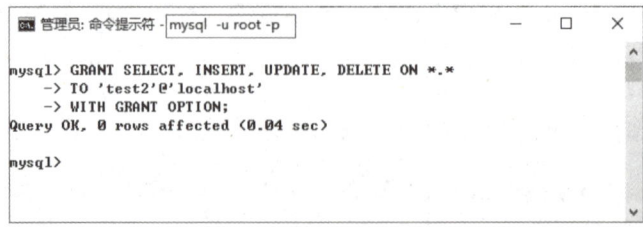

图 10-13　使用 GRANT 语句授予 test2 用户权限

说明：成功执行以后，退出客户端，以 test2 用户的身份进行登录，登录成功后，该用户将对所有数据库的数据表具有查询、插入、修改和删除的权限。

【示例 10-6】 以 test2 用户的身份登录到 MySQL 控制台，测试 test2 用户的权限：查询学生表（student）中的学生记录。运行结果如图 10-14 所示。

```
USE stuInfo;
SELECT * FROM student;
```

【示例 10-7】 以 test2 用户的身份登录到 MySQL 控制台，使用 GRANT 语句授予 test1 用户对 stuInfo 数据库中课程表（course）的查询、插入、修改、删除权限。运行结果如图 10-15 所示。

```
GRANT SELECT, INSERT, UPDATE, DELETE ON stuInfo.course
    TO 'test1'@'localhost';
```

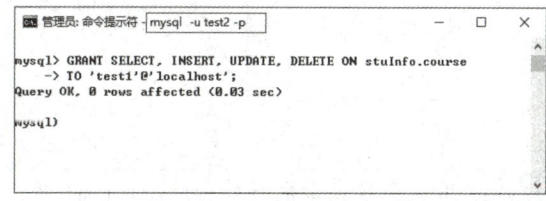

图 10-14　test2 用户查询学生表（student）　　　　图 10-15　使用 GRANT 语句授予 test1 用户权限

说明：从示例 10-7 成功执行可知，test2 用户可以使用 GRANT 语句将自己的权限授权给其他用户，原因是 WITH GRANT OPTION 子句可以使 test2 用户具有 GRANT 权限。退出客户端，使用 test1 用户进行登录，登录成功后，该用户将对 stuInfo 数据库中的课程表（course）具有查询、插入、修改、删除权限。

【示例 10-8】 以 test1 用户的身份登录到 MySQL 控制台，测试 test1 用户权限：查询课程表（course）中的记录。运行结果如图 10-16 所示。

```
USE stuInfo;
SELECT * FROM course;
```

说明：如果查询的是成绩表（score），则产生一个错误提示，拒绝 test1 用户对成绩表（score）的查询操作，如图 10-17 所示。

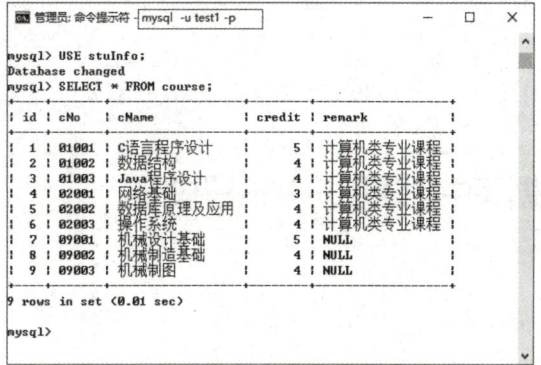
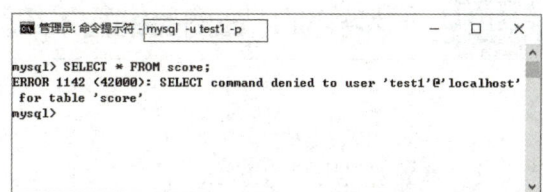

图 10-16　test1 用户查询课程表（course）　　　　图 10-17　拒绝 test1 用户查询成绩表（score）

10.3.4 使用 REVOKE 语句撤销用户权限

撤销用户权限使用 REVOKE 语句，其语法格式如下。

```
REVOKE <权限> [(列名列表)] ON <数据库.数据表>
FROM <用户名@主机名>;
```

10.3.4

【示例 10-9】 以 root 用户的身份登录到 MySQL 控制台，使用 REVOKE 语句撤销 test1 用户对 stuInfo 数据库中的课程表（course）所具有的查询、插入、修改、删除权限。运行结果如图 10-18 所示。

```
REVOKE SELECT, INSERT, UPDATE, DELETE ON stuInfo.course
FROM 'test1'@'localhost';
```

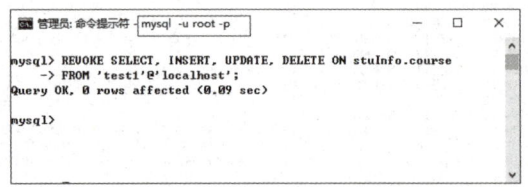

图 10-18 撤销 test1 用户权限

 说明：上述语句成功执行以后，test1 用户将不再对 stuInfo 数据库中的课程表（course）拥有查询、插入、修改和删除权限。退出客户端，使用 test1 用户进行登录，登录成功后，再次查询课程表（course）中的记录，则产生一个错误提示，拒绝 test1 用户对课程表（course）的查询操作，如图 10-19 所示。

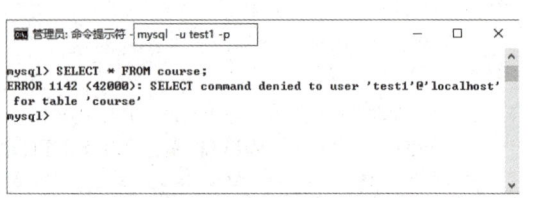

图 10-19 拒绝 test1 用户查询课程表（course）

10.3.5 使用 SHOW GRANTS 语句查看用户权限

查看用户权限使用 SHOW GRANTS 语句，其语法格式如下。

```
SHOW GRANTS FOR <用户名@主机名>;
```

【示例 10-10】 以 root 用户的身份登录到 MySQL 控制台，使用 SHOW GRANTS 语句查看 test2 用户的权限。运行结果如图 10-20 所示。

```
SHOW GRANTS FOR 'test2'@'localhost' \G
```

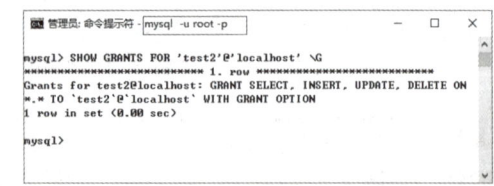

图 10-20 查看 test2 用户的权限

10.4 同步实训：在商品销售系统数据库中创建用户并设置权限

一、实训目的

1. 掌握创建用户的方法。
2. 掌握修改用户密码的方法。
3. 掌握授予用户权限的方法。

4. 掌握撤销用户权限的方法。

5. 掌握查看用户权限的方法。

6. 掌握删除用户的方法。

二、实训内容

1. 创建一个名为 login1 的用户，初始密码为 123456。

2. 创建一个名为 login2 的用户，无初始密码。

3. 使用 root 用户登录，将 login2 用户的密码修改为 abcabc。

4. 使用 root 用户登录，授予 login1 用户对 sales 数据库中所有数据表的查询、插入、修改和删除权限，要求加上 WITH GRANT OPTION 子句。

5. 以 login1 用户的身份登录，授予 login2 用户对 sales 数据库中商品表（product）的查询、插入、修改和删除权限。

6. 以 root 用户的身份登录，撤销 login2 用户对 sales 数据库中的商品表（product）所拥有的插入、修改和删除权限。

7. 查看 login2 用户的权限。

8. 以 root 用户的身份登录，撤销 login1 用户的所有权限。

9. 删除 login1、login2 用户。

10.5 习题

一、选择题

1. 保护数据库，防止未经授权的或不合法的使用造成数据泄漏、更改破坏，这是指数据的（　　）。

　　A. 安全性　　　　B. 完整性　　　　C. 并发控制　　　　D. 恢复

2. 数据库的（　　）是指数据的正确性和相容性。

　　A. 安全性　　　　B. 完整性　　　　C. 并发控制　　　　D. 恢复

3. 在数据系统中，对存取权限的定义称为（　　）。

　　A. 命令　　　　　B. 授权　　　　　C. 定义　　　　　　D. 审计

4. 定义外键约束主要是为了维护关系数据库的（　　）。

　　A. 安全性　　　　B. 完整性　　　　C. 并发性　　　　　D. 隔离性

5. MySQL 中，预设的拥有最高权限的超级用户的用户名为（　　）。

　　A. test　　　　　B. administrator　　C. DBA　　　　　　D. root

6. 影响计算机系统安全的因素包括（　　）。

　　A. 计算机病毒　　　　　　　　　　B. 系统故障的风险
　　C. 内部人员道德风险　　　　　　　D. 以上都是

7. 以下实现将 root 用户的密码修改为"1111"的语句，正确的是（　　）。

　　A. ALTER USER 'root'@'localhost' IDENTIFIED BY '1111';
　　B. ALTER USER 'root'@'localhost' IDENTIFIED BY 1111;
　　C. ALTER USER 'root'@'localhost' ='1111';
　　D. SET USER 'root'@'localhost' ='1111';

8. 以下关于数据库中的用户及其权限的说法中错误的是（   ）。
   A. 数据库系统管理员在数据库中具有全部的权限
   B. 数据库对象拥有者对其所拥有的对象具有一切权限
   C. 创建数据库对象的用户即为数据库对象拥有者
   D. 普通用户只具有对数据库数据查询权限
9. 下列删除用户 user1 的语句中，正确的是（   ）。
   A. DELETE USER 'user1'@'localhost';
   B. DROP USER 'user1'.'localhost';
   C. DROP USER user1.localhost;
   D. DROP USER 'user1'@'localhost';
10. 下列 SQL 语句中，能够实现"授予用户 zhao 对成绩表 SC 中字段 grade 的修改权限"这一功能的是（   ）。
    A. GRANT grade ON SC TO zhao
    B. GRANT UPDATE ON SC TO zhao
    C. GRANT UPDATE(grade) ON SC TO zhao
    D. GRANT UPDATE ON SC(grade) TO zhao
11. 下列 SQL 语句中，能够实现"收回用户 zhao 对学生表（STUD）中字段 xh 的修改权限"这一功能的是（   ）。
    A. REVOKE UPDATE ON STUD(xh) FROM zhao
    B. REVOKE UPDATE ON STUD(xh) FOR zhao
    C. REVOKE UPDATE(xh) ON STUD FROM zhao
    D. REVOKE UPDATE(xh) ON STUD FOR zhao
12. 下面选项中，包含权限表的是（   ）。
    A. test 数据库   B. mysql 数据库
    C. temp 数据库   D. sys 数据库
13. 下列不属于实现数据库系统安全性的主要技术和方法的是（   ）。
    A. 存取控制技术   B. 视图技术
    C. 审计技术   D. 出入机房登记和加锁
14. MySQL 中的视图机制提高了数据库系统的（   ）。
    A. 完整性   B. 并发控制   C. 隔离性   D. 安全性
15. 修改用户的密码时，操作的数据表是（   ）。
    A. test.user   B. mysql.user   C. mysql.users   D. test.users

二、判断题

1. MySQL 服务器中的用户信息存储在 mysql.user 表中。（   ）
2. 使用 CREATE USER 语句创建一个新用户后，该用户可以访问所有数据库。（   ）
3. 使用 GRANT 语句授予用户权限后，该用户可以把自身的权限再授予其他用户。（   ）
4. 使用 SHOW GRANTS 查询权限信息时需要指定查询的用户名及主机名。（   ）
5. 在用 REVOKE 语句实现权限收回时，参数 columns 表示权限作用的列，如果不指定该参数，表示作用于第一列。（   ）

第 11 章　备份和还原

本章学习要点：
- 备份和还原的概念
- 使用 mysqldump 命令备份数据库
- 使用 mysql 命令还原数据库
- 使用 source 语句还原数据库
- 使用日志文件还原数据库
- 导出数据表
- 导入数据表

　　硬软件故障、自然灾害、人为误操作、人为破坏等均可导致数据灾难性的丢失和破坏。当计算机硬件或者软件系统出现故障时，备份和还原可以尽可能地挽回或减少数据的损失，因此学习备份和还原是非常有必要的。本章主要讲述如何进行数据库的备份和还原。

11.1　备份/还原概述

　　简单地说，备份和还原就是复制、保存、还原。备份周期（频率）取决于能承受数据损失的时间周期。
- 能承受 1 天数据损失，则每日进行备份；能承受 1 小时的数据损失，则每小时进行备份。
- 不定期改动且很少改动的数据，可以在改动后进行备份。

11.1

1. 备份内容和备份类型

　　在对数据库做备份时，备份内容主要包括数据库对象、程序代码、日志文件和配置文件。
- 数据库对象：数据库中的表、视图、函数、事件等数据库对象。
- 程序代码：基本语句、视图、索引、存储过程、触发器等代码。
- 日志文件：记录数据库运行期间发生变化的日志文件。
- 配置文件：服务器和数据库等配置文件。

备份类型按照备份内容、是否能在线完成、备份的还原方式的不同分为三种情况。

（1）按照备份内容
- 完全备份：备份数据库的所有数据集，包括数据库对象、日志、配置文件等。
- 部分备份：只备份某些数据子集，例如部分表或者某些 SQL 语句等。
- 增量备份：仅备份上次增量备份以来变化的数据。
- 差异备份：仅备份最近一次完全备份以来变化的数据。

（2）按照是否能在线完成
- 冷备份：数据库完全停止以后进行备份，也叫离线备份。
- 温备份：对数据库的读操作可执行，但写操作不可执行。
- 热备份：对数据库的读、写操作均可执行。

（3）按照备份的还原方式
- 逻辑备份：逻辑备份是备份 SQL 语句，在恢复的时候通过执行备份的 SQL 语句实现数据库及数据的重现。
- 物理备份：物理备份就是备份数据文件，简单而言，就好像复制数据文件。

2．还原方法

可以通过备份脚本或者备份二进制日志文件对数据库进行还原操作，后续章节中将会详细介绍。

11.2 备份数据库

11.2.1 使用 Navicat 对话方式备份数据库

下面以备份学生管理数据库（stuInfo）为例，介绍使用 Navicat 对话方式备份数据库的方法。

11.2.1

1）打开 Navicat 控制台，依次展开 LDL→stuinfo→"备份"，如图 11-1 所示。

2）在"备份"上单击鼠标右键，选择"新建备份"命令（或者单击工具栏上的"新建备份"按钮），打开一个"新建备份"对话框，选择"对象选择"选项卡，如图 11-2 所示。

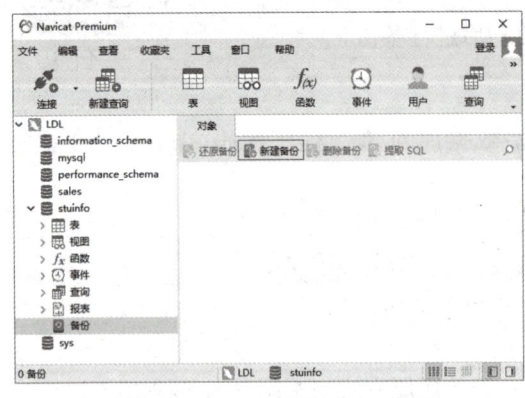

图 11-1　Navicat 控制台——备份

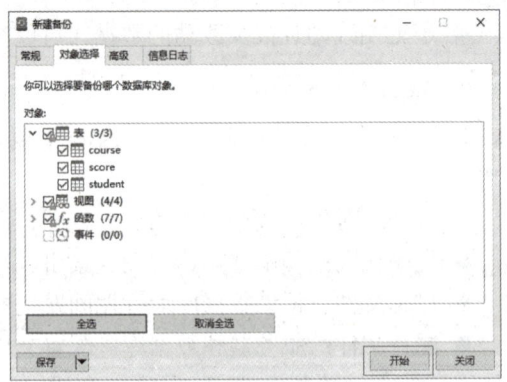

图 11-2　"新建备份"对话框

3）在"新建备份"对话框中，可以选择 stuInfo 数据库中的全部或部分数据表、视图等对象进行备份。本例选择备份全部数据库对象，单击"开始"按钮，对该数据库进行备份，备份成功后显示如图 11-3 所示的对话框。

4）单击"关闭"按钮，返回 Navicat for MySQL 窗口，本次新建的备份会自动显示在备份列表中，如图 11-4 所示。

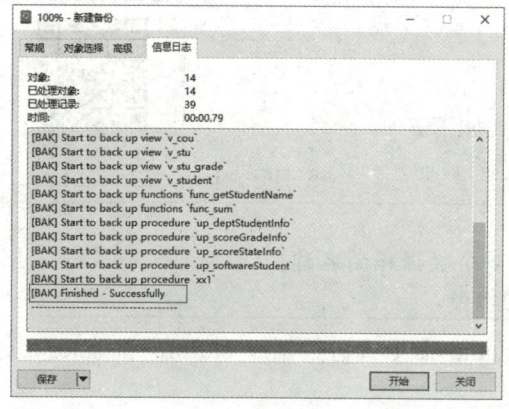

图 11-3 "100%-新建备份"对话框

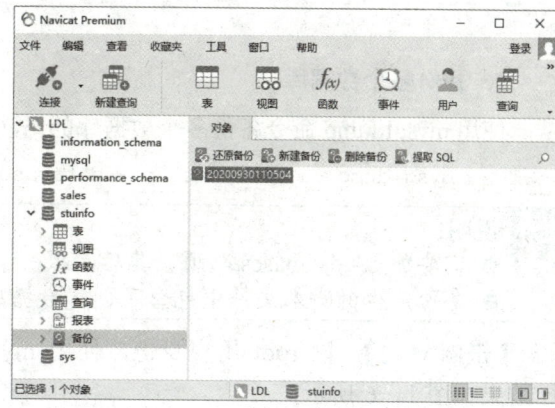

图 11-4 备份列表

5）选中以上新建的备份，单击工具栏上的"提取 SQL"按钮，则可以把所有备份的内容导出为一个脚本文件，以后也可以直接通过这个脚本文件进行数据库的还原。

11.2.2 使用 mysqldump 命令备份数据库

mysqldump 命令是 MySQL 数据库服务器自带的逻辑备份工具，其备份形式是复制原始的数据库对象产生一组可执行的语句脚本。除了可以生成 SQL 语句格式的脚本外，还可以生成文本、XML 等格式的备份脚本。

11.2.2（1）

1．备份一个数据库

使用 mysqldump 命令备份一个数据库或者数据库中的某几张表。其语法格式如下。

```
mysqldump -u username -p db [ table1 table2…] > backup.sql
```

说明：
- backup.sql 是指备份产生的脚本文件，指定一个包含完整路径的文件名。
- db 表示数据库，table1、table2 等表示数据表。如果没有指定数据表，则表示备份整个数据库。
- 备份产生的脚本文件中不包含创建数据库的语句。

【示例 11-1】 以 root 用户身份，使用 mysqldump 命令备份数据库 stuInfo。运行结果如图 11-5 所示。

```
mysqldump -u root -p stuInfo > C:/stuInfo.sql
```

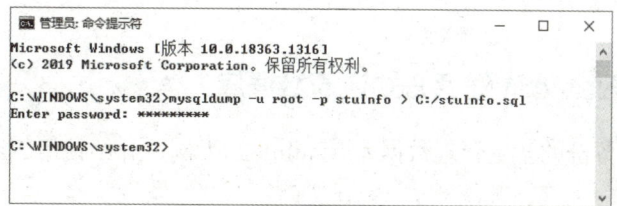

图 11-5 备份数据库 stuInfo

说明：在备份之前，要保证数据库 stuInfo 存在。命令成功执行以后，可以在 C 盘根目录中找到一个名为 stuInfo.sql 的脚本文件。

2. 备份多个数据库

使用 mysqldump 命令备份多个数据库的语法格式如下。

```
mysqldump -u username -p --databases db1 [ db2…] > backup.sql
```

11.2.2（2）

说明：
- 需要加上--databases 选项，其后面跟一个或多个数据库的名称。
- 备份产生的脚本文件中包含了创建数据库的语句。

【示例 11-2】 以 root 用户身份，使用 mysqldump 命令备份数据库 stuInfo 和 sales。运行结果如图 11-6 所示。

```
mysqldump -u root -p --databases stuInfo sales > C:/stuInfo_sales.sql
```

3. 备份所有数据库

使用 mysqldump 命令备份所有数据库的语法格式如下。

```
mysqldump -u username -p --all-databases > backup.sql
```

说明：
- 只要加上--all-databases 选项，就可以备份所有数据库了。
- 备份产生的脚本文件中包含了创建数据库的语句。

【示例 11-3】 以 root 用户身份，使用 mysqldump 命令备份所有数据库。运行结果如图 11-7 所示。

```
mysqldump -u root -p --all-databases > C:/all.sql
```

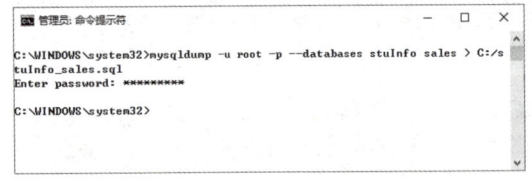

图 11-6　备份数据库 stuInfo 和 sales

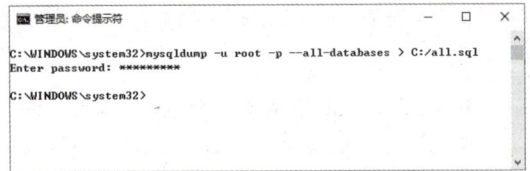

图 11-7　备份所有数据库

11.3 还原数据库

11.3.1 使用 Navicat 对话方式还原数据库

以还原 11.2.1 节备份的学生管理数据库（stuInfo）为例，介绍使用 Navicat 对话方式还原数据库的方法。

1）模拟故障发生，删除学生管理数据库（stuInfo）中的成绩表（score）。
2）打开 Navicat 控制台，依次展开 LDL→stuinfo→"备份"，显示如图 11-8 所示的备份列表。
3）选中相应的备份，单击工具栏上的"还原备份"按钮，打开一个还原备份对话框，选择"对象选择"选项卡，如图 11-9 所示。

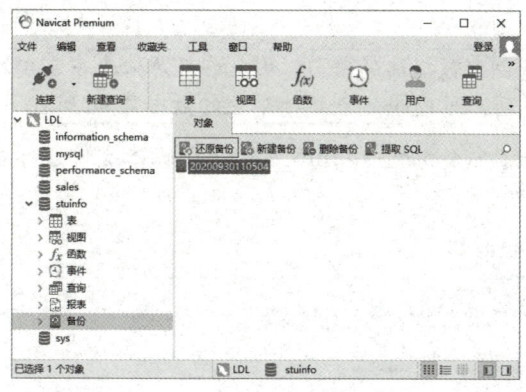

图 11-8　备份列表

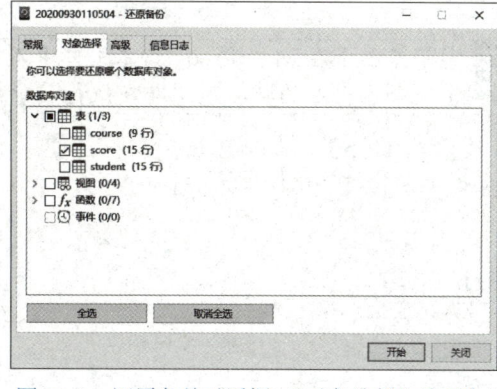

图 11-9　还原备份对话框（"对象选择"选项卡）

4）在以上对话框中，可以选择备份内容中的全部或部分数据表、视图等对象进行还原。本例仅选择成绩表（score），其他全部取消选择，单击"开始"按钮后，开始进行数据库的还原，还原成功后显示如图 11-10 所示的对话框。

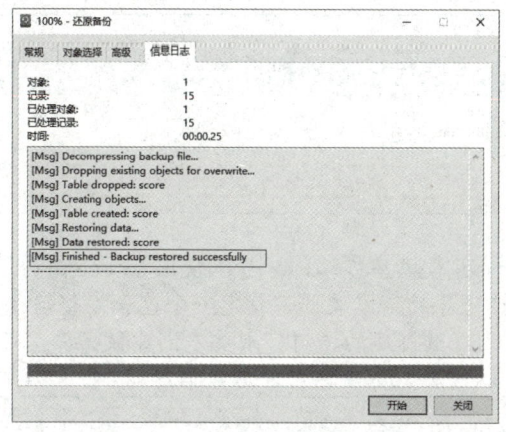

图 11-10　"100%-还原备份"对话框

5）可以通过在学生管理数据库（stuInfo）中查看数据表及表中数据的方法，来确认数据库的还原是否成功。

11.3.2

11.3.2　使用 mysql 命令还原数据库

对于备份的脚本文件，需要还原时，可以使用 mysql 命令来还原备份的数据。使用 mysql 命令还原数据库的语法格式如下。

```
mysql -u username -p [db] < backup.sql
```

 说明：
- backup.sql 是指需要还原的脚本文件，指定一个包含完整路径的文件名。
- db 是指还原的数据库，可以省略。如果在脚本中包含创建数据库的语句，则可以省略；如果不包含创建数据库的语句，则需要指定一个已存在的数据库，作为还原的数据库。

【示例 11-4】　以 root 用户身份，使用 mysql 命令通过 stuInfo.sql 脚本文件还原数据库。运行结果如图 11-11 所示。

```
mysql -u root -p stuInfo < C:/stuInfo.sql
```

说明：由于在 stuInfo.sql 脚本文件中不包含创建数据库的语句，因此在还原命令中需要指定一个已存在的数据库。即在执行该命令之前，可以事先创建一个空的数据库 stuInfo。

【示例 11-5】以 root 用户身份，使用 mysql 命令通过 stuInfo_sales.sql 脚本文件还原数据库。运行结果如图 11-12 所示。

```
mysql -u root -p < C:/stuInfo_sales.sql
```

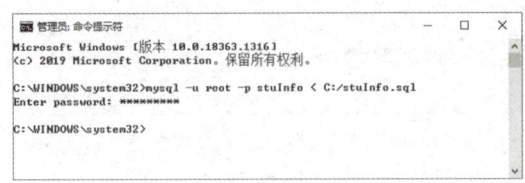
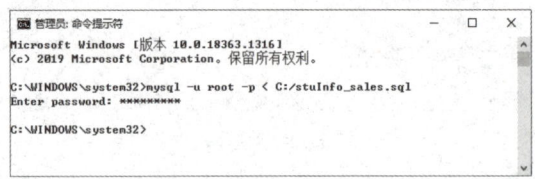

图 11-11　使用 mysql 命令还原数据库 stuInfo　　　图 11-12　使用 mysql 命令还原数据库 stuInfo 和 sales

说明：由于在 stuInfo_sales.sql 脚本文件中已包含创建数据库的语句，因此在还原命令中不需要指定数据库。

11.3.3　使用 source 语句还原数据库

也可以使用 source 语句还原数据库，其语法格式如下。

```
source backup.sql
```

说明：
- 需要首先登录到 mysql 数据库终端，才可以使用 source 语句还原数据库。
- backup.sql 是指需要还原的脚本文件，指定一个包含完整路径的文件名。
- 如果脚本中不包含创建数据库的语句，则要先创建数据库，再用 use 语句指定其为默认数据库，然后才可以使用 source 语句还原数据库。

【示例 11-6】以 root 用户登录到 MySQL 控制台，使用 source 语句通过 stuInfo.sql 脚本文件还原数据库。运行结果如图 11-13 所示。

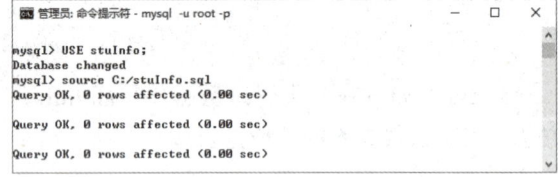

```
USE stuInfo;
source C:/stuInfo.sql
```

图 11-13　使用 source 语句还原数据库 stuInfo

说明：必须登录到 mysql 数据库终端以后，才可以执行 source 语句；另外，由于在 stuInfo.sql 脚本文件中不包含创建数据库的语句，因此需要事先创建一个空的数据库 stuInfo，并使用 use 语句指定其为默认数据库，然后再使用 source 语句执行还原数据库的操作。

11.4　使用日志文件还原数据库

11.4.1　日志简介

日志是 MySQL 数据库的重要组成部分，日志文件记录着 MySQL 数据库运行期间发生的变化。当数据库遭到意外的损害时，可以通过日志文件来

11.4

查询出错原因,并且可以通过日志文件进行数据库还原。

MySQL 日志可以分为 4 种,分别是二进制日志、错误日志、通用查询日志和慢查询日志。

- 二进制日志:以二进制文件的形式记录数据库中的操作,但不记录查询语句。
- 错误日志:记录 MySQL 服务器的启动、关闭和运行错误等信息。
- 通用查询日志:记录用户登录和查询的信息。
- 慢查询日志:记录执行时间超过指定时间的操作。

除二进制日志外,其他日志都是文本文件。日志文件通常存储在 MySQL 数据库的数据目录下。默认情况下,只启动了错误日志,其他三种日志的启动都需要数据库管理员进行设置。

11.4.2 启动和设置二进制日志

二进制日志(binlog)主要用于记录数据库的变化情况。通过二进制日志可以查看 MySQL 数据库中进行了哪些改变,还可以根据二进制日志中的记录来修复数据库。

默认情况下,二进制日志是开启的。可以使用 SHOW VARIABLES 语句查看关于二进制日志相关的设置,其中有一个 log_bin 选项,如果 log_bin 选项为 ON,则二进制日志已经开启;如果为 OFF,则二进制日志没有开启。其相关语句如下。

```
SHOW VARIABLES LIKE 'log_bin';
```

运行结果如图 11-14 所示。

通过以上查询可知,二进制日志已经开启。如果需要关闭二进制日志,则在 mysql 的配置文件 my.ini 中添加如下两条语句中的一条即可。

```
disable-log-bin
skip-log-bin
```

添加完成后保存,并重启 MySQL 服务器。

可以通过执行 SHOW master logs;或者 SHOW binary logs;语句查看所有日志文件。运行结果如图 11-15 所示。

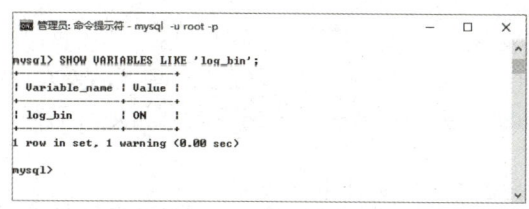

图 11-14 查看 binlog 是否开启

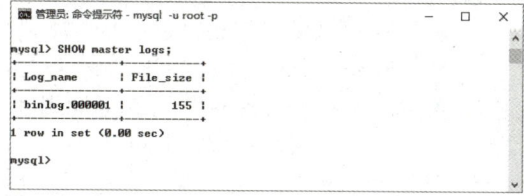

图 11-15 查看所有日志文件

> **说明**:二进制日志的文件名以 filename.number 的形式表示,number 表示 000001、000002 等。每次重启 MySQL 服务器,都会生成一个新的二进制日志文件,这些日志文件的 number 不断递增;除了生成上述文件外,还会生成一个名为 filename.index 的文件,该文件中存储所有二进制日志文件的清单。

也可以通过执行 FLUSH logs;语句生成一个新的二进制日志文件。运行结果如图 11-16 所示。

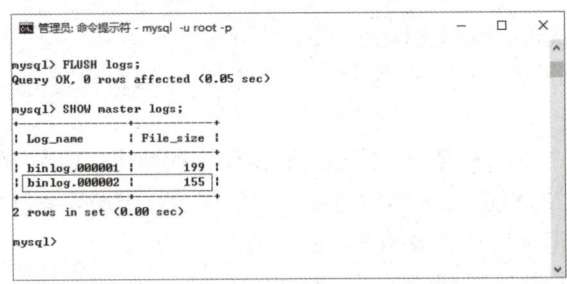

图 11-16 生成新的二进制日志文件

二进制日志文件默认存储在数据库的数据目录下，默认的文件名为主机名-bin.number。如果需要更改二进制日志文件的存储路径和文件名，则在 mysql 的配置文件 my.ini 中添加如下语句。

```
log-bin = DIR/filename
```

其中，DIR 参数指定二进制日志文件的存储路径；filename 参数指定二进制日志文件的文件名。

【示例 11-7】 在 my.ini 文件中添加语句，用来更改二进制日志文件的存储路径为"C:\MySQL_log"文件夹，文件名为"binlog"。

```
log-bin = "C:/MySQL_log/binlog"
```

说明：重启 MySQL 服务器后，可以在 C:\MySQL_log 文件夹下看到 binlog.000001 文件和 binlog.index 文件。首先要确认 C:\MySQL_log 文件夹是存在的，否则不能成功启动 MySQL 服务器。

11.4.3 查看或导出二进制日志中的内容

可以使用 mysqlbinlog 命令查看二进制日志中的内容，也可以将其导出为外部文件。其语法格式如下。

```
mysqlbinlog [选项] filename.number [> outerFilename|>> outerFilename]
```

说明：
- "选项"参数的选择项及介绍如下。
  - 省略：查看或导出二进制日志中的所有内容。
  - --start-position=n1 --stop-position=n2：查看或导出二进制日志中指定位置间隔的内容。
  - --start-datetime="dt1" --stop-datetime="dt2"：查看或导出二进制日志中指定时间间隔的内容，其范围为[dt1, dt2]。
- ">" 符号表示导入到文件中；">>" 符号表示追加到文件中。

【示例 11-8】 使用 mysqlbinlog 命令查看二进制日志 binlog.000001。运行结果如图 11-17 所示。

```
mysqlbinlog C:/MySQL_log/binlog.000001
```

说明：通过以上方式查看二进制日志不是很方便，可以把它导出为一个外部文件来进行查看，这样更方便一点。

【示例 11-9】 使用 mysqlbinlog 命令，把 C:\MySQL_log 文件夹下的二进制日志 binlog.000001 导出为一个位于同一文件夹下的文本文件 backuplog.txt。运行结果如图 11-18 所示。

```
mysqlbinlog C:/MySQL_log/binlog.000001 > C:/MySQL_log/backuplog.txt
```

图 11-17　查看二进制日志中的内容

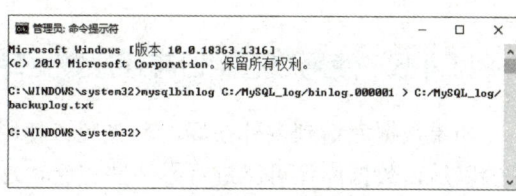

图 11-18　把二进制日志导出为外部文件

说明：执行成功以后，可以在 C:\MySQL_log 文件夹中查看到已生成的 backuplog.txt 文件。

11.4.4　删除二进制日志

二进制日志会记录大量的信息，虽然可以用来还原 MySQL 数据库（后面将会详细介绍），但是如果长时间不进行清理，将会占用大量的磁盘空间，造成浪费。因此，要对二进制日志进行适当的删除处理。例如，在备份 MySQL 数据库之后，可以删除备份之前的二进制日志。

（1）删除所有二进制日志

删除所有二进制日志使用 RESET master 语句。

【示例 11-10】　删除所有二进制日志。运行结果如图 11-19 所示。

```
RESET master;
```

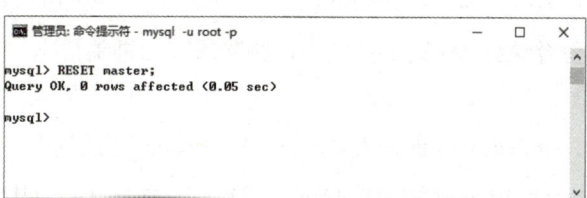

图 11-19　删除所有二进制日志

说明：删除所有二进制日志后，MySQL 将会重新创建新的二进制日志，新二进制日志的编号从 000001 开始，例如 binlog.000001。

（2）根据编号删除二进制日志

可以使用 PURGE master logs TO 语句删除指定的二进制日志编号之前的日志。其语法格式如下。

```
PURGE master logs TO 'filename.number';
```

【示例 11-11】　删除 binlog.000004 之前的二进制日志。

```
PURGE master logs TO 'binlog.000004';
```

（3）根据创建时间删除二进制日志

可以使用 PURGE master logs BEFORE 语句删除指定时间之前创建的二进制日志。其语法格式如下。

```
PURGE master logs BEFORE 'yyyy-mm-dd hh:MM:ss';
```

【示例 11-12】 删除 2023-09-01 08:00:00 之前创建的二进制日志。

```
PURGE master logs BEFORE '2023-09-01 08:00:00';
```

11.4.5 使用二进制日志还原数据库

如果数据库遭到意外损坏，首先应该使用最近的备份文件来还原数据库。但是，在最近的备份以后，数据库还可能进行了一些更新，这时候就可以使用二进制日志来还原。通过二进制日志还原数据库也是使用 mysqlbinlog 命令，其语法格式如下。

```
mysqlbinlog [选项] filename.number|mysql -u root -p
```

 说明：
- "选项"参数的选择项及介绍如下。
  - 省略：按照二进制日志中的所有内容进行还原数据库。
  - --start-position=n1 --stop-position=n2：按照二进制日志中指定的位置间隔进行还原数据库。
  - --start-datetime="dt1" --stop-datetime="dt2"：按照二进制日志中指定的时间间隔进行还原数据库，其范围为[dt1, dt2]。
- "filename.number"表示使用还原的二进制日志。如果需要从多个二进制日志中进行还原，则必须是编号（number）小的先还原。

【示例 11-13】 请按照以下步骤执行操作。

1) 备份学生管理数据库（stuInfo）。

```
mysqldump -u root -p --databases stuInfo > C:/MySQL_log/stuInfo.sql
```

2) 以 root 用户身份登录到 MySQL 控制台，删除所有二进制日志。

```
RESET master;
```

3) 分别向学生表（student）和课程表（course）中插入一条记录。

```
INSERT INTO stuInfo.student (sNo, sName, sex, birthday, deptName, remark) VALUES
('1309122509', '张恒', '男', '1995-11-19', '网络131', '');
SELECT SLEEP(5);
INSERT INTO stuInfo.course (cNo, cName, credit, remark) VALUES
('01009', 'Python程序设计', 4, '计算机类专业课程');
```

4) 把二进制日志 binlog.000001 导出为一个文本文件 backuplog.txt。backuplog.txt 文件中的内容如图 11-20 所示。

```
mysqlbinlog C:/MySQL_log/binlog.000001 > C:/MySQL_log/backuplog.txt
```

5) 模拟故障发生：删除学生管理数据库（stuInfo）。为了防止把删除数据库的操作写入到当前的二进制日志中，在删除之前首先生成一个新的二进制日志文件。

```
FLUSH logs;
DROP DATABASE stuInfo;
```

6）使用备份的脚本文件 stuInfo.sql 还原数据库。（此时还原后的数据库中不包含在最后一次备份以后所插入的两条记录。）

```
mysql -u root -p < C:/MySQL_log/stuInfo.sql
```

图 11-20　backuplog.txt 文件中的内容

7）使用二进制日志 binlog.000001 继续还原数据库。运行结果如图 11-21 所示。

```
mysqlbinlog C:/MySQL_log/binlog.000001|mysql -u root -p
```

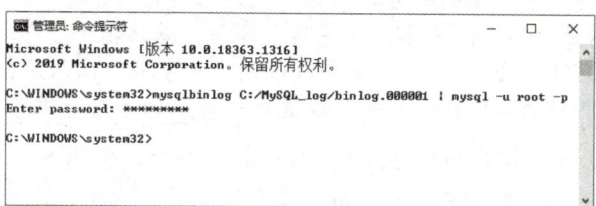

图 11-21　使用二进制日志还原数据库

说明：执行成功以后，可以在学生表（student）和课程表（course）中查看在最后一次备份以后所添加的那两条记录是否已还原成功。

另外，在使用 mysqlbinlog 命令执行还原操作时，如果需要从多个二进制日志中进行还原，则必须是编号（number）小的先还原。例如：

```
mysqlbinlog C:/MySQL_log/binlog.000001|mysql -u root -p
mysqlbinlog C:/MySQL_log/binlog.000002|mysql -u root -p
mysqlbinlog C:/MySQL_log/binlog.000003|mysql -u root -p
```

【示例 11-14】　把示例 11-13 中的第 7）部分更改为"使用二进制日志 binlog.000001 还原数据库，并按照指定的位置间隔进行还原"（图 11-20 中使用矩形标记的部分）。

```
mysqlbinlog --start-position=303 --stop-position=455 C:/MySQL_log/binlog.000001|mysql -u root -p
```

【示例 11-15】　把示例 11-13 中的第 7）部分更改为"使用二进制日志 binlog.000001 还原数据库，并按照指定的时间间隔进行还原"（图 11-20 中使用椭圆形标记的部分）。

```
mysqlbinlog --start-datetime="2020-09-30 12:27:14" --stop-datetime="2020-09-30 12:27:15" C:/MySQL_log/binlog.000001|mysql -u root -p
```

11.5 导出/导入表中数据

MySQL 数据库中的表数据可以导出为文本文件、XML 文件或者 HTML 文件，相应的文件也可以导入到 MySQL 数据库中。

11.5.1 使用 SELECT…INTO OUTFILE 语句导出文本文件

可以使用 SELECT…INTO OUTFILE 语句将表中的数据导出为一个文本文件。其语法格式如下。

```
SELECT *|字段列表 FROM <表名> [WHERE 查询条件]
INTO OUTFILE <文本文件名> [OPTION];
```

说明：
- "文本文件名"参数指定的是将查询记录所导出到的文件。
- OPTION 参数的 6 个常用选项如下。
    - FIELDS TERMINATED BY '字符'：设置作为字段分隔符的字符，默认值为 "\t"。
    - FIELDS ENCLOSED BY '字符'：设置括上字段值的符号，默认不使用任何符号。
    - FIELDS OPTIONALLY ENCLOSED BY '字符'：设置括上 CHAR、VARCHAR 和 TEXT 等字符型字段值的符号，默认不使用任何符号。
    - FIELDS ESCAPED BY '字符'：设置转义字符，默认值为 "\"。
    - LINES STARTING BY '字符'：设置每行开头的字符，默认无任何字符。
    - LINES TERMINATED BY '字符'：设置每行结束的字符，默认值为 "\n"。

【示例 11-16】 以 root 用户身份登录到 MySQL 控制台，使用 SELECT…INTO OUTFILE 语句导出 stuInfo 数据库中学生表（student）的女生记录。其中，字段之间用 "，" 隔开，字符型数据用双引号括起来，每条记录以 ">" 开头。运行结果如图 11-22 所示。

```
SELECT id, sNo, sName, sex, birthday, deptName FROM stuInfo.student
WHERE sex = '女' ORDER BY sNo
INTO OUTFILE 'C:/MySQL_log/student.txt'
CHARACTER SET utf8mb4
FIELDS TERMINATED BY ',' OPTIONALLY ENCLOSED BY '"'
LINES STARTING BY '>' TERMINATED BY '\r\n';
```

通过以上执行结果可以发现，将表中数据导出为一个文本文件没有成功。发生该错误的原因是 MySQL 不具备向 C:/MySQL_log 文件夹中存放文件的权限，MySQL 向本地存放数据是由 secure_file_priv 参数控制的，通过 SHOW VARIABLES LIKE '%secure%';语句可以查询到该参数的信息，运行结果如图 11-23 所示。

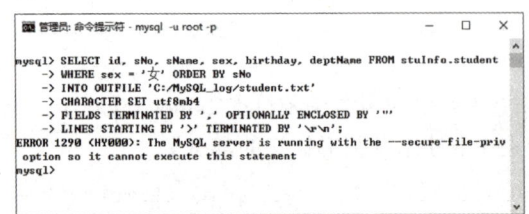

图 11-22　导出文本文件失败

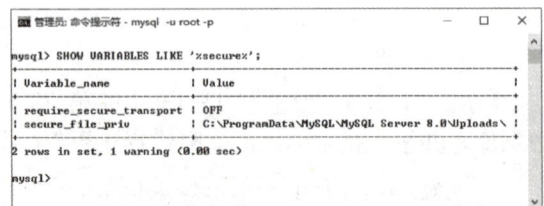

图 11-23　查看 secure_file_priv 参数的值

若要修改该参数，则进入 my.ini 文件，查找到 secure_file_priv 参数并注释掉，然后添加如下语句。

```
secure-file-priv="C:/MySQL_log"
```

添加完成后保存，并重启 MySQL 服务器。这样 MySQL 就拥有了向 C:/MySQL_log 文件夹中存放文件的权限，但仅限于该文件夹。

重新执行示例 11-16 中的语句，运行结果如图 11-24 所示。

说明：TERMINATED BY '\r\n';语句可以保证每条记录占一行，因为 Windows 操作系统下"\r\n"才是换行符。成功执行以后，可以在 C:/MySQL_log 文件夹中找到一个名为 student.txt 的文本文件，该文件中的内容如图 11-25 所示。

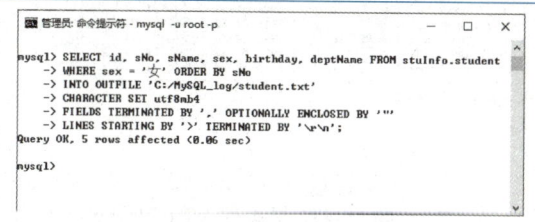   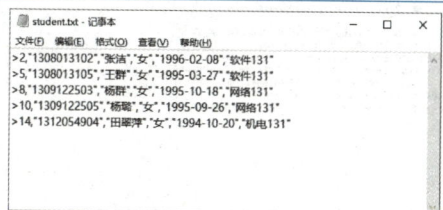

图 11-24　导出文本文件成功　　　　　　图 11-25　导出到 student.txt 文件中的内容

11.5.2　使用 LOAD DATA INFILE 语句导入文本文件

可以使用 LOAD DATA INFILE 命令将文本文件中的记录导入 MySQL 数据库。其语法格式如下。

```
LOAD DATA [LOCAL] INFILE <文本文件名>
INTO TABLE <表名> [OPTION];
```

说明：
- LOCAL 参数指定从客户端主机读文件；如果没指定 LOCAL，则文件必须位于服务器上。
- OPTION 参数的常用选项介绍如下。
    - FIELDS TERMINATED BY '字符'：设置作为字段分隔符的字符，默认值为"\t"。
    - FIELDS ENCLOSED BY '字符'：设置括上字段值的符号，默认不使用任何符号。
    - FIELDS OPTIONALLY ENCLOSED BY '字符'：设置括上 CHAR、VARCHAR 和 TEXT 等字符型字段值的符号，默认不使用任何符号。
    - FIELDS ESCAPED BY '字符'：设置转义字符，默认值为"\"。
    - LINES STARTING BY '字符'：设置每行开头的字符，默认无任何字符。
    - LINES TERMINATED BY '字符'：设置每行结束的字符，默认值为"\n"。
    - IGNORE n LINES：忽略文件中的前 n 行记录。

【示例 11-17】 以 root 用户身份登录到 MySQL 控制台，在 stuInfo 数据库中创建一张新表 tempStudent，表结构与学生表（student）相同（但不包含 remark 字段）。然后使用 LOAD DATA INFILE 命令将 student.txt 中的记录导入该 tempStudent 表。运行结果如图 11-26 所示。

```
# 创建 tempStudent 表
USE stuInfo;
CREATE TABLE tempStudent AS
    SELECT id, sNo, sName, sex, birthday, deptName FROM student limit 0;
```

```
# 向 tempStudent 表中导入数据
LOAD DATA INFILE 'C:/MySQL_log/student.txt'
INTO TABLE stuInfo.tempStudent
CHARACTER SET utf8mb4
FIELDS TERMINATED BY ',' OPTIONALLY ENCLOSED BY '"'
LINES STARTING BY '>' TERMINATED BY '\r\n';
```

> **说明**：成功执行以后，可以查询 tempStudent 表中的数据，查询结果如图 11-27 所示。

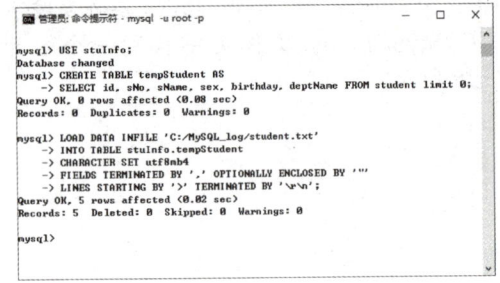

图 11-26 导入文本文件　　　　　　　　　图 11-27 查询导入后的表数据

11.6 同步实训：备份与还原商品销售系统数据库

一、实训目的

1．熟悉数据库备份与还原的概念。
2．掌握使用 mysqldump 命令备份数据库的方法。
3．掌握使用 mysql 命令还原数据库的方法。
4．掌握使用日志文件还原数据库的方法。
5．掌握导出/导入表数据的方法。

二、实训内容

1．备份 sales 数据库中的商品表（product）、订单表（orders）、订单明细表（orderdetail）。

2．备份 sales 数据库，要求在备份产生的脚本文件中自动包含创建该数据库的语句，备份后删除所有二进制日志。

3．向商品表（product）中添加一条商品记录。

4．把二进制日志导出为一个文本文件。

5．模仿故障发生，使用备份的脚本文件还原数据库。

6．使用二进制日志继续还原数据库。

7．把商品表（product）中库存量大于 1000 的记录导出为一个文本文件。

8．创建一张新表 tempProduct，表结构与商品表（product）相同。然后使用导出的文本文件，把数据导入该 tempProduct 表。

11.7 习题

一、选择题

1. 数据库完全停止以后进行备份，这种备份是（　　）。
   A．热备份　　　　B．物理备份　　　　C．逻辑备份　　　　D．冷备份
2. 用 mysqldump 命令备份多个数据库，要用（　　）选项。
   A．--many databases　　　　　　　　B．--many database
   C．--databases　　　　　　　　　　　D．--database
3. 用 mysqldump 命令导出数据库，生成以〈Tab〉键分隔的文本文件，要用（　　）选项。
   A．--table　　　B．--tab　　　　C．--txt　　　　　D．--text
4. 生成一个新的二进制日志文件，要用（　　）指令。
   A．reset master　　　　　　　　　　B．show logs
   C．flush logs　　　　　　　　　　　 D．reset logs
5. 备份数据库的命令为（　　）。
   A．mysql　　　B．mysqldump　　C．mysqlbinlog　　D．backup
6. 使用二进制日志还原数据库的命令为（　　）。
   A．mysql　　　B．mysqldump　　C．mysqlbinlog　　D．restore
7. 有关 mysqldump 备份特性中描述，下列说法不正确的是（　　）。
   A．是逻辑备份，须将表结构和数据转换成 SQL 语句
   B．MySQL 服务必须运行
   C．备份与恢复速度比物理备份快
   D．支持 MySQL 所有存储引擎
8. 用二进制日志还原某个位置点之前的内容，要用的选项是（　　）。
   A．--stop-position=n　　　　　　　　B．--start-position=n
   C．--before-position=n　　　　　　　D．--begin-position=n
9. 用二进制日志还原某个时间点之后的内容，要用的选项是（　　）。
   A．--stop-datetime =dt　　　　　　　B．--start-datetime =dt
   C．--before-datetime =dt　　　　　　D．--begin-datetime =dt
10. 以下可用于查看二进制日志的语句是（　　）。
    A．show binary log;　　　　　　　　B．show binary logs;
    C．show bin log;　　　　　　　　　 D．show bin logs;
11. 指令 mysqlbinlog mysql-bin.000001 的用途为（　　）。
    A．用于还原二进制日志　　　　　　　B．用于打开二进制日志
    C．用于导出二进制日志　　　　　　　D．用于转换二进制日志
12. 语句 source d:/bak/sales.sql;用于（　　）。
    A．备份数据库　　　　　　　　　　　B．还原数据库
    C．修改数据　　　　　　　　　　　　D．添加数据库
13. 关于指令 mysql –u root –p dbname < bak.sql，以下说法正确的是（　　）。

A. dbname 为要还原的数据库名，bak.sql 为包含数据库创建语句的备份脚本
B. dbname 为要备份的数据库名，bak.sql 为不包含数据库创建语句的备份脚本
C. dbname 为要备份的数据库名，bak.sql 为包含数据库创建语句的备份脚本
D. dbname 为要还原的数据库名，bak.sql 为不包含数据库创建语句的备份脚本

14. 关于指令 mysqldump -u root -p dbname > bak.sql，以下说法正确的是（　　）。
    A. dbname 为要还原的数据库名，bak.sql 为包含数据库创建语句的备份脚本
    B. dbname 为要备份的数据库名，bak.sql 为不包含数据库创建语句的备份脚本
    C. dbname 为要备份的数据库名，bak.sql 为包含数据库创建语句的备份脚本
    D. dbname 为要还原的数据库名，bak.sql 为不包含数据库创建语句的备份脚本

15. 备份的结果为可执行的 SQL 语句，这种备份是（　　）。
    A. 热备份　　　　B. 物理备份　　　　C. 逻辑备份　　　　D. 冷备份

二、判断题

1. 仅备份最近一次完全备份以来变化的数据，这种备份叫增量备份。（　　）
2. MySQL 的二进制日志文件记录数据库增、删、改、查语句的执行情况。（　　）
3. 可以使用 mysqldump 命令将数据库导出为 XML 格式的文件。（　　）
4. 可以使用 source 语句还原数据库。（　　）
5. 数据库备份期间读、写操作均可执行，这样的备份叫温备份。（　　）

第 12 章　MySQL 事务

本章学习要点：
- 事务的概念
- 事务的特性
- 更改事务的自动提交模式
- 事务的开始、回滚、确认

事务是由对数据库的若干操作组成的一个逻辑工作单元，这些操作要么都执行，要么都不执行，是一个不可分割的整体，通过事务保证数据的完整性。在 MySQL 中只有使用 InnoDB 存储引擎的数据库或表才支持事务。

12.1 事务的概念

首先看一个现实中银行转账的业务流程的例子。
需要从 A 账号往 B 账户中转账 1000 元，这包含两个过程：
1）A 账号中减去 1000 元。
2）B 账户中增加 1000 元。
这两个过程的顺序也可以对调。如果想要正确实现转账功能，则必须保证这两个过程都要能够完成。如果只完成了其中的一个过程，那么这个转账操作肯定是错误的。

为了解决这种类似的问题，数据库管理系统提出了事务的概念：将一组相关操作绑定在一个事务中，为了使事务成功，则必须成功执行该事务中的所有操作。换句话说，该事务中的所有操作要么都执行，要么都不执行。事物处理可以用来维护数据库的完整性。

MySQL 事务主要用于处理操作量大、复杂度高的数据，在 MySQL 中只有使用 InnoDB 存储引擎的数据库或表才支持事务。

12.2 事务的特性

一般来说，事务的处理必须满足四个原则，即原子性（A）原则、一致性（C）原则、隔离性（I）原则和持久性（D）原则，简称 ACID 原则。
- 原子性（Atomicity）：事务必须是原子工作单元，事务中的操作要么全部执行，要么都不执行，不可以只完成部分操作。
- 一致性（Consistency）：事务开始前，数据库处于一致性的状态；事务结束后，数据库必须仍处于一致性状态。例如，银行转账前后的两个账户金额之和应该保持不变。

- 隔离性（Isolation）：系统必须保证事务不受其他并发执行事务的影响，即当多个事务同时运行时，各个事务之间相互隔离，不可互相干扰。
- 持久性（Durability）：一个已完成的事务对数据所做的任何变动，在系统中是永久有效的。

事务的四原则保证了一个事务或者成功提交，或者失败回滚，二者必居其一。当事务提交成功后，它对数据的修改则是永久有效的；当事务提交失败时，它对数据的修改则都会恢复到该事务执行前的状态。

12.3 事务的执行模式

MySQL 的事务可以分为两类：隐式事务和显式事务。

12.3.1 隐式事务

在 MySQL 命令行的默认设置下，事务都是自动提交的，即执行 SQL 语句后就会马上执行 COMMIT 操作。隐式事务是一种自动开始、自动结束（确认或回滚）的事务。一条 SQL 语句就是一个隐式事务。

例如，创建课程表 course 的 SQL 语句如下。

```
CREATE TABLE course (
    id INT UNSIGNED NOT NULL AUTO_INCREMENT,
    cNo CHAR(5) NOT NULL,
    cName VARCHAR(30) NOT NULL,
    credit TINYINT UNSIGNED,
    remark VARCHAR(100),
    PRIMARY KEY(id)
);
```

这条语句本身就构成了一个事务，不过是一个隐式事务。要么正确创建包含 5 列的数据表 course，要么不创建任何数据表。不可能出现创建了只包含 1 列、2 列或者 3 列的数据表 course 的情况。

可以使用 SET 语句来改变 MySQL 的自动提交模式，其语法格式如下。
- 禁止自动提交：SET AUTOCOMMIT = 0。
- 开启自动提交（默认值）：SET AUTOCOMMIT = 1。

12.3.2 显式事务

显式事务是一种显式地定义事务开始、结束（确认或回滚）的事务。因此，一个显式事务的语句以 BEGIN 或者 START TRANSACTION 开始，至 COMMIT 或者 ROLLBACK 结束。

- BEGIN 或者 START TRANSACTION：开始一个事务。
- COMMIT：事务确认。

- ROLLBACK:事务回滚。

使用 COMMIT 语句提交事务,意味着事务开始以来所做的所有数据修改将成为数据库的永久部分。因此 COMMIT 语句也标志着一个事务的结束。只有在所有数据修改都完成后、准备提交给数据库时,才执行这一动作。一旦执行了该命令,将不能再回滚事务。

使用 ROLLBACK 语句回滚事务,意味着系统将取消自事务开始以来所做的所有数据修改,并且释放由事务控制的资源。因此 ROLLBACK 语句也标志着事务的结束。

使用保留点 SAVEPOINT 语句,可以使事务回滚到设置的保留点 SAVEPOINT,而不影响 SAVEPOINT 创建前所做的数据修改,不需要放弃整个事务。其语法格式如下。

- 设置一个保留点:SAVEPOINT savepoint_name;。
- 回滚到设置的保留点:ROLLBACK TO savepoint_name;。

【示例 12-1】 定义一个事务:向 student 表中插入一条学生记录,再向 score 表中插入一条该学生的成绩记录,最后提交该事务。

```
BEGIN;      # 开始事务
INSERT student(id, sNo, sName, sex, birthday, deptName)
    VALUES(51, '1909123101', '李凯', '男', '2000-11-20', '软件191');
INSERT score(sId, cId, grade) VALUES(51, 1, 89);
COMMIT;     # 提交事务
```

说明:通过查询得知,两条记录分别被插入到 student 表和 score 表中。

【示例 12-2】 定义一个事务:向 student 表中插入一条学生记录,再向 score 表中插入一条该学生的成绩记录,最后回滚该事务。

```
BEGIN;      # 开始事务
INSERT student(id, sNo, sName, sex, birthday, deptName)
    VALUES(52, '1909123102', '张成', '男', '2000-9-2', '软件191');
INSERT score(sId, cId, grade) VALUES(52, 1, 95);
ROLLBACK;   # 回滚
```

说明:通过查询得知,两条记录都没有被插入到 student 表或 score 表中。

【示例 12-3】 定义一个事务:向 student 表中插入一条学生记录,设置一个保留点 myTranPoint,再向 score 表中插入一条该学生的成绩记录,最后回滚到保留点 myTranPoint 后再提交该事务。

```
BEGIN;      # 开始事务
INSERT student(id, sNo, sName, sex, birthday, deptName)
    VALUES(53, '1909123103', '王文', '男', '2000-12-22', '软件191');
SAVEPOINT myTranPoint;
INSERT score(sId, cId, grade) VALUES(53, 1, 90);
ROLLBACK TO myTranPoint;    # 回滚到保留点 myTranPoint
COMMIT;     # 提交事务
```

说明:通过查询得知,第 1 条记录被插入到 student 表中,但第 2 条记录没有被插入到 score 表中。

12.4 同步实训：在商品销售系统数据库中使用事务

一、实训目的

1．了解事务的概念和特性。
2．熟悉事务的执行模式。
3．掌握事务的开始、撤销、确认。

二、实训内容

1．定义一个事务：删除 orderDetail 表中某一订单 ID 的订单明细信息，然后删除 orders 表中该订单 ID 的订单记录，最后提交事务。

2．定义一个事务：向 category 表中插入一条商品种类记录，设置一个保留点 myTranPoint，然后向 product 表中插入一条商品记录，最后回滚到保留点 myTranPoint 后再提交该事务。

3．创建一个带输入参数的存储过程 up_proc，其功能是修改指定编号的商品的库存量。要求通过事务实现，如果更改后的库存量超过了该种类商品的平均库存量，则回滚该事务，否则提交该事务。

12.5 习题

一、选择题

1．下面选项中，用于开启事务的 SQL 语句是（   ）。
　　A．BEGIN TRANSACTION;　　　　B．START TRANSACTION;
　　C．END TRANSACTION;　　　　　D．STOP TRANSACTION;

2．下列关于在 MySQL 中直接书写的 SQL 语句的描述，正确的是（   ）。
　　A．也要通过 COMMIT 进行提交
　　B．也要通过 START TRANSACTION 才能开启事务
　　C．它会单条语句自动进行提交
　　D．可以通过 START COMMIT 进行提交

3．在事务的特性中，表示一个事务必须被视为一个不可分割的最小工作单元的是（   ）。
　　A．原子性（Atomicity）　　　　B．一致性（Consistency）
　　C．隔离性（Isolation）　　　　D．持久性（Durability）

4．下面选项中，用于提交事务的 SQL 语句是（   ）。
　　A．COMMIT;
　　B．COMMIT TRANSACTION;
　　C．END TRANSACTION;
　　D．STOP TRANSACTION;

5. 下面选项中，用于实现事务回滚操作的语句是（　　）。

   A．ROLLBACK;

   B．ROLLBACK TRANSACTION;

   C．END COMMIT;

   D．END ROLLBACK;

6. 阅读下面的事务操作代码：

   ```
   START TRANSACTION;
   UPDATE account SET money=money-100 WHERE NAME='a';
   UPDATE account SET money=money+100 WHERE NAME='b';
   ```

   执行上述操作后，当再次登录 MySQL 查看，其操作结果是（　　）。

   A．事务成功提交，所以有两条记录更新

   B．事务成功提交，但只有一条记录更新

   C．没有提交事务，记录不会改变

   D．没有提交事务，但也有一条记录更新

7. 阅读下面的事务操作代码：

   ```
   START TRANSACTION;
   UPDATE account SET money=money-100 WHERE NAME='a';
   UPDATE account SET money=money+100 WHERE NAME='b';
   ROLLBACK;
   ```

   执行上述操作后，当再次登录 MySQL 查看，其操作结果是（　　）。

   A．事务成功提交，所以有两条记录被更新

   B．事务成功回滚，但只有一条记录被更新

   C．没有提交事务，但有两条记录被更新

   D．事务成功回滚了，表中记录不会有任何更新

8. 阅读下面的事务操作代码：

   ```
   START TRANSACTION;
   UPDATE account SET money=money-100 WHERE NAME='a';
   UPDATE account SET money=money+100 WHERE NAME='b';
   _____
   ```

   要使上述转账操作过程中的数据生效，横线处填入的代码是（　　）。

   A．END TRANSACTION;　　　　B．ROLLBACK;

   C．END COMMIT;　　　　　　　D．COMMIT;

9. 下列关于 MySQL 中事务的说法，正确的是（　　）。（多选题）

   A．事务就是针对数据库的一组操作

   B．事务中的语句要么都执行，要么都不执行

   C．事务提交后其中的操作才会生效

   D．可以通过 START TRANSACTION 提交事务

10. 小李与小王转账过程中没有开启事务操作，下列关于转账操作后可能的结果有（　　）。（多选题）

    A．成功了

    B．小李账户余额减小，小王账户余额并没有增加

C. 失败了，小李与小王转账后事务自动回滚，所以账户余额不变
D. 失败了，转账时没有开启事务，将会出现语法错误

二、判断题

1. 在 MySQL 中直接书写的 SQL 语句都是自动提交的，而事务中的操作语句都需要使用 COMMIT 语句手动提交。   （   ）

2. ROLLBACK 语句只能针对未提交的事务进行回滚操作，已提交的事务是不能回滚的。
                                                                                （   ）

3. 在操作一个事务时，如果发现当前事务中的操作是不合理的，此时可以通过事务的回滚操作来取消当前事务。   （   ）

4. 事务在进行回滚操作时，可以先不开启事务，而直接调用 ROLLBACK 操作来撤销。
                                                                                （   ）

5. ROLLBACK 语句可以对已提交的事务进行回滚操作。   （   ）